沂沭泗

第八届水文学术交流会论文集

屈 璞 主编

黄河水利出版社

图书在版编目（CIP）数据

沂沭泗第八届水文学术交流会论文集 / 屈璞主编 .—郑州：黄河
水利出版社,2017.4
ISBN 978-7-5509-1736-1

Ⅰ.①沂⋯　　Ⅱ.①屈⋯　　Ⅲ.①水文学－学术会议－文集
Ⅳ.①P33-53

中国版本图书馆CIP数据核字（2017）第066918号

组稿编辑:王路平　　电话:0371-66022212　　E-mail:hhslwlp@126.com

出　版　社:黄河水利出版社　　　　　　　　　　网址:www.yrcp.com
　　　　地址:河南省郑州市顺河路黄委会综合楼14层　邮政编码:450003
发行单位:黄河水利出版社
　　　　发行部电话:0371-66026940、66020550、66028024、66022620（传真）
　　　　E-mail:hhslcbs@126.com
承印单位:山东水文印务有限公司
开本:880 mm ×1230 mm　　1/16
印张:17.5
字数:430千字
版次:2017 年 4 月第 1 版　　　　　　　印次:2017 年 4 月第 1 次印刷
定价:58.00 元

本书编委会

目 录

水文技术

水资源管理

水利管理

新技术应用

水文技术

台风与淮河流域降水影响统计特征分析

冯志刚，梁树献，程兴无，徐　胜

（淮河水利委员会水文局（信息中心），安徽　蚌埠　233001）

摘　要： 整理统计了1950～2015年所有影响淮河流域的台风，分析了台风影响流域的月份和登陆区域特征、台风影响流域的4种移动路径及不同移动路径与流域降水的关系。结果表明：平均每年约1.7个台风影响流域，年影响流域台风个数最多4个；8月份影响流域的台风最多，占全部台风的48%，其次为7月和9月；登陆福建、浙江影响流域的台风数最多；台风影响流域降水均值为22mm，移经流域的台风影响流域降水最大，沿海转向型台风影响流域降水最小。本文还简要分析了台风与冷空气结合对流域降水强度的影响，即61%影响流域的台风未与冷空气结合，与冷空气结合台风影响流域降水比不与冷空气结合产生的降水偏多约60%。

关键词： 淮河流域；台风；降水；统计特征

1　引言

台风是影响我国的主要灾害性天气系统之一，在其活动过程中，常伴有狂风、暴雨和风暴潮。淮河流域地处我国东部，包含的山东、江苏为沿海省份，尤其在7～9月份，受登陆台风的影响，流域内出现狂风暴雨，防台风工作成为每年防汛的重要工作内容。对淮河流域影响最大的为"75·8"特大台风暴雨，1975年第3号台风"尼娜"造成的河南省板桥水库等62座水库溃坝，直接损失超过百亿元[1]。2000年8月，受12号台风"派比安"影响，沂沭河中下游出现特大暴雨降水，最大降水响水口降水828mm，造成响水县城乡积水深达1.4m，县城被洪水围困72h，死伤数十人，县城经济损失达9亿多元[2]。2005年13号台风"泰利"造成大别山区特大暴雨降水，最大降水响洪甸683mm，在流域大别山区造成山洪和泥石流次生灾害[3]。

因此，统计影响流域的台风，分析台风对流域造成的降水影响，在每年的防台风工作中，预测台风对流域的可能影响，为淮河流域的防汛抗台提供技术支撑，具有十分重要的意义。

2　影响淮河流域台风统计

2.1　统计概况

根据《热带气旋等级》国家标准（GB/T19201—2006），热带气旋分为6个等级：超强台风、强台风、

作者简介：冯志刚（1987—），男，江苏扬州，工程师，主要从事气象预报和气候统计特征研究。

台风、强热带风暴、热带风暴、热带低压。为描述方便，本文统计分析影响淮河流域的热带气旋统称为台风。

统计影响淮河流域的台风主要考虑降水影响，受台风影响，流域出现大范围降水或至少有1个站降水出现25mm以上降水，确定该台风为影响流域台风。1950～2015年共111个台风影响淮河流域，平均每年约1.7个台风影响流域。每年影响流域台风个数最多为4个，相应年份为1956、1985、1990、1994、2000、2005年。1955、1957、1963、1979、1983、1993、2003、2011年没有台风影响淮河流域。

影响流域的台风基本上集中在汛期（6～9月份），其中8月份影响流域的台风共55个，占全部台风的48.2%，其次分别为7月24个（占21.1%）和9月28个（占24.6%），5月、10月、11月分别为1个、3个、1个。

影响流域最早台风为1961年第4号台风，该台风5月21日8时在菲律宾东部洋面上生成，分别于5月26日23时和27日21时登陆台湾、福建，登陆后减弱向东北向移动。受台风倒槽影响，5月27日，沂沭河出现暴雨降水。影响流域最晚台风为1972年第20号台风，11月2日20时在太平洋关岛附近洋面生成，11月8日先后登陆海南、广东，登陆后向东北向移动。11月8～9日，受台风外围环流影响，沿淮及以南出现大到暴雨降水。

影响流域的所有台风中，有5个台风为南海生成，分别为1960年第1号台风、1974年第12号台风、1997年第10号台风、2000年第4号台风、2010年第6号台风，其余台风均为西太平洋生成。

2.2 登陆区域统计

统计不同登陆区域影响流域的台风（表1）：登陆福建和浙江影响流域的台风个数共83个，占所有影响流域台风的74.1%。其中登陆福建影响流域的台风数有52个为最多，占全部影响台风数的46.4%（先后登陆台湾和福建41个，直接登陆福建11个），其次为从浙江登陆的台风31个，占影响流域台风数的27.7%（先后登陆台湾和浙江5个，直接登陆浙江26个）。沿海转向影响流域的台风13个，占11.6%。登陆海南、广东影响流域的台风最少，仅1个，登陆广东影响流域台风为8个（占7.1%）。登陆上海、江苏台风影响流域的个数分别为2个和5个。

表1 影响淮河流域的台风登陆区域统计

登陆区域	海南、广东	广东	台湾、福建	福建	台湾、浙江	浙江	上海	江苏
台风个数	1	8	41	11	5	26	2	5

直接登陆流域的台风有2个，分别为1984年6号台风"Ed"和2012年10号台风"达维"。1984年第6号台风"Ed"7月31日20时登陆江苏如东县，随后继续北上，移至渤海湾减弱消失。受该台风影响，流域东部沿海出现中到大雨降水。2012年10号台风"达维"于8月2日21时登陆江苏响水县，随后向偏北向移动，穿过沂沭河后移入渤海消失。受该台风影响，8月2～3日，流域沂沭河出现大到暴雨降水，沭河上游出现100mm以上降水。

2.3 移动路径分类

影响流域台风的移动路径，可分为4类：一是沿海登陆后向偏西向移动，流域一般受台风外围环流或倒槽影响产生降水；二是登陆后向偏北向移动，移经流域或在流域内减弱消失；三是登陆后转向东北，从长江下游移出，流域主要受台风外围环流影响；四是台风不登陆，从我国近海北上或沿海转向，台风外围环流流域影响降水。

将影响淮河流域的台风按照移动路径进行分类：登陆后向偏西方向移动的台风共35个，占32.1%；登陆后移经流域或在流域内减弱消失的台风为41个，占37.6%；从沿海登陆后转向东北，从长江下游移出的台风为20个，占18.3%；近海北上和沿海转向的台风共13个，占11.9%。

由于从福建和浙江登陆影响流域的台风个数最多，本文统计了从福建和浙江登陆影响台风的移动趋势：从福建登陆影响流域的台风，向偏西向移动的台风数最多为24个，占46.2%；其次为登陆福建北上移经流域为19个；登陆福建转向东北影响流域台风数最少为9个。台风从浙江登陆后西行影响流域的台风数为9个；登陆浙江后向北移动，移经流域的台风个数最多，为15个（占48.4%）；登陆浙江后移向东北，以外围环流影响流域的台风为7个。

3 台风影响流域降水

台风影响流域产生的平均降水量为22mm，影响流域降水大的区域主要位于流域东部和淮南山区，影响降水最大区域为流域大别山区，平均降水50mm以上。

3.1 沿海转向型台风降水

相比其他影响流域台风移动路径，该类台风影响流域降水强度偏弱，主要影响流域东部区域，沂沭河平均降水25mm以上。

沿海转向型台风影响流域最大降水为2000年12号台风"派比安"，造成流域沂沭河250mm以上的特大暴雨，最大降水量为响水县828mm，8月30日响水县1日降水达541mm。

3.2 移经流域台风降水

移经流域台风影响流域降水均值为29mm，是所有影响流域的台风类型中，平均降水强度最大的，略高于登陆西行台风。台风主要影响流域的东部和淮南山区，其中流域东部沿海及大别山区局部降水均值50mm以上。

移经流域台风产生最大降水为1956年12号台风，该台风登陆浙江后向西北向移动穿过流域上游，造成8月1～4日淮河中上游大暴雨的降水，流域过程面降水量94mm，最大降水量为登封307mm。其次为1974年第12号台风，该台风8月8日8时在南海生成，向偏北向移动，8月11日20时登陆福建，登陆后向北偏西向移动，于8月13日14时移至安徽蚌埠附近减弱消失，受台风倒槽影响，8月11～13日，淮河中游至沂沭河产生大暴雨，沂沭河下游特大暴雨降水，流域过程面降水量79mm，最大降水宿迁闸436mm。1965年10号台风登陆台湾、福建后穿过里下河区，该台风造成里下河大暴雨降水，其中大丰闸过程雨量930mm，为移经流域型台风中造成单站降水最大。

3.3 登陆西行型台风降水

登陆后西行台风影响流域降水均值为28mm，主要影响流域中南部区域，大别山区为降水最大区域，降水量均值为50mm以上。

登陆西行台风造成流域区域最大降水为1975年第3号台风。1975年第4号台风造成流域过程降水量74mm。2005年第13号台风"泰利"造成流域大别山区出现特大暴雨，最大降水响洪甸683mm。

3.4 登陆后移向东北型台风降水

该类型台风登陆后转向东北，一般从长江下游移出，影响流域的降水主要位于洪泽湖以东区域，里下河区降水均值 25mm 以上。

登陆后移向东北造成流域最大降水为 1999 年第 8 号台风，造成流域沿淮及以南大到暴雨降水，里下河区降水 100mm 以上，最大降水高邮 143mm。

4 影响流域台风与冷空气结合分析

一般来说，移经流域或外围云系影响流域的台风，因大气环流形势的差异，产生的降水强度有很大区别。如果台风外围云系能够与冷空气结合，有利于降雨加强；如果没有冷空气配合，台风移经或外围环流影响流域的降水相对较弱。

分析历次台风影响流域降水期间的高空大气环流形势，如果台风移经流域或外围环流影响流域降水期间，中高纬度冷空气位置偏北，河套以东地区为高压脊或流域北部为高压环流，阻挡了北方冷空气的南下，则判定该台风没有与冷空气结合在淮河流域。如果台风移经流域或台风外围环流影响流域期间，河套有西风槽东移南下或东北冷涡有冷空气经华北南下，且低槽与台风外围环流在流域结合，则判定影响流域的台风与冷空气结合。逐一分析 111 个影响淮河流域的台风，其中有 68 个台风未与冷空气结合，依靠台风自身的能量对流域产生风雨影响。因台风外围环流与河套西风槽东移南下的冷空气结合对流域产生较强影响的台风有 37 个，其他有 6 个台风是东北冷涡经华北南下的冷空气与台风外围环流结合造成较强影响。

从影响流域降水的不同移动路径类型台风与冷空气结合情况统计分析（表 2）可以看出：与冷空气结合台风影响流域降水比不与冷空气结合产生的降水偏多约 60%。登陆西行的台风影响流域降水是否与冷空气结合比例各占 50%。登陆西行台风与冷空气结合产生平均降水量为 34mm，比没有与冷空气结合产生的降水 23mm，偏多 48%；移经流域的台风不与冷空气结合的情况占大多数。移经流域的台风与冷空气结合造成流域降水均值为 29mm，比没有与冷空气结合所产生的降水 24mm 偏多 20%；登陆后移向东北的台风不与冷空气结合的台风比例为 79%，远高于与冷空气结合台风比例 21%，台风在与冷空气结合的情况下，降水强度明显大于不与冷空气结合的降水；沿海转向的台风不与冷空气结合 2 倍于与冷空气结合的台风数，但其影响流域的降水明显小于与冷空气结合的降水。与冷空气结合的台风降水主要位于沂沭河区，雨量均值 50mm 以上，沂沭河下游雨量均值 100mm 以上，而不与冷空气结合的台风影响流域降水也主要位于沂沭河中下游，雨量均值位于 10 ~ 30mm，比与冷空气结合的台风降水明显偏小。

表 2 不同移动路径的台风与冷空气结合次数以及平均降水量统计

移动路径	与冷空气结合		未与冷空气结合	
	台风个数	平均降水量 (mm)	台风个数	平均降水量 (mm)
登陆后西行	18	34	18	23
移经流域	14	29	26	24
登陆后转向东北	4	13	15	7
沿海转向	4	20	8	6

5 结论

（1）根据1950~2015年资料统计，平均每年约1.7个台风影响淮河流域。年影响台风个数最多4个，有8年没有台风影响淮河流域。8月份影响流域的台风占全部台风的48%，其次为7月和9月。登陆福建、浙江影响流域的台风数最多，直接从流域登陆的台风有2个。

（2）影响流域的台风中，登陆后移经流域台风数最多，其次为登陆后西行和转向东北台风，沿海转向台风数最少。

（3）台风影响流域降水均值为22mm，降水区主要位于流域东部和淮南山区。移经流域的台风对流域降水影响最大，略高于登陆西行台风，沿海转向型台风影响流域降水强度最小。

（4）61%影响流域的台风未与冷空气结合，与冷空气结合影响流域降水比不与冷空气结合的流域降水偏多60%。登陆西行影响台风与冷空气结合比例最高，台风登陆后移向东北影响流域与冷空气结合比例最低。

参考文献：

[1] 李泽椿，谌芸，张芳华，等．由河南"75·8"特大暴雨引发的思考[J].气象与环境科学，2015，38（3）:1-12.

[2] 沈树勤，曾明剑，吴海英．特大暴雨的中-β尺度系统研究[J].气象，2001，27（12）:33-37.

[3] 何立富，梁生俊，毛卫星，等.0513号台风泰利异常强暴雨过程的综合分析[J].气象，2006，32（4）:84-90.

泗河流域径流泥沙分析

徐银凤，曹　燕，赵晓旭，孔　舒，李晓霜

（济宁市水文局，山东　济宁　272000）

摘　要：根据泗河流域系列水文资料，利用水文学原理，分析了新中国以来不同统计时段流域径流、泥沙等要素随时间变化规律以及流域水土流失状况，反映了近年来水土保持治理取得一定成效，为指导今后水土流失治理提供技术依据。

关键词：泗河；径流量；含沙量；输沙量；水土流失

1　基本情况

1.1　流域概况

泗河属淮河流域运河水系，发源于山东省新泰市太平山顶西侧，自东向西流经泗水、曲阜、兖州、邹城、任城区、微山六县（市、区），于济宁市任城区辛闸村入南四湖，河道干流全长 159km，总流域面积 2366km²；是山东省南四湖流域最大的山溪性天然河道，洪水涨落急剧，洪流量大，径流时程变化较大。泗河共有大小支流三十余条，其中流域面积大于 100km² 的有 5 条，有黄沟河、石漏河、济河、险河和小沂河，其中小沂河为最大支流，流域面积为 621.6km²。

流域内中上游及河谷两侧主要为山地，中游及河道两侧主要为丘陵，下游大部为平原区。山区约占总流域面积的 50%，丘陵占 30%，平原区占 20%。流域内植物覆盖主要以农作物为主，上游山丘区有岩石裸露，植物覆盖率较低。

1955 年 7 月泗河中游设立书院水文站，属湖东丘陵区水文区域代表站，该站以上流域面积 1542km²；下游干流设菠萝树水位站。流域内有贺庄、华村、龙湾套中型水库 3 座，小（一）型水库 17 座，河道干流建黄阴集、红旗闸、龙湾店节制闸三座，对河道径流泥沙具有一定的调节作用。

1.2　流域水土流失状况

泗河水土流失主要为流域表面水力侵蚀，其次是河段内水流淘刷，还有少量的风沙降落，水流的侵蚀占主要部分。

据济宁市水土保持普查统计，近 10 年全市山丘区土壤流失面积 2.367km²，占山丘区总土地面积的 82.7%，每年流失土壤约 950 万 t，相当于山丘区近 2700hm²，耕地 30cm 厚的表层土壤被剥蚀，被带走的氮、磷、钾等元素，约折合标准化肥 4.8 万 t。一些耕地表层土壤逐步演变为砂土、粗砂

作者简介：徐银凤，女，山东济宁，济宁市水文局，助理工程师，从事水土保持工作。

土直至石渣土，无法耕种。二是淤积河道湖库，威胁防洪安全。水土流失带走的泥沙淤积水库、塘坝、河道，水利设施和河道湖库调蓄泄洪能力降低。

流域水土流失治理始于上世纪70年代，截至2011年，水土流失综合治理以泗河山丘区为重点治理区，共完成小流域治理62条，综合治理水土流失面积60.46km^2，采取建设基本农田，营造水保林、经济林，封育治理，农田林网、苗圃等治理措施。修建塘坝池等小型蓄水保土工程89座，设计蓄水量74.2万m^3。通过治理，林草植被覆盖率达30%以上，水土流失得到有效治理，生态环境明显改善，群众生产生活水平显著提高。

2 分析资料的采用及处理

泗河流域水土流失分析采用干流书院水文站系列水文资料，主要有降水、径流、泥沙及陆面蒸发，资料系列长50年。流域水土流失状况主要以书院水文站的径流量、含沙量和输沙量资料进行天然径流量还原计算分析，按照径流量变化及波动将泗河书院水文站系列资料分1956～1979年、1980～2010年、1971～2010年、1956～2010年四个系列，分析流域径流泥沙变化规律以及流域水土流失治理效果。

书院水文站以上有3座中型水库，分别是贺庄水库（控制面积127km^2）、华村水库（控制面积128km^2）、龙湾套水库（控制面积144km^2），考虑到水库拦蓄作用，分析中书院水文站的控制面积采用扣除3座水库流域面积后的区间控制面积为1098km^2。

3 流域径流泥沙分析

3.1 流域径流分析

根据泗河书院水文站流域系列水文资料，按照划分的不同时段，利用水文学原理进行产汇流分析，并还原流域天然径流量。泗河流域多年平均径流量1956～1979年为4.91×10^{8}m^3；1956～2010年为4.40×10^{8}m^3；1971～2010年为4.02×10^{8}m^3；1980～2010年为3.81×10^{8}m^3。从多年平均径流量的变化趋势可以看出，随着时间的推移，不同时段多年平均径流量逐渐减小。书院水文站各统计时段逐月径流量对照见图1。

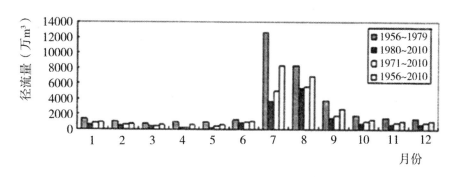

图1 泗河书院站各时段逐月径流量柱状图

3.2 书院站以上流域泥沙分析

根据书院水文站不同统计时段的含沙量、输沙量资料分析，多年平均含沙量1956～1979年为0.867kg/m^3，1980～2010年为0.187kg/m^3；书院站多年平均年输沙量1956～1979年为54.8×10^{4}t，

1980～2010 年为 5.13×10^4t。1956～2010 年多年平均年输沙量为 30.8×10^4t，自 1956～2010 年累计输沙量为 1663×10^4t。各统计年段多年平均含沙量和输沙量随时间的变化呈逐渐减小的趋势见图 2、图 3。

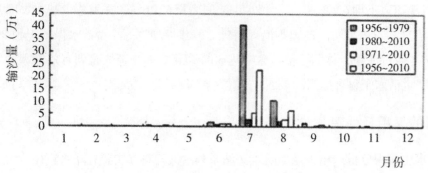

图 2　泗河书院站各统计时段逐月平均输沙量柱状图

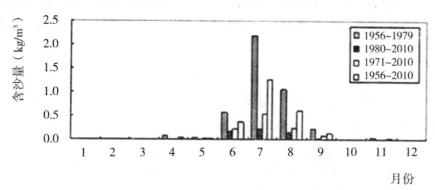

图 3　泗河书院站各统计时段逐月平均含沙量柱状图

从泥沙与径流量关系对照分析可看出，多年平均含沙量、输沙量随径流量的减小而减少，多年平均输沙量上世纪 80 年代以后，仅为 80 年代以前的 1/10，而多年平均径流量上世纪 80 年代以后是 80 年代以前的 41%，见表 1。

表 1　泗河书院水文站各统计时段径流、泥沙成果表

统计年段	多年平均径流量（×10⁴m³）	多年平均含沙量（kg/m³）	最大含沙量		多年平均输沙量（×10⁴t）	最大年输沙量		多年平均输沙模数（t/km²）
			含沙量（kg/m³）	出现年份		输沙量（×10⁴t）	出现年份	
1956～1979 年	35400	0.867	25.1	1957	54.8	413	1957	500
1956～2010 年	25440	0.564	25.1	1957	30.8	413	1957	284
1971～2010 年	18050	0.305	12.0	1974	9.56	74.4	1971	87.0
1980～2010 年	14620	0.188	7.47	1980	5.13	29.7	1991	48.6

输沙模数：书院站 1956～1979 年多年平均年输沙模数为 500t/km²，1980～2010 年多年平均输沙模数为 48.6t/km²，1980～2010 年平均输沙模数为 1956～1979 年的 9.7%，年输沙模数随时间的变化趋势与含沙量一致，呈明显减少趋势。

4 结论

通过泗河流域径流、泥沙系列资料统计分析，在进入 20 世纪 80 年代以来，流域径流量随时间推移逐渐减小，上游来沙量明显减少，断面平均含沙量亦明显减小，反映了流域水土流失状况得到明显改善，水土保持措施功能的发挥逐渐显现。但根据水土流失遥感普查结果及实际调查监测资料，流域上游部分区域水土流失依然较为严重，2011 年泗河流域向南四湖的输沙量为 $0.5 \times 10^4 t$，水土流失治理工作仍十分严峻，各级政府必须严格执法，加大治理力度，把泗河流域建设成山川秀美的生态清洁型流域。

连云港市降雨径流特征及变化趋势分析

吴晓东，周 云，刘炜伟

（江苏省水文水资源勘测局连云港分局，江苏 连云港 222004）

摘 要： 基于连云港各县区水文资料整编成果，选取 1956～2015 年降雨量和径流量数据，分析连云港各县区降雨和径流年内分配特征及相关性；运用 Mann-Kendall 检验法对各县区降雨和径流的年际变化特征及趋势进行分析。分析表明，连云港各县区降雨和径流年内年际分配不均匀；降雨和径流年内年际变化趋势总体基本相近，但个别特征值存在不同；各县区降雨径流总体呈减小趋势，但不同年代特性存在差异；各县区降雨和径流显著性趋势分析和突变点存在一定差异；各县区径流量主要受降雨量影响外，还存在其他因素影响。

关键词： 降雨；径流；Mann-Kendall；特征；趋势分析

1 引言

连云港市位于我国沿海中部的黄海之滨，地处江苏省东北部，土地总面积 7615km²，地势由西北向东南倾斜，地形以低山丘陵和平原洼地为主。

连云港市位于淮河流域沂沭泗水系最下游，境内河网水系发达，现有 605 条县乡河道，总长度 2425km，有大型水库 3 座、中小型水库 143 座，它们分属于沂河、沭河、滨海诸小河三大水系，汛期承泄上游近 8.0 万 km² 洪水入海。

本文根据连云港市水文资料整编成果，选取连云港市各县区 1956～2015 年降雨量和径流量资料，分析连云港市各县区降雨和径流的时间变化特征和变化原因，有利于掌握和了解连云港的水资源特性，以便更好对水资源进行科学管理和合理利用，为连云港经济腾飞打下坚实的水资源基础。

2 年内分配特征

本文采用不均匀系数、完全调节系数、集中度和集中期等指标从不同角度分析连云港各县区降雨和径流的年内分配特征变化规律。

2.1 不均匀系数

年内降雨不均匀系数 C_{ut}，计算公式为：

$$C_{ut} = \sqrt{\sum_{i=1}^{12} \frac{(\frac{K_i}{K} - 1)^2 / 12}{}}$$

作者简介：吴晓东（1984—），男，工程师，主要从事水文测验、水文预报以及水资源分析评价等工作。

式中：C_{ut}——降雨年内分配不均匀系数；

K_i——年内各月降雨量；

$\overline{K}$——年内月平均降雨量。

C_{ut}值越大，表明年内各月降雨量相差越悬殊，降雨年内分配也越不均匀。

径流的年内分配特征也根据径流年内不均匀系数 C_{vt} 来衡量。

2.2 完全调节系数

降雨完全调节系数 C_{ur} 计算公式如下：

$$C_{ur} = \sum_{i=1}^{12} \varphi(i) \left[R(i) - \overline{R} \right] / \sum_{i=1}^{12} R(i)$$

其中

$$\varphi(i) = \begin{cases} 0, & R(i) < \overline{R} \\ 1, & R(i) \geq \overline{R} \end{cases}$$

2.3 集中度和集中期

集中度和集中期的计算是将一年内各月的降雨量（或径流量）作为向量看待，月降雨（或径流）的大小为向量的长度，所处的月份为向量的方向。从 1 月到 12 月每月的方位角度分别为 0°，30°，60°，…，330°，并把每个月的降雨量（径流量）分解为 x 和 y 两个方向上的分量，则 x 和 y 方向上的向量合成分别为：

$$R_x = \sum_{i=1}^{12} R(i)\cos\theta_i \; ; \; R_y = \sum_{i=1}^{12} R(i)\sin\theta_i$$

则降雨（径流）的合成为 $R = \sqrt{R_x^2 + R_y^2}$。集中度和集中期定义如下：

$$C_d = R / \sum_{i=1}^{12} R(i) \; ; \; D = \arctan(R_y / R_x)$$

合成向量的方位表示一年中最大月径流量出现的月份，即集中期；集中度反映了集中期径流值占年总径流的比例。

连云港各县区降雨、径流年内分配特征值成果，即四个时段内各个月份的特征情况见表 1。

表 1　连云港市各区域降雨径流年内分配特征值

区域	特征值	不均匀系数		完全调节系数		集中度		集中期	
		降雨	径流	降雨	径流	降雨	径流	降雨	径流
全市	1956 ~ 1970 年	0.96	1.65	0.39	0.63	0.57	0.866	7.24	7.47
	1971 ~ 1985 年	0.92	1.69	0.36	0.6	0.55	0.862	7.17	7.35
	1986 ~ 2000 年	0.86	1.61	0.34	0.61	0.51	0.848	7.10	7.42
	2001 ~ 2015 年	1.02	1.72	0.4	0.66	0.59	0.884	7.18	7.49
	多年平均	0.93	1.65	0.37	0.61	0.55	0.864	7.18	7.44

续表1

区域	特征值	不均匀系数		完全调节系数		集中度		集中期	
		降雨	径流	降雨	径流	降雨	径流	降雨	径流
市区	1956～1970年	0.95	1.64	0.39	0.63	0.57	0.866	7.25	7.5
	1971～1985年	0.94	1.66	0.37	0.59	0.56	0.858	7.16	7.3
	1986～2000年	0.88	1.63	0.34	0.62	0.51	0.849	7.10	7.39
	2001～2015年	1.04	1.74	0.41	0.66	0.6	0.887	7.17	7.47
	多年平均	0.94	1.65	0.37	0.61	0.56	0.864	7.17	7.42
赣榆	1956～1970年	1	1.64	0.41	0.63	0.59	0.87	7.24	7.49
	1971～1985年	0.99	1.74	0.38	0.62	0.58	0.882	7.19	7.38
	1986～2000年	0.9	1.58	0.34	0.59	0.53	0.842	7.15	7.41
	2001～2015年	1.05	1.71	0.41	0.64	0.61	0.883	7.14	7.44
	多年平均	0.98	1.66	0.38	0.62	0.58	0.869	7.18	7.43
东海	1956～1970年	0.98	1.73	0.39	0.64	0.57	0.867	7.22	7.43
	1971～1985年	0.95	1.77	0.36	0.61	0.56	0.872	7.14	7.29
	1986～2000年	0.86	1.59	0.34	0.61	0.51	0.847	7.06	7.36
	2001～2015年	1	1.7	0.4	0.65	0.59	0.881	7.15	7.48
	多年平均	0.94	1.67	0.37	0.61	0.56	0.866	7.14	7.39
灌云	1956～1970年	0.93	1.64	0.38	0.63	0.55	0.866	7.24	7.49
	1971～1985年	0.88	1.64	0.34	0.59	0.52	0.847	7.21	7.38
	1986～2000年	0.85	1.65	0.33	0.62	0.5	0.857	7.12	7.48
	2001～2015年	1.01	1.75	0.4	0.69	0.58	0.889	7.23	7.55
	多年平均	0.91	1.64	0.36	0.62	0.54	0.866	7.20	7.48
灌南	1956～1970年	0.91	1.64	0.37	0.63	0.54	0.861	7.26	7.49
	1971～1985年	0.85	1.63	0.35	0.59	0.51	0.841	7.19	7.42
	1986～2000年	0.83	1.68	0.33	0.63	0.48	0.849	7.10	7.47
	2001～2015年	0.97	1.71	0.39	0.67	0.56	0.885	7.25	7.56
	多年平均	0.88	1.62	0.35	0.62	0.52	0.858	7.20	7.49

从上表特征值成果可见：

（1）总体而言，连云港各县区的降雨和径流年内分配不均，但从各县区横向对比可见，连云港各县区降雨和径流年内分配特征值空间差异性却不明显；

（2）连云港各县区降雨和径流的不均匀系数变化过程基本一致，总体表现为2000年之前减小，2000年之后有所增加，说明径流量大小受降雨量的影响。通过对比，同区域径流不均匀系数大于降雨不均匀系数，说明径流量相对于降雨量的年内分配更不均匀，各月差异更大；

（3）连云港各县区降雨不均匀系数从大到小依次为赣榆、市区、东海、灌云和灌南，而径流不均匀系数从大到小依次为东海、赣榆、市区、灌云和灌南。通过比对说明径流年内分布不仅受降雨影响，还可能受其他因素影响。考虑各县区地理位置，连云港市南部地区降雨和径流年内分配相对于北部较为均匀；

（4）通过分析，集中度与不均匀系数变化规律一致，反映出集中度与不均匀系数具有一定相关性，即降雨径流集中度越高，其年内分配越不均匀。同比降雨和径流的集中度可见集中期径流量相对降雨量分布更为集中；

（5）连云港各县区降雨和径流集中期重心基本一致，分布在6~8月之间，主要集中在7月中上旬，这与连云港雨季分布特征一致。径流集中期相对于降雨集中期在时间上稍有延迟，这与降雨形成产汇流过程所需时间基本一致。

3 年际变化特征

Mann-Kendall检验法是时间序列的变化趋势和突变情况主要研究方法之一，它可以确定突变的准确年份，检测范围宽，人为性少，定量化程度高。本文采用Mann-Kendall检验法分析连云港各县区年降雨径流和月降雨径流年际变化的规律。

3.1 总体变化趋势检验

在Mann-Kendall检验中，原假设H_0为时间序列数据$(x_1, x_2, \cdots, x_n)$，是n个独立的、随机变量同分布的样本；备择假设H_1是双边检验。对于所有的$k, j \leqslant n$，且$k \neq j$，x_k和x_j的分布是不相同的。定义检验统计量S：

$$S = \sum_{i=2}^{n} \sum_{j=1}^{i-1} \operatorname{sign}(X_i - X_j)$$

其中，$\operatorname{sign}(X_i - X_j) = \begin{cases} +1, & X_i - X_j > 0 \\ 0, & X_i - X_j = 0 \\ -1, & X_i - X_j < 0 \end{cases}$

S为正态分布，其均值为0，方差$\operatorname{Var}(S) = n(n-1)(2n+5)/18$。当$n > 10$时，标准的正态统计变量通过下式计算：

$$Z = \begin{cases} (S-1)/\sqrt{\operatorname{Var}(S)}, & S > 0 \\ 0, & S = 0 \\ (S+1)/\sqrt{\operatorname{Var}(S)}, & S < 0 \end{cases}$$

在双边趋势检验中，对于给定的置信水平α，若$|Z| \geqslant Z_{1-\alpha/2}$，则原假设$H_0$是不可接受的，即在置信水平$\alpha$上，时间序列数据存在明显的上升或下降趋势。$Z$为正值表示增加趋势，负值表示

减少趋势。Z 的绝对值在大于等于 1.28、1.64、2.32 时表示分别通过了信度 90%、95%、99% 的显著性检验。M–K 值成果见表 2。

表2　连云港各县区降雨和径流系列 M–K 值统计成果

区域	全年	1月	2月	3月	4月	5月	6月	7月	8月	9月	10月	11月	12月
降雨系列 M–K 值													
市区	−0.28	−0.56	1.71*	0.32	−1.34	1.59	−0.42	0.50	0.36	−0.23	−1.66*	−0.74	1.17
赣榆	−0.24	−1.06	1.47	−0.14	−1.11	1.93*	−0.67	0.81	0.50	−0.95	−1.17	−0.39	0.95
东海	−0.38	−0.72	1.84*	0.15	−1.62	1.96*	0.24	−0.34	0.20	−0.10	−1.45	−0.88	1.03
灌云	−1.60	−1.00	1.25	−0.54	−1.83*	1.13	−0.85	−0.72	−0.50	−0.43	−2.02*	−0.50	0.75
灌南	−1.74*	−0.95	1.21	−0.54	−1.91*	0.57	−0.42	−1.27	−0.47	−0.98	−1.89*	−0.44	0.52
全市	−0.93	−0.28	1.52	−0.23	−1.58	1.62	−0.36	−0.22	0.08	−0.59	−1.72*	−0.54	0.97
径流系列 M–K 值													
市区	0.00	0.16	0.13	0.58	−1.18	0.91	0.09	0.20	0.43	−0.18	−0.32	−0.85	0.80
赣榆	−0.13	−0.39	−0.42	−0.46	−1.34	1.81*	0.46	0.88	0.49	−0.83	−0.58	−0.52	0.72
东海	−0.25	0.23	0.22	0.41	−1.19	1.24	1.07	−0.64	0.64	0.01	−0.11	−0.79	0.63
灌云	−1.44	−0.68	−0.10	−0.64	−1.68*	0.44	−0.11	−1.22	−0.50	−0.58	−0.72	−0.48	1.02
灌南	−1.29	−0.50	−0.30	−0.48	−1.60	−0.40	0.11	−1.42	−0.37	−1.37	−0.73	−0.58	1.13
全市	−0.54	−0.44	−0.14	−0.13	−1.60	0.92	0.38	−0.35	0.23	−0.54	−0.54	−0.64	0.73

注：* 表示通过信度 95% 的显著性检验。

由表 2 可见降雨和径流的年际变化总体趋势：

（1）连云港各县区年均降雨量检验值均为负值，且由北向南检验值绝对值逐渐增大，表明年均降雨量年际变化为减小趋势，且由北至南减小趋势逐步增大，至灌南，其检验值已通过了 95% 的显著性检验，说明灌南年均降雨量年际变化出现明显减小趋势；

（2）连云港各县区年均径流量检验值除市区为 0 外，其余均为负值，表明年均径流量年际变化总体为减小趋势，但均未突破 95% 的显著性检验值，说明年径流量减小趋势不显著；

（3）连云港各县区降雨和径流的月变化比年变化趋势明显，径流量年际变化程度小于降雨量年际变化程度；

（4）连云港各县区月降雨量（径流量）增大和减小的变化过程总体基本相近，但个别月份仍存在差异，如 3 月份，市区和东海降雨量和径流量均呈增大趋势，其他县区呈减小趋势；6 月份降雨量东海呈增大趋势，其他县区呈减小趋势，但 6 月份径流量除灌云外其他县区均呈增大趋势等；

（5）连云港各县区月降雨量和径流量通过显著性检验的月份有所差异，如市区 2 月份降雨量年际变化显著增大，10 月份显著减小；赣榆 5 月份降雨和径流均显著增大；东海 2 月和 5 月降雨量显著增大；灌云和灌南 4 月和 10 月降雨量显著减小，灌云径流量在 4 月份呈显著减小趋势；

（6）通过对比，各县区的降雨量和径流量各月检测值增加和减小的步调不完全一致，说明年际径流量变化除受降雨量影响外，还受其他因素影响。

3.2　不同年代变化趋势检验

设序列为 x_1, x_2, …, x_n, S_k 表示第 i 个样本 $x_i > x_j$（$1 \leqslant j \leqslant i$）的累计数，定义检验统计量为：

$$S_k = \sum_{i=1}^{k} r_i \, , \quad r_i = \begin{cases} 1, & x_i > x_j \\ 0, & x_i \leqslant x_j \end{cases} \, , \quad (j=1, 2, …, i; \, k=1, 2, …, n)$$

定义统计变量：

$$UF_k = [\, S_k - E(S_k) \,] / \sqrt{\mathrm{Var}(S_k)}$$

式中：$E(S_k)=k(k-1)/4$，$\mathrm{Var}(S_k)=k(k-1)(2k+5)/72$，$1 \leqslant k \leqslant n$

UF_k 为标准正态分布，给定显著性水平 α，若 $|UF_k| \geqslant U\alpha$，则表明序列存在明显的趋势变化。将时间序列 x 按逆序排列，再按照上式计算，同时使

$$\begin{cases} UB_k = -UF_{k'} \\ k' = n+1-k \end{cases} \quad (k=1, 2, …, n)$$

通过分析统计序列 UF_k 和 UB_k 可以进一步分析序列的趋势变化。若 UF_k 大于 0，则表明序列呈上升趋势；小于 0 则表明呈下降趋势；当他们超过临界直线时，表明上升或下降趋势显著。如果 UF_k 和 UB_k 这两条曲线出现交点，且交点在临界直线之间，那么交点对应的时刻就是突变开始的时刻。

连云港市年降雨径流 M-K 趋势检验成果见图 1。

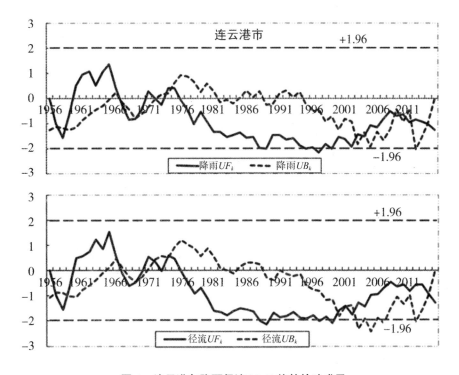

图 1　连云港年降雨径流 M-K 趋势检验成果

通过图 1 可见：

（1）连云港市的降雨和径流变化规律基本相近；

（2）连云港市径流量在 20 世纪 60 年代和 70 年代初中期基本呈上升趋势，20 世纪 70 年代后期开始基本呈下降趋势；

（3）连云港市降雨和径流突变点的数量和年份虽然存在差异，但总体上保持一致性。全市降雨量突变点出现在 1957、1959、1966、1971、2005、2002、2008、2012 年，径流量突变点出现在 1957、1959、1966、1971、2005、2002、2014 年；

（4）连云港市降雨和径流显著性趋势差异较小，但各县区之间的差异较大。市区降雨量在 1964 年上升趋势显著，径流量在 1965 年上升显著；赣榆降雨量在 1989 年下降显著，径流量在 1981 ～ 1992 年连续 12 年呈显著下降趋势；东海降雨量和径流量年际变化趋势均不显著；灌云降雨量在 1994 ～ 2002 年连续 9 年呈显著下降趋势，径流量在 1987 ～ 2003 年呈显著下降趋势；灌南降雨量在 1995 ～ 1999、2002 年呈显著下降趋势，径流量在 1994 ～ 1999、2002 年呈显著下降趋势。

4 影响降雨径流关系的因素分析

影响降雨径流关系的因素主要有两大类，分别为自然因素和人为因素。

4.1 自然因素

主要包括气候、地质地貌以及植被覆盖物等因素。气候是影响径流的最基本和最重要的因素，其降水和蒸发要素直接影响到径流的形成和变化，如降雨量级别、强度、雨型及前期降雨量的不同均可导致降雨量和径流量关系发生变化；地质地貌主要指地表各类岩石、土壤、地层结构、各种水体以及地表覆盖物的表面形态和高度、地理位置等，如同样降水量在不同区域不同环境不同地质结构产生的径流量会出现较大差异；植被覆盖物主要指植被种类、大小及密度等，它就径流的影响主要体现在一是植被在降雨过程中可截留一定水分，二是可以涵蓄一定水量，从而增加降水过程的入渗损失量，进而影响径流形成过程。

4.2 人为因素

包括水利工程建设、农田建设、城市建设、水土保持以及水资源开发利用等因素。人为建设从多方面改变原有的水文下垫面状况，如改变透水性、减小地面坡度、破坏地表原有天然植被，水库建设改变了下游原有水文过程，农田建设改变了原有径流方式，城市建设则大大减小了降雨入渗，增大了城市内涝概率；梯田及小流域水土保持综合治理，改变了土壤结构及地质构造，增加地面植被，对产汇流产生影响；连云港各县区水资源开发利用程度不同，部分区域地下水超采严重，地下水位大大下降，包气带缺水增大，从而导致地表径流量的衰减，影响降雨径流关系。

5 结论

根据相关指标成果从不同角度分析，连云港各县区降雨量和径流量年内、年际变化具有一定的规律。

连云港各县区降雨和径流年内分配不均，但空间差异性较小，集中期主要集中在 7 月中上旬，其中径流量相对于降雨量集中度更高，年内分配更不均匀；

连云港各县区降雨和径流年际分配不均，总体变化为减小趋势，其中降雨量相对径流量年际变化程度大；

连云港各县区不同年代降雨量有所差异，其中市区、赣榆和东海年降雨量在 20 世纪 80 年代之前基本呈上升趋势，之后呈下降趋势，灌云和灌南在 20 世纪 60 年代初中期呈上升趋势，60 年代后期至今基本呈下降趋势；

连云港各县区不同年代径流量有所差异，其中在 20 世纪 60 年代和 70 年代初中期基本呈上升趋势，20 世纪 70 年代后期开始基本呈下降趋势；

连云港各县区降雨和径流年内、年际变化规律总体上基本相近，但个别特征却有所不同，如径流量与降雨量峰谷值出现不同步，不同区域不同时间段变化幅度有较大不同以及显著性检验存在差异等。说明径流量除受降雨量影响外，还受其他因素影响。

参考文献：

[1] 熊小琴，胡魁德. 抚河流域水文特性分析 [J]. 江西水利科技，2004，30（2）：105–110.

[2] 刘健，张奇，许崇育，等. 近 50 年鄱阳湖流域径流变化特征研究 [J]. 热带地理，2009，29（3）：213–224.

[3] 罗蔚，张翔，邹大胜，等. 鄱阳湖流域抚河径流特征及变化趋势分析 [J]. 水文，2012，32（3）：75–82.

[4] 曹洁萍，迟道才，等. Mann–Kendall 检验方法在降水趋势分析中的应用研究 [J]. 农业科技与装备，2008（5）：35–37.

拦河闸坝的控制运用对沂沭河洪水预报的
影 响 分 析

詹道强，赵艳红，杜庆顺

（沂沭泗水利管理局水文局（信息中心），江苏 徐州 221018）

摘　要：1997 年，沂河干流建成了小埠东橡胶坝，之后，沂沭河干支流又相继建成了花园、桃园等 14 座橡胶坝，橡胶坝总蓄水容积 1.463 亿 m^3。其中沂河干支流 10 座，蓄水容积 0.996 亿 m^3；沭河干流 5 座，蓄水容积 0.467 亿 m^3。橡胶坝的控制运用对沂沭河流域的产汇流特性产生了一定影响。本文对沂沭河洪水的涨洪历时，以及橡胶坝的控制运用对临沂、大官庄洪峰流量的影响进行了分析，对作业预报时应注意的问题进行了探讨。

关键词：水文自动测报；发展方向；沂沭泗流域

1　流域概况

沂沭河流域位于沂沭泗流域东部，是纵贯沂蒙山区的两条大型山洪河道，自北向南，并驾齐驱，蜿蜒曲折，经鲁南流向苏北，通过分沂入沭使两河相连。沂沭河流域面积 18220km^2。其中，沂河流域面积 11820km^2，沭河流域面积 6400km^2。

1959～1960 年，沂沭河建设了 9 座大型水库，总集水面积 5797km^2，设计总库容 27.51 亿 m^3，其中沂河干支流建有田庄、跋山、岸堤、唐村、许家崖大型水库 5 座，集水面积 4315km^2，设计库容 18.24 亿 m^3；沭河干支流建有沙沟、青峰岭、小仕阳、陡山大型水库 4 座，总集水面积 1482km^2，设计库容 9.27 亿 m^3。

上世纪 60 年代之后，沂沭河干支流相继建成了大官庄枢纽、刘家道口枢纽，以及李庄、土山、马头、石拉渊、青泉寺、塔山、王庄等 18 座拦河闸坝，其中，沂河 9 座，沭河 9 座。

1997 年，沂河干流建成了第一座橡胶坝，即小埠东橡胶坝，之后，沂沭河干支流又相继建成了花园、桃园等 14 座橡胶坝，橡胶坝总蓄水容积 1.463 亿 m^3。其中沂河干支流 10 座，蓄水容积 0.996 亿 m^3；沭河干流 5 座，蓄水容积 0.467 亿 m^3。

2　拦河闸坝对沂河临沂水文站洪水预报的影响

2.1　临沂站以上拦河闸坝基本情况

沂河临沂水文站以上 50km 内建有小埠东等 8 座橡胶坝，除小埠东橡胶坝建成于 1997 年，花园

作者简介：詹道强（1963—），男，教授级高级工程师，主要从事水文情报、洪水预报及防汛调度工作。

橡胶坝建成于 2003 年，葛沟橡胶坝建成于 2010 年，其他 5 座橡胶坝建成于 2006 ~ 2008 年。

沂河小埠东橡胶坝距刘家道口枢纽 13km，小埠东橡胶坝上游 7.2km 处建有沂河桃园橡胶坝，桃园橡胶坝上游 6.7km 处建有柳杭橡胶坝，柳杭橡胶坝上游 25.8km 处建有葛沟橡胶坝。祊河角沂橡胶坝距小埠东橡胶坝 12.6km，在距角沂橡胶坝上游 7.3km 和 12.6km 处分别建有花园橡胶坝和葛庄橡胶坝。三和橡胶坝建在距小埠东橡胶坝以上 4.4km 的柳青河河口处。

沂河临沂水文站以上 8 座橡胶坝正常蓄水位下的相应蓄水总量为 0.919 亿 m^3。橡胶坝设计泄流时间 3 ~ 6h，洪水传播到临沂水文站的时间为 1 ~ 8h。

根据临沂市滨河景区管理处 2009 年 7 月组织制定的《临沂城区段拦河闸坝汛期防洪联合调度运行方案（试行）》（以下简称"联合调度运行方案"），汛期小埠东、桃园、角沂橡胶坝分别按低于设计蓄水位 1.0m 控制运用；柳杭、花园、葛庄橡胶坝分别按低于设计蓄水位 2.0m 控制运用，相应于汛期控制蓄水位的小埠东等 6 座橡胶坝的相应蓄水总量为 0.57 亿 m^3。

沂河临沂水文站以上橡胶坝位置见图 1。

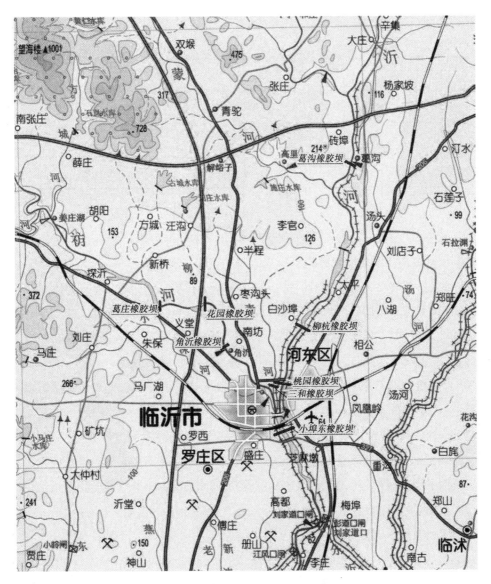

图 1 沂河临沂水文站以上橡胶坝位置示意图

2.2 临沂站最短涨水历时统计分析

根据对临沂水文站 1960 ～ 2009 年 56 场实测洪水的径流过程分析，从起涨到净峰流量出现最短历时为 5.9h，最长历时为 38.5h，平均历时为 20.2h。

由于影响洪水涨水历时的因素较多，譬如降水的地区分布、降水强度、降水时长、流域前期降水情况以及上游水库及拦河闸坝的拦蓄作用等，使得临沂站洪峰流量与涨水历时相关图点据比较散乱，无明显相关关系。但是，统计结果表明，临沂站洪峰流量 1460 ～ 12100m³/s 时，共 39 次，有 5 次洪水的涨水历时为 6 ～ 7h，见图 2。

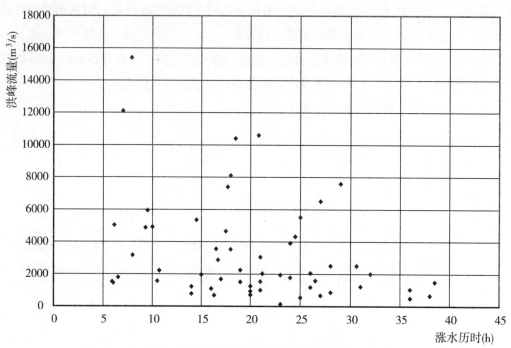

图 2　临沂站洪峰流量与涨水历时相关图

2.3 橡胶坝群控制运用可能造成的影响

沂河上游属山洪型河道，洪水陡涨陡落，洪水起涨时间短，相应地，如果按照"联合调度运行方案"进行橡胶坝的控制运用，留给橡胶坝的预泄时间比较短。同水闸相比，橡胶坝的自身安全是一个不容忽视的问题。据了解，橡胶坝满坝运行时，橡胶坝漫坝安全水深不超过 0.3m，因此，当上游来水超过最大漫坝安全水深时，橡胶坝为保证自身安全必须塌坝运行。

根据"联合调度运行方案"，如果沂河出现 3000m³/s 以上洪水，刘家道口枢纽以上的橡胶坝将全部塌坝运行，如果闸前蓄水以最短 6h 下泄完毕计，临沂站以上橡胶坝的下泄平均流量将达到 2730m³/s，考虑到临沂站曾经出现过最短涨水历时为 6 ～ 7h，洪峰流量最大可达 12100m³/s 的各种等级的洪水，因此，即便预泄流量不叠加在洪峰上，预泄流量叠加在起涨段也将改变天然状态下的洪水特性，将使得下游的洪峰传播时间加快，洪峰持续时间延长，洪峰的形状有可能由"尖瘦"变成"肥胖"。

2.4 橡胶坝的塌坝或蓄水调度实例

（1）2005 年 9 月 19 日 22 时 ～ 21 日 14 时，沂河流域普降大暴雨，局部特大暴雨，临沂水文站发生了全年最大洪水，实测洪峰流量 5030m³/s，为 1998 年以来最大洪水。据水文部门分析，洪峰流量中小埠东橡胶坝塌坝增加的流量为 800m³/s，占实测洪峰流量的 15.9%。

（2）2009 年 8 月 17 日 16 时～18 日 6 时，沂河支流祊河流域普降暴雨，大中型水库以下至临沂站区间流域平均雨量 91.4mm，暴雨中心平邑县岳庄水库 226mm，临沂站实测洪峰流量 3560m³/s。据水文部门分析，临沂站洪峰流量中沂河上游橡胶坝塌坝增加的流量为 800m³/s，占实测洪峰流量的 22.5%。

（3）2009 年 7 月，沂河临沂站以上平均降雨量 343mm，较常年偏多 43.5%，临沂站中下旬出现了 3 次洪峰流量大于 900m³/s 的洪水过程，以 7 月 21 日 13 时 30 分 4650m³/s 为汛期最大流量。

沂河临沂控制站以上 7 月计算产水量 9.34 亿 m³，其中，上旬 1.36 亿 m³，中旬 4.69 亿 m³（不含 20 日降水产水量），20～31 日产水量 3.29 亿 m³。

临沂控制站 7 月实测径流量 9.3 亿 m³，其中，上旬月径流量 0.12 亿 m³，中旬 3.33 亿 m³（不含 20 日），20～31 日径流量 5.85 亿 m³。

比较可见，临沂站上旬实测径流量较计算产水量减少 1.24 亿 m³，占计算产水量的 91.2%；中旬实测径流量较计算产水量减少 1.36 亿 m³，占计算产水量的 29.0%；下旬实测径流量较计算产水量增加 2.56 亿 m³，占计算产水量的 77.8%。

上述实例分析可见：前面两个实例说明沂河橡胶坝群的塌坝调度会加大下游河道的洪峰流量，有洪峰"增大"作用。第三个实例说明橡胶坝及拦河闸坝的控制运用（前拦蓄、后塌坝）会改变流域原有的产汇流规律，在汛期的不同阶段，上游来水或被拦蓄，造成实际出现的洪峰流量及径流量偏小，或前期的拦蓄水在以后出现的洪水过程中被下泄，造成实际出现的洪峰流量及径流量偏大，出现洪水"搬家"现象。

3 拦河闸坝对沭河大官庄水文站洪水预报的影响

3.1 沭河大官庄水文站以上拦河闸坝基本情况

沭河大官庄水文站以上建有华山橡胶坝等 5 座拦河闸坝，自北向南分别为庄科橡胶坝（建成于 2008 年 6 月），距大官庄 105.8km，陵阳橡胶坝（建成于 2009 年 8 月）距大官庄 98.2km，石拉渊拦河坝（建成于 1958 年 10 月）距大官庄 55.1km，青云（龙窝）橡胶坝（建成于 2010 年 3 月）距大官庄 38.4km，华山橡胶坝（建成于 2008 年 5 月）距大官庄 19.5km，大官庄枢纽及以上 5 座拦河闸坝正常蓄水位下的相应蓄水总量为 0.471 亿 m³。橡胶坝设计塌坝泄流时间为 3～4h，洪水传播到大官庄水文站的时间为 4～18h。

沭河大官庄水文站以上橡胶坝位置见图 3。

3.2 沭河大官庄站最短涨水历时统计分析

根据对大官庄水文站 1960～2010 年 30 场实测洪水的径流过程分析，从起涨到净峰流量出现最短历时为 3h，最长历时为 43h，平均历时为 15.8h。

统计结果表明，大官庄站洪峰流量 1000～4250m³/s 时，共 16 次，有 4 次洪水的涨水历时低于 10h（洪峰流量 1230～3040m³/s），平均为 8h。大官庄站洪水最短涨水历时约为 6h，见图 4。

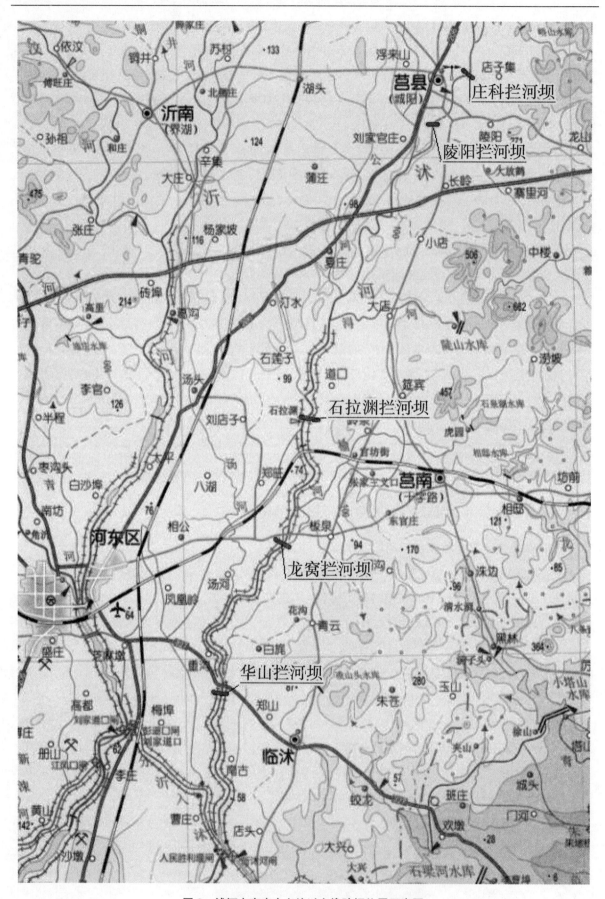

图3 沭河大官庄水文站以上橡胶坝位置示意图

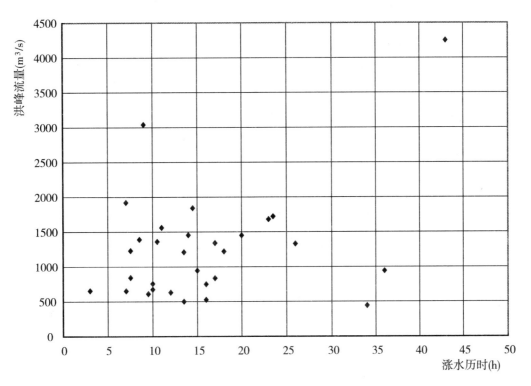

图 4　大官庄站洪峰流量与涨水历时相关图

3.3　橡胶坝群控制运用可能造成的影响分析

参照沂河橡胶坝的汛期控制运用方案的框架结构，根据对沭河不同量级几场降水量接近的洪水进行综合分析，以及考虑沭河拦河闸坝具体分布，拟定适用于沭河拦河闸坝的汛期调度运用方案如下：

（1）当预报大官庄以上沭河流域降雨 P ＜ 50mm，或预报大官庄以上来水 Q ≤ 500m³/s 时，各拦河闸坝按汛期限制蓄水位运行，不塌坝，采取坝顶溢流或调节闸泄洪。

（2）当预报大官庄以上沭河流域降雨 50mm ＜ P ≤ 70mm，或预报大官庄上游来水 500m³/s ＜ Q ≤ 1500m³/s 时，庄科、陵阳按照二级汛限水位运行，石拉渊拦河闸不蓄水；龙窝和华山塌落中间 2 节坝袋泄流，水位均下降 1m；大官庄闸全开泄水。

（3）当预报大官庄以上沭河流域降雨 70mm ＜ P ≤ 100mm，或预报大官庄上游来水 1500m³/s ＜ Q ≤ 2600m³/s 时，庄科、陵阳和石拉渊全开泄洪；华山和龙窝塌落中间 2 节坝袋泄流，水位均下降 2m；大官庄闸全开泄水。

（4）当预报大官庄以上沭河流域降雨 P ＞ 100mm，或预报大官庄上游来水 Q ＞ 2600m³/s 时，所有橡胶坝坝袋全部塌落；大官庄闸全开泄水。

根据以上拟定的调度运用方案对沭河橡胶坝进行模拟调度分析，初步结论如下：

（1）当沭河流域遭遇暴雨时，上游拦河闸坝泄水传递至大官庄站，会形成 1056m³/s 的洪峰流量；

（2）当沭河流域遭遇暴雨到大暴雨时，上游拦河闸坝泄水在大官庄站叠加会形成 1289m³/s 的洪峰流量；

（3）当沭河流域遭遇大暴雨以上强降水时，上游拦河闸坝泄水在大官庄站叠加，会形成 1941m³/s 的洪峰流量。

鉴于橡胶坝设计泄流时间一般为 3 ~ 4h，考虑到流域产汇流、河道洪水传播、橡胶坝蓄水量及塌坝时间等多项因素，就沭河流域而言，如果沭河以上流域出现暴雨到大暴雨以上降水，位于大官庄上游约 20km 的华山橡胶坝从开始塌坝到最后完全塌坝，以及塌坝流量传递到下游大官庄，势必会与大官庄以上涨水历时为 4 ~ 8h 的洪水相叠加，因此，对沭河大官庄枢纽洪水预报调度影响最大的橡胶坝是华山橡胶坝，其次是上游距大官庄水文站 38km 的青云橡胶坝。

4 讨论与建议

4.1 应在拦河橡胶坝建立水位自动测报系统

大型水库目前都有较完备的测报装置及正常的报汛制度，水库下泄流量等信息也可以及时发送至各级防汛部门。由于目前沂沭河各级橡胶坝尚未建立正常的报汛制度，流域机构的水文部门在进行橡胶坝下游控制站洪水预报时往往不能及时掌握橡胶坝的控制运用状况，实际上，橡胶坝群的拦蓄以及橡胶坝的塌坝下泄都会造成预报洪峰与实际出现的洪峰有较大偏差。建议今后在各个橡胶坝建立自动报汛系统，便于预报人员及时、准确掌握各橡胶坝的控制运用状况，提高实时预报的准确率。

4.2 应密切关注行洪河道河槽下切带来的河道工况变化

由于河道演变等各种原因，沂沭河全程均有程度不同的河道下切，部分河段断面下切深度达到 2 ~ 3m，河道下切带来的问题，一是使该河段水位流量关系发生改变，其次是使洪水传播的时间发生改变，三是使河流主槽发生摆动，影响防洪工程安全。因此，水情人员在进行洪水作业预报时，对控制站水位流量关系特性的改变应给予足够的关注。

4.3 作业预报时要充分考虑上游橡胶坝调度运用对径流预报过程的影响

同水闸的控制运用相比，橡胶坝的控制运用存在着塌坝需时长、坝前蓄水坦化下泄的特点。因此，对于一定规模的洪水来说，橡胶坝的塌坝时长 t_1 以及塌坝洪水传播至下游的时间 t_2 都不会差别太大，而流域某种降雨分布下的自然洪水与塌坝洪水遭遇叠加基本是可以预期的（自然洪水的 T_p 与塌坝洪水的 t_1+t_2 接近）。预报人员在对受橡胶坝控制运用影响的下游水文站进行洪水预报时，应充分考虑上游橡胶坝坦化下泄对下游控制断面洪峰流量预报的影响。

淮河流域王家坝水位流量最大值变化规律研究

赵梦杰

（淮河水利委员会水文局（信息中心），安徽 蚌埠 233001）

摘　要：利用数学统计方法，定量研究了王家坝站年最高水位的变化规律，借助小波分析理论，明晰了王家坝站年最大洪峰流量年代演变及周期变化规律。研究结果表明：①近60年来王家坝站年最高水位呈现阶段性的偏低、偏高、偏低、偏高的变化规律，超警洪水频发、多发，发生的频次大约为2年，超保洪水发生的频次大约为8年；②王家坝站上世纪50年代至2000年后年最大洪峰流量平均值出现先增后减循环的变化趋势，即年最大洪峰流量平均值表现出随年代变化的规律；③王家坝站年最大洪峰流量有3个比较明显的周期变化，分别为33年、11年、54年，最明显的周期变化为33年，其次是11年的周期变化。

关键词：年最高水位；年最大洪峰流量；数学统计分析；小波分析；淮河流域

1 引言

流域水资源系统具有高度的复杂性与不确定性，但水资源系统变化也有一定的周期性。朱平盛等[1]研究山东水资源变化趋势时，表明水资源的变化存在一定的阶段性和周期性；蔺秋生等[2]研究表明水文时间序列往往在时域中存在多层次时间尺度结构和局部化特征；王振龙等[3]对淮河干流径流量长期变化趋势及周期进行了分析，研究表明淮河鲁台子站年径流序列存在2年左右的主周期和8年左右的次周期；马跃先等[4]研究表明淮河干流年径流量存在不太显著的减少趋势，径流演变存在两次明显的突变（1957年和1985年）。纵观相关研究文献，在径流变化规律方面取得了不少成果，但对于水文极值演变规律的研究还相对较少。

淮河流域地跨鄂、豫、皖、苏、鲁五省，流域面积27万km²。王家坝站系淮河上游总控制站，集水面积30630km²，淮河上游年平均降水量为1000mm，且年际变化大，时空分布不均匀，年降水量的60%集中在5~8月，以6、7两月暴雨次数较多。王家坝闸作为淮河流域防汛的"晴雨表"和淮河灾情的"风向标"，由此可见王家坝站所处位置的重要性。笔者试图借助数学统计分析方法和小波分析理论研究王家坝站近60年水文极值的变化趋势及周期变化规律，以期为流域的洪水预报、水资源合理利用、水利工程建设等提供参考。

作者简介：赵梦杰（1990—），男，湖北黄冈，工程师，主要从事水文情报预报、水文水资源等方面的研究工作。

2 小波变换理论

短时傅里叶变换（STFT）其窗口函数 $\varphi_a(t, \varpi) = \varphi_a(t-a)\,e^{-i\varpi}$ 通过函数时间轴的平移与频率限制得到，由此得到的时频分析窗口具有固定的大小。对于非平稳信号而言，需要时频窗口具有可调的性质，即要求在高频部分具有较好的时间分辨率特性，而在低频部分具有较好的频率分辨率特性。为此特引入窗口函数 $\psi_{a,b}(t) = \dfrac{1}{\sqrt{|a|}}\,\psi(\dfrac{t-b}{a})$，并定义小波变换为：

$$W_\psi f(a, b) = \frac{1}{\sqrt{|a|}} \int_{-\infty}^{+\infty} f(t)\,\psi^*(\frac{t-b}{a})\,\mathrm{d}t \tag{1}$$

其中，$a \in R$ 且 $a \neq 0$，a 为尺度因子，表示与频率相关的伸缩；b 为时间平移因子，反映时间上的平移。$W_\psi f(a, b)$ 为小波变换系数，是连续小波在尺度 a、位移 b 上与信号的内积，表示信号与该点所代表的小波的相似程度。

同时，作为窗口函数 $\psi_{a,b}(t) = \dfrac{1}{\sqrt{|a|}}\,\psi(\dfrac{t-b}{a})$，为了保证时间窗口与频率窗口具有快速衰减特性，经常要求函数 $\psi(x)$ 具有如下性质：

$$|\psi(x)| \leqslant C\,(1+|x|)^{-1-\varepsilon} \tag{2}$$

$$|\hat{\psi}(\varpi)| \leqslant C\,(1+|\omega|)^{-1-\varepsilon} \tag{3}$$

其中，C 为与 x，ϖ 无关的常数，$\varepsilon > 0$。

Morlet 小波是一种复数小波，与实型小波相比，复数小波能更真实地反映时间序列各尺度大小及其在时域中的分布。复数小波变换系数的模表示时间尺度信号的强弱，实部表示不同特征时间尺度信号在强弱和位相两方面的信息。由于小波变换能在频率和时间之间达到一种自动和谐，从而能实现信号的时频多分辨率功能。当 a 较小时，对频域的分辨率低，对时域的分辨率高；当 a 增大时，对频域的分辨率高，对时域的分辨率低 [5]。

3 王家坝站水位流量最大值变化规律研究

3.1 王家坝站年最高水位变化规律分析

根据王家坝站 1953～2012 年年最高水位资料系列，将年最高水位作柱状图，王家坝站逐年年最高水位柱状图见图 1。由 60 年的资料系列可知，年最高水位多年平均值为 27.47m，基本与王家坝站的警戒水位 27.5m 一致，图 1 中黑色的虚线表示王家坝站的警戒水位，对比警戒水位以上与以下的分布，从中可以看出年最高水位呈现出阶段性的变化特征。从表 1 可知，1953～1961 年，王家坝站年最高水位 9 年中有 6 年低于警戒水位，占比 66.7%，各年最高水位与警戒水位的差值多年平均值为 –2.49m，说明这 9 年时间大部分年份河道水位远远低于警戒水位 27.5m；1962～1984 年，王家坝站年最高水位 23 年中有 18 年超过警戒水位，占比 78.3%，各年最高水位与警戒水位的差值多年平均值为 0.47m，说明这 23 年时间大部分年份河道水位超过警戒水位；1985～2001 年，王家坝站年最高水位 17 年中有 10 年低于警戒水位，占比 58.8%，各年最高水位与警戒水位的差值多年平均值为 –0.6m；2002～2010 年，王家坝站年最高水位 9 年中有 7 年超过警戒水位，占比 77.8%，各年最高水位与警戒水位的差值多年平均值为 0.73m。从近 60 年的资料可以看出，年最高水位呈现

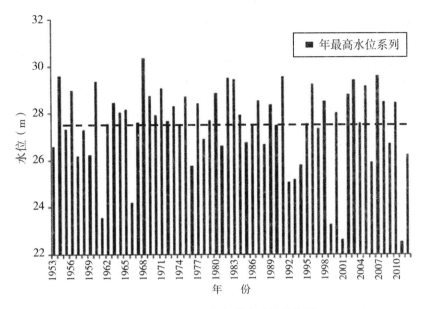

图1 王家坝站逐年年最高水位柱状图

表1 王家坝站不同年份年最高水位变化统计表

年 份	系列长度（年）	超警戒水位		低于警戒水位		与警戒水位差值多年平均值（m）
		年份数	比例（%）	年份数	比例（%）	
1953～1961	9	3	33.3	6	66.7	−2.49
1962～1984	23	18	78.3	5	21.7	0.47
1985～2001	17	7	41.2	10	58.8	−0.6
2002～2010	9	7	77.8	2	22.2	0.73

阶段性的偏低、偏高、偏低、偏高的变化规律，最近几年年最高水位正处于相对偏低的阶段。

统计分析王家坝站近60年年最高水位超警戒水位和超保证水位年份次数可知，60年中超警戒水位年份数达到35年，所占比例58.3%，发生的频次为1.7年，即每2年就可能发生一次超警戒洪水；60年中超保证水位年份数达到35年，所占比例13.3%，发生的频次为7.5年，即每8年左右就可能发生一次超保洪水。由于淮河流域地处南北过渡带，梅雨期长、连续大范围暴雨经常导致流域性洪水，所以王家坝站超警戒洪水频发、多发，超保洪水也时有发生。

3.2 王家坝站年最大洪峰流量变化规律分析

上世纪50年代、60年代、70年代、80年代、90年代、2000年后年最大洪峰流量平均值分别为3779m³/s、4837m³/s、3465m³/s、4100m³/s、2831m³/s、4405m³/s，由表2可知，上世纪50年代至2000年后年最大洪峰流量平均值出现先增后减循环的变化趋势，即年最大洪峰流量平均值表现出随年代变化的规律，其中上世纪60年代、80年代、2000年后年最大洪峰流量普遍偏大，而上世纪50年代、70年代、90年代年最大洪峰流量普遍偏小，从图2中可以明显看出。通过统计王家坝站1952～2009年最大洪峰流量超过3000m³/s的年份数可知，58年的资料系列总共有28年的年最大洪峰流量超过3000m³/s，接近总年份数的一半，上世纪50年代至2000年后年最大洪峰流量超过

3000m³/s 年份数分别为 3 年、6 年、4 年、6 年、3 年、6 年。从图 2 中可以看出，不同年代年最大洪峰流量超过 3000m³/s 年份数占总年份数的比例变化趋势和年最大洪峰流量均值变化趋势一致，这进一步说明了上世纪 60 年代、80 年代、2000 年后年最大洪峰流量普遍偏大，而上世纪 50 年代、70 年代、90 年代年最大洪峰流量普遍偏小。以上分析可知，不同年代的更替，由于水资源系统变化的周期性，王家坝站年最大洪峰流量随年代变化表现出一定的规律性，即呈现周期性增减的变化趋势。

表 2　王家坝站各年代最大洪峰流量系列　　　　　　　　　　　　　　单位：m³/s

年　份			1952	1953	1954	1955	1956	1957	1958	1959	平均值
年最大洪峰			3260	1980	9600	2340	7850	1180	2460	1560	3779
年　份	1960	1961	1962	1963	1964	1965	1966	1967	1968	1969	平均值
年最大洪峰	8050	368	2270	4390	3770	3910	636	2820	17600	4560	4837
年　份	1970	1971	1972	1973	1974	1975	1976	1977	1978	1979	平均值
年最大洪峰	2610	5620	2340	3710	2250	7230	1200	4710	2070	2910	3465
年　份	1980	1981	1982	1983	1984	1985	1986	1987	1988	1989	平均值
年最大洪峰	5560	1600	7640	8730	3630	1710	1870	4120	1820	4320	4100
年　份	1990	1991	1992	1993	1994	1995	1996	1997	1998	1999	平均值
年最大洪峰	2370	7610	1070	1040	1130	2610	5370	2190	4370	548	2831
年　份	2000	2001	2002	2003	2004	2005	2006	2007	2008	2009	平均值
年最大洪峰	4040	472	5740	7610	2660	7170	1780	8020	4310	2250	4405

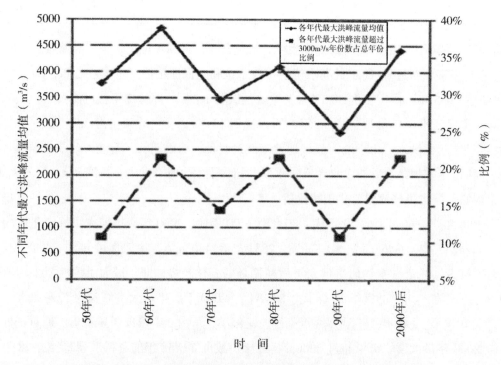

图 2　不同年代年最大洪峰流量均值和超过 3000m³/s 年份数的比例

水文系统变化并不存在真正意义上的周期性，而是时而以这种周期变化，时而以另一种周期变化，并且在同一时段中又包含各种时间尺度的周期变化，即系统变化在时域中存在多层次时间尺度结构和局部化特征[6]。借助小波分析理论，运用小波分析的多分辨率功能，对王家坝站年最大洪峰流量进行分析，了解其在不同尺度上的变化特征。

图3（a）时频分布图清晰地显示了年最大洪峰流量时间尺度变化、突变点分布及位相结构，从中可以看出不同时段各时间尺度的强弱分布。从年最大洪峰流量的时频分布图可知，29～37年周期表现十分明显，中心时间尺度为33年，年最大洪峰流量呈现较为显著的偏大 – 偏小 – 偏大交替变化规律，其次8～14年周期表现较为明显，中心时间尺度为11年，年最大洪峰流量也表现出偏大 – 偏小 – 偏大交替变化规律，目前正处于年最大洪峰流量偏小的周期之内。

从图3（b）可知，小波方差图反映出王家坝站年最大洪峰流量有3个比较明显的周期变化，年最大洪峰流量的3个周期分别为33年、11年、54年，最明显的周期变化为33年，其次是11年的周期变化，54年的周期变化由于资料系列长度的问题有待进一步研究。

王家坝站作为淮河水系的第一个重要控制站，总流量是由淮河王家坝站、管沙湖分洪道钐岗、王家坝进水闸、洪河分洪道地理城4个断面流量之和组成。由于水资源系统变化的周期性，通过以上的分析表明，王家坝站年最大洪峰流量随年代变化表现出一定的规律性，这对于流域的洪水预报、防汛抗旱具有一定的指导意义。

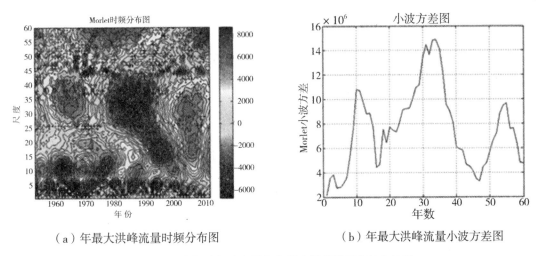

（a）年最大洪峰流量时频分布图　　　　　（b）年最大洪峰流量小波方差图

图3　王家坝站年降水量与年最大洪峰流量小波方差图

4　结语

利用数学统计方法，定量研究了王家坝站年最高水位的变化规律，借助小波分析理论，明晰了王家坝站年最大洪峰流量年代演变及周期变化规律，取得了以下初步认识：

（1）近60年来王家坝站年最高水位呈现阶段性的偏低、偏高、偏低、偏高的变化规律，最近几年年最高水位正处于相对偏低的阶段。超警戒洪水频发、多发，发生的频次大约为2年，超保洪水也时有发生，发生的频次大约为8年。

（2）上世纪50年代至2000年后年最大洪峰流量平均值出现先增后减循环的变化趋势，即年最大洪峰流量平均值表现出随年代变化的规律，其中上世纪60年代、80年代、2000年后年最大洪峰流量普遍偏大，而上世纪 50 年代、70 年代、90 年代年最大洪峰流量普遍偏小。

（3）王家坝站年最大洪峰流量有 3 个比较明显的周期变化，分别为 33 年、11 年、54 年，最明显的周期变化为 33 年，其次是 11 年的周期变化。

本文只是从时间系列方面展开研究，由于水资源系统受大气系统的影响较大，气候变化条件下水文极值变化规律有待进一步剖析，下步需要继续明晰水文极值对气候变化的响应机制，从机制上认识水文极值的变化规律，从而为淮河流域的中长期水文预报提供科学的支撑与借鉴。

参考文献：

[1] 朱平盛，胡桂芳，张苏平．山东水资源分析及趋势预测 [J].气象，1998，24（3）：3–8.

[2] 蔺秋生，范北林，黄莉．宜昌水文站年径流量演变多时间尺度分析 [J].长江科学院院报，2009，26（4）：1–3.

[3] 王振龙，陈玺，郝振纯．淮河干流径流量长期变化趋势及周期分析 [J].水文，2011，31（6）：79–85.

[4] 马跃先，王丰，李世英．淮河流域干江河年径流演变特征及动因分析 [J].水文，2008，28（1）：77–79.

[5] 康玲，杨正祥，姜铁兵．基于 Morlet 小波的丹江口水库入库流量周期性分析 [J].计算机工程与科学，2009，31（11）：149–152.

[6] 王文圣，丁晶，李跃清．水文小波分析 [M].北京：化学工业出版社，2005.

淄博市太河水库枯水期渗漏损失分析

孙宝森

（淄博市水文局，山东 淄博 255000）

摘　要： 太河水库是淄博市最大的水库和最重要的地表水源地，担负着淄博市中心城区及淄川城区众多人口的饮水任务。本文通过对太河水库没有上游来水，并且最终导致水库干涸的 1989 年和 2015 年的水库降水、蒸发、蓄水、地下水开采等的分析，分别计算出地下水源地开采前和开采后水库渗漏损失量，从而得出地下水源地的开采对库区渗漏的影响。水库渗漏损失量的确定有利于在干旱年份合理调度配置水资源，对保证城镇饮水安全和农业生产、流域生态有重要意义。

关键词： 水库渗漏损失；地下水开采；影响；分析

1　概况

1.1　水库概况

淄博市太河水库地处泰沂山北区，总库容 18330 万 m³，兴利库容 11280 万 m³。流域为扇形，长度 40.5km，平均宽度 19.3km，干流长度 61.1km，流域面积 780km²。水库流域属喀斯特地貌，断层构造发育，地层多为寒武、奥陶系，岩溶发育。

流域属暖温带半湿润季风型气候，四季分明、雨量集中，属于春旱、夏涝、晚秋又旱的气候特点。多年平均降水量 702.0mm，多年平均径流深 155.9mm。受气候与地形影响，降水量时空分布不均，季节性变化明显，汛期降雨占全年的 73.8%，且主要集中在 7～8 月份，易发生水库大暴雨洪水，而其他季节径流较少，易出现季节性断流河干现象。水库在 1989 年和 2015 年年底出现库干，直到次年汛期才来水。

1.2　地下水源地概况

口头水源地位于太河水库上游，距离大坝 7km，于 1997 年建成，目前有两个井群，其中东石门水厂有深井 6 眼，西石门水厂有深井 3 眼，主要向淄川城区及沿途东坪、西河、龙泉、昆仑等乡镇供水，许可取水量 3.5 万 m³/d。自 1997 年以来供水量逐年递增，年均开采量 832 万 m³（日均 2.28 万 m³/d）。

北下册水源地位于太河水库下游，靠近太河水库大坝，位于淄河地堑北下册—黑旺富水地段，该水源地主要接受上游地下径流补给、降水入渗补给和河道渗漏补给，许可取水量 3 万 m³/d。水源

作者简介：孙宝森（1975—），男，工程硕士，现工作于淄博市水文局，长期从事水文、水资源工作。

地自 1992 年运行以来，年均开采量为 829 万 m³（日均 2.18 万 m³/d）。

2　水库渗漏损失水量计算

2.1　计算方法

在水库上游流域河道长期断流，而且降雨量很小的特殊时段内，水库地下水补给量很小，水库水位呈线性下降，可以近似看作水库来水量为零。在此条件下水库渗漏损失水量计算采用如下计算公式：

$$W_{渗} = W_{降水} - W_{出} - \Delta W - W_{蒸}$$

式中：$W_{渗}$——水库渗漏损失水量；

　　　　$W_{出}$——实测出库水量；

　　　　ΔW——水库蓄水变量，水库水位呈线性下降，为负值；

　　　　$W_{蒸}$——水库蒸发损失水量；

　　　　$W_{降水}$——库区降水量。

2.2　资料选取

太河水库流域 1988 ～ 1989 年和 2014 ～ 2015 年发生严重干旱，1988 年和 1989 年降水量仅为 375mm 和 356mm，2014 年和 2015 年降水量仅为 435mm 和 595mm，远低于常年。1988 年 10 月份水库上游河道断流，1989 年 12 月库干，直到 1990 年的 6 月结束干旱；2014 年 10 月份水库上游河道断流，2015 年 11 月库干，直到 2016 年 7 月份才结束库干。为此，选取 1989 年和 2015 年的实测资料进行分析，可以近似看作水库来水量为零。

水库上游入库站镇后水文站有蒸发观测，分别选取 1989 年和 2015 年镇后站蒸发资料作为太河水库蒸发计算的依据，其他数据采用水库本站的实测资料。

2.3　渗漏损失水量计算

根据太河水库 1989 年和 2015 年的逐日水位、降雨、平均流量以及镇后站逐日蒸发量资料，分别计算得到两年逐月平均蓄水量和逐月平均日渗漏损失水量，绘制蓄水量和日渗漏损失水量关系图（图 1）。

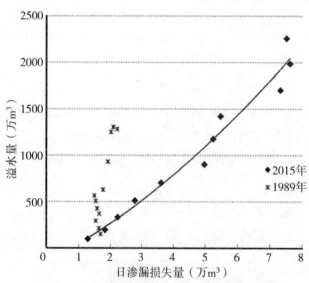

图 1　太河水库蓄水量和日渗漏损失水量关系图

从结果来看，太河水库渗漏损失比较大，这与库区所在位置喀斯特地质有关。从图中可以看出，在水库水位较低时，1989 年水库渗漏在 1.5 万 m³/d 到 2 万 m³/d，渗漏量相对稳定；2015 年水库库容与渗漏量呈明显的正比例关系，蓄水量越多，渗漏量越大。2015 年前三个月库容在 1500 万 m³ 以上时，渗漏量超过了 7 万 m³/d。

3 渗漏损失水量影响因素分析

太河水库上游有源泉、天津湾、口头三处地下水供水水源地，下游有北下册水源地，其取水井沿淄河两岸分布。根据取水井所处位置，距离太河水库较近的口头和北下册水源地对水库库区渗漏影响较大。其次由于近几年连续干旱，水库周边村镇抗旱自救，打了许多深水井开采地下水，用于生产和生活，这部分水量由于缺乏资料无法统计，但造成地下水位下降，从而影响水库渗漏。

3.1 水源地开采量

2015 年，水源地开采量水量比较稳定，口头水源地年开采量 1296 万 m³，日均 3.55 万 m³/d；北下册水源地年开采量 1156 万 m³，日均 3.18 万 m³/d。

3.2 水位变化分析

根据 2015 年水源地水位资料，绘制口头水源地、北下册水源地和太河水库水位过程线（图 2）。经对比可以看出，上游口头水源地水位 2015 年 8 月份以前低于太河水库水位，水源地水位变化与太河水库水位变化基本是同步的。并且随着旱情的加剧，补给量减少，在开采量基本稳定的情况下，水源地水位下降迅速，其降幅也大于水库水位降幅，这就造成太河水库蓄水反补水源地。8 月份降雨增多，补给了地下水，口头水源地水位上升，但水库水位仍呈线性下降，直到 11 月底库干。下游北下册水源地则一直呈下降态势。

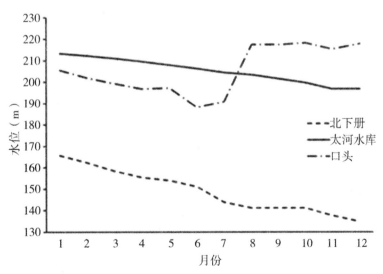

图 2　太河水库上下游地下水源地水位和水库水位过程线

3.3 渗漏影响

太河水库 2015 年 8 月份以前日渗漏量 3.5 万 ~ 7.5 万 m³/d，而 1989 年水库上下游未建设水源地时日渗漏量为 2 万 m³/d 左右。也就是说前 7 个月由于水库上下游地下水的开采，造成了 890 万 m³（日均 5 万 m³/d）的水量通过渗漏补给了地下水。

4 结语

随着经济社会的发展，对水资源量需求也越来越大。太河水库作为淄博市最大的优质地表水源地，必须要围绕如何更加高效地进行调度和利用进行研究。建议要进一步增加雨洪水利用，在工程条件允许情况下，提高汛限水位，在汛期拦蓄更多洪水资源。太河水库来水量和可供水量都是有限的，特别是丰枯变化明显，枯水年多、连枯时间长，必须科学调度，搞好多年调节，以保障城镇居民饮水、农业生产和流域生态安全。

二河闸淹没式孔流水位流量关系推求方法分析

林其军

（江苏省淮沭新河管理处，江苏 淮安 223005）

摘 要：二河闸淹没式孔流流态下的水位流量关系原先选取堰闸流量系数法进行率定，在实际使用中发现，大流量时推算出的流量值普遍比实测流量值偏小，且在大开高、小水位差时无法找到稳定的流量系数，影响了资料整编的精度，为了准确掌握该工程的出流流量，现重新选择堰闸过水平均流速法，根据二河闸 2010 ~ 2015 年的实测流量资料，分析并率定出新的淹没式孔流水位流量关系综合曲线。

关键词：二河闸；水位流量关系；率定

1 概述

二河闸位于江苏省洪泽县西顺河镇，系洪泽湖出湖主要控制工程和入湖重要控制工程，共 35 孔，单孔净宽 10m，闸总宽 401.82m，闸底高程 8.00m，设计正向排水出湖流量 3000m³/s，校核流量 9000m³/s，设计反向引水入湖 1000m³/s。工程设计标准为 300 年一遇，工程主要作用为防洪、灌溉、航运、供水等。

为了准确掌握二河闸淹没式孔流时的出流流量，本文根据二河闸水文站实测水位流量资料，选取合适的推流方法，分析率定二河闸淹没式孔流水位流量关系曲线。

2 堰闸流量系数法

二河闸属于平底闸，闸门开启泄流但又未提出水面时，闸下水位淹没闸孔，属于淹没式孔流，定线推流时采用堰闸站定线推流方法中较为常见的堰闸流量系数法。

2.1 定线原理

利用堰闸流量系数法推流时的计算公式为：

$$Q = MBe\sqrt{\Delta Z} \qquad (1)$$

式中：Q 为流量；M 为流量系数；B 为闸门开启总宽；e 为闸门单孔开高；ΔZ 为上下游水位差。

根据实测流量，建立闸门单孔开高 e 与上下游水位差的比值与流量系数 M 之间的相关关系，推流时利用率定出的 $\dfrac{e}{\Delta Z} \sim M$ 关系曲线，根据单孔开高和上下游水位差计算比值，从关系曲线上查出对应的流量系数 M 值，代入公式（1），即可推求瞬时流量。

2.2 定线成果

2010 年，根据水情变化，使用走航式 ADCP 实测流量 28 次，采用堰闸流量系数法进行率定，关系良好，符合三种检验，相关因素与流量系数关系见图 1。

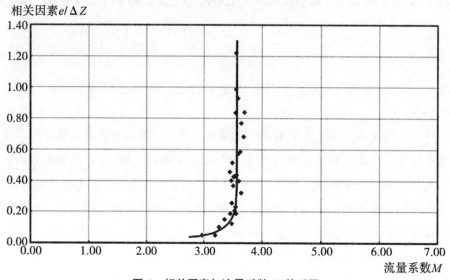

图 1 相关因素与流量系数 M 关系图

2.3 实际应用

2011 ~ 2014 年，二河闸流量实行校测（即对 2010 年新定关系线进行校核），此关系线能够较好地满足推流需求，且精度较高，实测 21 个点均在 ±5% 范围以内。实测资料与理论推流数据误差见表 1。

表 1 2011 ~ 2014 年实测流量资料与推算流量相对误差计算表

序号	时 间			水位差 ΔZ（m）	单孔开高	开启孔数	实测流量 Q（m³/s）	实测流量系数	线上流量系数	相对误差（%）	测验方式
	年	月	日								
1	2011	10	23	1.89	0.40	7	138	3.59	3.53	1.56	ADCP
2			26	2.03	0.40	7	135	3.38	3.53	−4.14	"
3				2.07	0.30	9	130	3.35	3.42	−2.15	"
4			27	2.10	0.30	12	186	3.57	3.42	4.25	"
5			28	2.01	0.30	12	180	3.53	3.43	2.82	"
6		11	10	1.78	0.30	13	176	3.38	3.44	−1.67	"
7				1.78	0.50	13	315	3.63	3.55	2.32	"
8	2012	3	26	1.47	0.31	14	192	3.65	3.53	3.37	"
9		9	10	1.38	0.40	24	404	3.58	3.56	0.63	"
10	2013	9	4	0.35	0.51	35	383	3.63	3.57	1.59	"
11				0.34	0.60	30	388	3.70	3.57	3.55	"
12		10	13	1.44	0.2	27	216	3.33	3.42	−2.53	"

续表1

序号	时间			水位差 ΔZ（m）	单孔 开高	开启 孔数	实测流量 Q（m³/s）	实测 流量 系数	线上 流量 系数	相对 误差 （%）	测验 方式
	年	月	日								
13	2013	12	1	1.34	0.1	18	65.4	3.14	3.21	−2.22	ADCP
14				1.32	0.1	35	125	3.11	3.25	−4.35	″
15			3	1.26	0.5	16	332	3.70	3.57	3.56	″
16	2014	5	9	1.49	0.3	25	317	3.46	3.53	−1.91	″
17		6	14	1.11	0.54	35	722	3.63	3.57	1.57	″
18		7	16	0.57	0.7	19	364	3.63	3.57	1.54	″
19		8	20	1.29	0.39	35	569	3.67	3.57	2.81	″
20		9	3	1.27	0.4	30	470	3.48	3.57	−2.65	″
21		12	18	1.27	0.4	21	328	3.46	3.57	−2.94	″

3 问题提出

2015年，该工程在实际运行过程中出现了大开高、小水位差、大流量的组合情况，此时由原先的关系曲线推算出的流量值普遍比实测流量偏小，详见表2，且因为大开高、小水位差，值增大，原先关系线的上端寻找不到趋于稳定的流量系数值，因此使用原先的堰闸流量系数法率定的关系线不能完全满足二河闸在实际运行时的推流需求，有必要重新选择合适的方法率定新的水位流量关系曲线，为此重新选择闸门过水平均流速法进行分析率定。

表2　2015年部分实测流量资料与推算流量相对误差计算表

序号	时间			水位差 ΔZ（m）	单孔 开高	开启 孔数	实测流量 Q（m³/s）	实测 流量 系数	线上 流量 系数	相对 误差 （%）	测验 方式
	年	月	日								
1	2015	6	20	0.32	1.37	35	1050	3.87	3.57	8.43	ADCP
2			21	0.17	1.8	35	1090	4.20	3.57	17.54	″
3			22	0.18	1.7	35	1030	4.08	3.57	14.29	″
4				0.14	1.9	35	1060	4.26	3.57	19.33	″
5			23	0.20	1.5	35	904	3.85	3.57	7.85	″
6				0.10	2.1	35	1000	4.30	3.57	20.52	″

4 闸门过水平均流速法

4.1 定线原理

利用闸门过水平均流速法推流时的流量计算公式为：

$$Q = A\overline{v} \tag{2}$$

式中：Q 为流量；A 为闸孔过水面积；$\overline{v}$ 为闸孔过水平均流速。

淹没式孔流推流时，可建立上下游水位差 ΔZ 与 $\bar{v}$ 的相关关系，利用率定出的 $\Delta Z \sim \bar{v}$ 关系曲线，查出不同水位差相对应的 $\bar{v}$，代入公式（2），即可推求各时刻的流量。

4.2 定线过程

根据二河闸实测流量资料系列，选取近年（2010～2015 年）实测淹没式孔流流量资料共 76 个测次，分别推算出各水力因素见表 3。

表 3 二河闸淹没式孔流流量定线表

序号	ΔZ (m)	A (m^2)	Q (m^3/s)	$\bar{v}$ (m/s)	序号	ΔZ (m)	A (m^2)	Q (m^3/s)	$\bar{v}$ (m/s)	序号	ΔZ (m)	A (m^2)	Q (m^3/s)	$\bar{v}$ (m/s)
1	0.98	180	633	3.51	27	2.00	30.0	136	4.53	53	1.17	168	646	3.85
2	0.82	180	580	3.22	28	2.04	20.0	84.9	4.25	54	1.04	210	782	3.72
3	2.11	48.0	248	5.17	29	1.89	28.0	138	4.93	55	0.65	312	936	3.00
4	1.51	138	611	4.43	30	2.03	28.0	135	4.82	56	0.54	361	980	2.72
5	1.56	145	660	4.55	31	2.07	27.0	130	4.81	57	0.32	480	1050	2.19
6	1.04	256	951	3.71	32	2.10	36.0	186	5.17	58	0.17	630	1090	1.73
7	0.81	256	820	3.20	33	2.01	36.0	180	5.00	59	0.18	595	1030	1.73
8	1.17	216	860	3.98	34	1.78	39.0	176	4.51	60	0.14	665	1060	1.59
9	0.95	232	836	3.60	35	1.78	65.0	315	4.85	61	0.20	525	904	1.72
10	0.86	80.0	266	3.33	36	1.47	43.4	192	4.42	62	0.10	735	1000	1.36
11	0.97	50.0	172	3.44	37	1.38	96.0	404	4.21	63	1.11	50.0	194	3.88
12	0.87	90.0	302	3.36	38	0.35	179	383	2.15	64	1.00	135	492	3.64
13	0.85	110	368	3.35	39	0.34	180	388	2.16	65	0.72	224	648	2.89
14	1.36	95.0	389	4.09	40	1.44	54.0	216	4.00	66	0.68	224	636	2.84
15	1.15	50.0	191	3.82	41	1.34	18.0	65.4	3.63	67	0.60	280	779	2.78
16	1.16	50.0	190	3.80	42	1.32	35.0	125	3.57	68	0.38	385	860	2.23
17	1.17	100	380	3.80	43	1.26	80.0	332	4.15	69	0.27	280	526	1.88
18	1.09	70.0	252	3.60	44	1.49	75.0	317	4.23	70	0.11	595	746	1.25
19	1.24	60.0	232	3.87	45	1.11	189	722	3.82	71	0.39	330	761	2.31
20	1.58	54.0	235	4.35	46	0.57	133	364	2.74	72	0.46	160	396	2.48
21	1.63	40.0	178	4.45	47	1.29	137	569	4.17	73	0.50	299	781	2.61
22	1.72	64.0	298	4.66	48	1.27	120	470	3.92	74	0.41	350	840	2.40
23	1.95	45.0	219	4.87	49	1.27	84.0	328	3.90	75	0.41	350	840	2.40
24	2.00	45.0	214	4.76	50	1.53	100	442	4.42	76	1.68	90.0	401	4.46
25	1.93	64.0	314	4.91	51	1.08	201	740	3.69					
26	1.96	50.0	229	4.58	52	1.07	201	730	3.64					

根据表3中实测76个孔流流量测次，从中选取 ΔZ 及 $\bar{v}$ 两个相关因素，并点绘流量系数与水位差关系曲线，如图2所示。

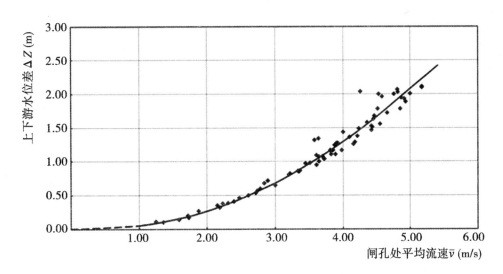

图2 闸孔处平均流速与上下游水位差关系曲线

4.3 成果检验及精度分析

4.3.1 符号检验

为了检验本次水位流量关系曲线两侧测点数目的分配是否均衡合理，从而借以判断所定关系曲线是否正确，需要对关系曲线进行符号检验。

图2中76个测次有39个正偏，37个负偏，根据实测关系资料计算统计量，与临界值进行比较，对其进行符号检验，统计量公式：

$$u=\frac{|K-0.5n|-0.5}{0.5\sqrt{n}} \tag{3}$$

式中：u 为统计量；K 为正偏数或负偏数；n 为测次总数。

经过计算，其统计量 u 为0.11，取显著性水平 α 为0.25，从表4中可以查出，其临界值 $u_{1-\alpha/2}$ 为1.15，满足 u 小于 $u_{1-\alpha/2}$ 的定线合理的判定条件，故此图2中的关系曲线通过了符号检验。

表4 临界值表 $u_{1-\alpha/2}$ 与 $u_{1-\alpha}$

α	0.05	0.1	0.25
$1-\alpha$	0.95	0.9	0.75
$u_{1-\alpha/2}$	1.96	1.64	1.15
$u_{1-\alpha}$	1.64	1.28	

4.3.2 适线检验

适线检验是将相关因素由低至高排列，检验实测点偏离关系曲线正负符号的变换情况，借以检查定线有无明显的系统偏离。

在适线检验中，将上下游水位差 ΔZ 按从低到高排列，统计出实测点偏离关系曲线的正负符号变动次数。经排序统计，其变换正负号次数为42次，即符号变换数 K 取值42，因为满足 K 大于0.5

（n–1）的免检条件，故图 2 中的趋势线可以认为通过适线检验。

4.3.3 偏离数值检验

偏离数值检验是检查测点偏离关系曲线的平均偏离值（即平均相对误差）是否在合理范围以内，借以用数据论证关系曲线定得是否合理的一种检验方法。

在对图 2 关系曲线的偏离数值检验中，经过对 76 个测次的相对偏离值进行计算比较，其平均相对偏离值、标准差公式、统计量计算公式分别为：

$$\overline{P_i} = \frac{1}{n}\sum_{i=1}^{n}P_i \tag{4}$$

$$S_{\overline{P_i}} = \sqrt{\frac{\sum_{i=1}^{n}(P_i - \overline{P_i})^2}{n(n-1)}} \tag{5}$$

$$t = \frac{\overline{P_i}}{S_{\overline{P_i}}} \tag{6}$$

式中：P_i 为相对偏离值；$\overline{P_i}$ 为平均相对偏离值；n 为测次总数；$S_{\overline{P_i}}$ 为平均相对偏离值的标准差；t 为统计量。

经计算，平均相对偏离值 $\overline{P_i}$ 为 –0.003，标准差 $S_{\overline{P_i}}$ 为 0.0045，其统计量 t 为 –0.67。取显著性水平 α 为 0.10，从表 5 中可以查出，其临界值 $t_{1-\alpha/2}$ 为 1.65，满足 $|t|$ 小于 $t_{1-\alpha/2}$ 的定线合理的判定条件，故此图 2 中的关系曲线通过了偏离数值检验。

表 5　临界值表 $t_{1-\alpha/2}$

α \ k	6	8	10	15	20	30	60	∞
0.05	2.45	2.31	2.23	2.13	2.09	2.04	2	1.96
0.1	1.94	1.86	1.81	1.75	1.73	1.7	1.67	1.65
0.2	1.44	1.4	1.37	1.34	1.33	1.31	1.3	1.28
0.3	1.13	1.11	1.09	1.07	1.06	1.06	1.05	1.04

注：表中 k 为自由度，对于偏离数值检验，取 $k=n-1$（n 为测点总数）。

4.3.4 精度分析

二河闸淹没式孔流所率定的水位流量关系线成功通过了三种检验，表明此关系曲线能够满足淹没式孔流流态下的流量推算，其平均相对偏离值即平均系统误差经计算为 –0.3%。

根据系统标准差及随机不确定度公式：

$$Se = \sqrt{\frac{1}{n-2}\sum_{i=1}^{n}P_i^2} \tag{7}$$

$$X_{Q'} = 2Se \tag{8}$$

式中：Se 为系统标准差；n 为测次总数；P_i 为相对误差；$X_{Q'}$ 为随机不确定度。

经过计算，系统标准差 Se 为 4.0%，其随机不确定度 $X_{Q'}$ 为 8.0%。

本次二河闸淹没式孔流水位流量关系曲线，系统误差小于 2%，随机不确定度 $X_{Q'}$ 小于 10%，属于一类精度站。

4.3.5 与系列外实测资料的对比

为了更好地检验此次率定的水位流量关系曲线能够满足二河闸各种水情条件下的淹没式孔流流量推算,现选取参与定线系列外的2016年的实测资料,与此次率定的关系曲线进行分析对比,见表6。

表6 与2016年实测资料对照表

序号	日期	时间	水位差 （m）	闸门开启高度 （m）	实测流量 （m³/s）	线上流量 （m³/s）	相对误差 （%）
1	6.16	16：40	0.54	0.90	828	826	0.24
2	6.17	17：53	0.48	1.00	891	896	−0.56
3	6.18	8：15	0.45	1.00	856	872	1.83
4	6.19	6：58	0.36	1.10	854	874	−2.29
5	6.20	17：53	0.29	1.25	884	902	−2.00
6	6.30	17：49	0.07	1.50	628	593	5.90
7	7.3	18：20	0.29	1.00	397	433	−8.31
8	7.18	10：20	0.12	1.30	650	642	1.25
9	7.22	18：25	0.08	2.30	931	958	−2.82
10	8.20	18：30	0.42	0.80	596	581	2.58

从表6可以看出,该水位流量关系线推算出的流量,与系列外的流量相对比,只有两次相对误差超过5%,但均在10%以内,说明本次率定出的水位流量关系曲线可以满足二河闸淹没式孔流流态下的流量推算,在今后实际应用中,将根据多年实测成果进行综合定线,对关系进行完善。

5 结语

二河闸淹没式孔流流态时的水位流量关系分析率定,先后采用了堰闸流量系数法和闸门过水平均流速法,是两种堰闸水位流量关系推求方法在二河闸的实际应用。2010年采用堰闸流量系数法率定的关系在当时的水情、工情下是符合推流需求的,且在之后的校测中通过了考验,但当水情、工情发生大变化时,此关系线不再能够完全满足推流需求,因此2015年采用闸门过水平均流速法进行重新率定,弥补了原先水位流量关系线的不足,解决了大开高小水位差时淹没式孔流的定线难题。今后,在工程实际运用中,仍将进一步补充关系点据,将二河闸淹没式孔流出流条件下的水位流量关系曲线不断加以完善,以期能够更好地提高流量推算的精度,满足资料整编要求,为防汛、防旱、供水等提供全面及时准确的水情信息。

沂河干支流分布及洪水成因浅析

沙正保，于 鹏，郭爱波

(沂沭河水利管理局，山东 临沂 276000)

摘 要： 本文通过分析沂河跋山至临沂区间主要支流分布及大中型水库现状，探讨了大中型水库在沂河流域消减洪水所占的比重，总结出沂河应当重点关注的几个降水区域。防汛人员可以通过沂河降水分布情况，预判河道发生洪水的区域及大小，为防汛决策提供参考。

关键词： 沂河；支流；水库；洪水；预测

1 前言

沂河发源于山东省沂源、蒙阴和新泰三县市交界处的老松山北麓，流经沂源、沂水、沂南、兰山、河东、罗庄、郯城、新沂等县(市、区)，在江苏省新沂苗圩入骆马湖，河道全长 333km，流域面积 11820km²。沂河上游山丘区修建了田庄、跋山、岸堤、唐村、许家崖等 5 座大型水库和 22 座中型水库，总库容 20.61 亿 m³，控制流域面积 5070km²，占沂河流域总流域面积 42.9%。中游在山东省郯城县李庄镇建有刘家道口水利枢纽和江风口闸，分沂河洪水超量洪水入沭河或中运河，减轻李庄以下洪水压力。

沂河属山洪性河道，源短流急，洪水峰高量大，暴涨暴落，水位、流量变幅大。例如：临沂水文站 1960 年实测最大流量 12100m³/s，最大涨率 2.28m/h，从 400m³/s 涨到 12100m³/s 仅用了 5h。新中国成立后沂河临沂站出现超过 5000m³/s 洪水有 15 个年份，1957 年洪水最大，临沂站洪峰流量为 15400m³/s。沂河历史上洪水灾害严重，沂河洪水、水资源安全与鲁南、苏北地区的人民生命财产安全及社会经济可持续发展密切相关。因此，防汛人员如何根据沂河降水分布情况，预判发生洪水的区域及大小，为防汛决策提供参考意义重大。

2 沂河上游干流河道及水库情况

沂河属雨源性山洪河道，洪水与降水关系密切。沂河洪水来源按地域分田庄水库以上、田庄水库—跋山水库区间、跋山水库以下三个区间。

田庄水库以上沂河长 32.8km，流域面积 424km²，主要有徐家庄河、大张庄河、高村河三条河流。水库防洪标准为百年一遇标准设计，五千年一遇洪水标准校核，水库总库容 1.20

作者简介：沙正保(1973—)，男，河南省卫辉，本科，高级工程师，主要从事水利工程管理及防汛工作。

亿 m³，防洪库容 0.68 亿 m³，遇百年一遇洪水可以消减洪峰 22%，建成后最大洪水实际消减洪峰 50%。参照田庄水库设计洪水泄洪过程线，田庄水库设计标准内泄洪流量占跋山以上洪水洪峰流量的 15% 左右。

田庄水库—跋山水库之间河道长度 66.7km，流域面积 1358km²，区间内较大的支流有螳螂河、白马河、马庄河、马连河、儒林集河、石桥河、红水河、暖阳河等，长度大多在 10～20km，汇流面积几十平方公里，只有白马河上建有中型水库一座，控制流域面积 27.4km²，其他均为山区自然河道，一般只要有明显降水，就会出现局部洪水，山洪或泥石流容易多发。

跋山水库是沂河干流上最大的水库，水库控制流域面积 1782km²，设计防洪标准百年一遇，校核标准万年一遇，水库总库容 5.28 亿 m³，调洪库容 3.02 亿 m³。遇沂河发生百年一遇洪水入库流量 8632m³/s 时，可以控制下泄流量为 2000～6696m³/s，最小消减洪峰为 22%；对于洪峰流量大、但洪量小的洪水，跋山水库可以通过调蓄，有效减少下游洪水压力。例如 1962 年 7 月 29 日沂河发生 20 年一遇洪水，最大入库流量 4620m³/s，最大溢洪流量 1060m³/s，消减洪峰达 77%；1984 年沂河发生 14 年一遇洪水，最大入库流量 3167m³/s，未溢洪，消减洪峰达 100%。因此，沂河下游发生的洪水主要来自跋山水库以下支流，跋山水库泄水占有比重较小。

3 沂河跋山水库以下主要支流情况

跋山水库至临沂水文站河道长 122.3km，汇流面积 8533km²。其中长度在 10km 以上的支流有 16 条，流域面积大于 100km² 的河流有 9 条，分别为小沂河、崔家峪河、姚店子河、苏村西河、东汶河、蒙河、柳青河、祊河、小涑河，流域面积共计 7667km²，占跋山临沂区间流域面积的 90%。

祊河，是沂河最大的支流，上游称浚河，源于邹城市城前镇南王村西山，在临沂城东北入沂河，全长 158km，流域面积 3376.3km²。主要支流温凉河，发源于平邑县白彦镇大刘沟北山，长 86km，流域面积为 752.65km²。温凉河汇流以下还有薛庄河、胡阳河、方城河、朱龙河汇入。祊河 20 年一遇、50 年一遇洪水标准分别为 4672、6755m³/s。1956 年实测洪峰流量为 6600m³/s，1993 年实测洪峰流量为 4260m³/s。

东汶河，沂河第二大支流，源于蒙阴县联城镇李家榛子崖西北，在沂南县大庄镇王家新兴南入沂河。全长 132km，流域面积 2428km²。流域内有大型水库 1 座（岸堤水库），岸堤水库以下流域面积 735km²，有岸堤河、代庄河、马牧池河、孙祖河汇入，其中岸堤河长 23km，流域面积 78km²，建有中型水库 1 座。

蒙河，源于蒙阴县界牌乡中山北，在沂南县砖埠镇朱阳南入沂河，全长 62km，流域面积 632km²，主要支流有下峪河、黄仁河、梭庄河、响河、苗家嘴河、竹园河、石门河、朱里河等，流域内建有中型水库 2 座，小型水库 26 座，总库容 0.37 亿 m³，控制流域面积 90.27km²，占总流域面积的 14.3%，1960 年蒙河高里水文站实测最大流量 4150m³/s。

沂河跋山临沂区间部分支流汇总表见表 1。

表1 沂河跋山临沂区间部分支流汇总表

序号	支流名称	岸别	河口位置	河 长（km）	流域面积（km²）	洪水频率1/20（m³/s）
1	小沂河	左	沂水县城	20.2	136	928
2	崔家峪河	右	沂水县龙家圈镇公家疃南	30	180	1260
3	姚店子河	右	沂水县许家湖镇马家庄南	32.5	185.2	1300
4	苏村西河	左	沂南县辛集镇房家庄北	32.5	174	1230
5	柳青河	右	兰山区柳青街道三河口	34	258.7	867
6	小涑河	右	兰山区兰山街道东关	60.4	297.2	600（河口）

4 沂河跋山水库以下水库分布情况

跋山水库以下支流共有大型水库3座，中型水库17座（不含大型水库以上的4座中型水库），控制流域面积3287.5km²，占跋山临沂区间流域面积的38.5%，其中大型水库控制流域面积2536km²，占跋山临沂区间流域面积的29.7%，中型水库控制流域面积751.5km²，占跋山临沂区间流域面积的8.8%，还有5424.5km²汇流面积没有大中型水库控制。

4.1 大型水库分布情况

跋山临沂区间支流有岸堤、许家崖、唐村三座大型水库，分别建设在东汶河干流、祊河支流温凉河和祊河上游浚河上。

岸堤水库位于在东汶河干流东汶河与梓河交汇处，控制流域面积1693km²，占东汶河流域面积的69.7%。水库总库容7.49亿m³，调洪库容4.325亿m³。1964年8月1日岸堤水库最大入库流量10200m³/s，最大出库流量仅317m³/s，消减洪峰达97%，消减洪峰作用十分明显。1963年7月20日最大入库时段平均流量6500m³/s，最大出库时段平均流量537m³/s，消减洪峰达92%。

许家崖水库位于在祊河南源温凉河干流上，控制流域面积580km²，占温凉河流域面积的77%，水库总库容2.93亿m³，调洪库容1.60亿m³。1971年许家崖水库最大入库流量2530m³/s，最大出库流量仅264m³/s，消减洪峰达89%。该水库遇百年一遇洪水入库流量5652m³/s，泄量为3120m³/s，可以消减洪峰45%。

唐村水库位于在浚河上游，控制流域面积263km²，占浚河流域面积12%。水库总库容1.44亿m³，调洪库容0.49亿m³。1971年唐村最大入库流量920m³/s，最大出库流量仅110m³/s，消减洪峰达88%。该水库遇百年一遇洪水可以消减洪峰59%。

4.2 中型水库分布情况

跋山临沂之间共有中型水库17座，其中祊河支流有10座，蒙河2座，柳青河、小涑河、东汶河（支流岸堤河上）、姚店子河、铜井河各1座。沂河跋山临沂区间中型水库汇总表见表2。

由表2可以看出，祊河唐村水库以下支流（不含温凉河）上建有10座中型水库，控制流域面积500.6km²，占祊河流域面积（不含温凉河）的19.1%。

表2 沂河跋山临沂区间中型水库汇总表

序号	水库名称	河流名称	控制流域面积（km²）	河道流域面积（km²）	占河道流域面积百分比（%）	总库容（亿m³）
1	寨子山水库	姚店子河	26	185.2	14	0.11
2	寨子水库	铜井河	25.5	86.9	29.3	0.11
3	高湖水库	东汶河支流岸堤河	74.2	78	95	0.32
4	黄仁水库	蒙河支流黄仁河	30.4	632	7.6	0.13
5	施庄水库	蒙河支流朱里河	17.4			0.12
6	刘庄水库	柳青河	11.45	258.7	4.4	0.1
7	马庄水库	小涑河	66	297.2	22.2	0.26
8	吴家庄水库	祊河支流吴家庄河	21			0.17
9	大富宁水库	祊河支流鲁埠河	16.8			0.1
10	公家庄水库	祊河支流鲁埠河	33			0.11
11	昌里水库	祊河支流西皋河	160.7			0.72
12	安靖水库	祊河支流金线河	35.1	2623.65	19.1	0.12
13	杨庄水库	祊河支流资邱河	36			0.1
14	上冶水库	祊河支流上治河	77			0.35
15	龙王口水库	祊河支流朱田河	23.5			0.15
16	石岚水库	祊河支流薛庄河	79			0.36
17	古城水库	祊河支流方城河	16.7			0.14

蒙河支流建设的两座中型水库，控制流域面积47.8km²，占蒙河流域总面积7.6%。

小涑河建有马庄水库，控制流域面积66km²，库容0.26亿m³，占小涑河流域面积的22.2%。由于在戈九路上游修建了分涑入祊工程，涑河发生较大洪水时将分洪入祊河，分涑入祊工程以下河道按照600m³/s考虑；东汶河岸堤水库以下只有岸堤河建有高湖水库一座，控制流域面积74.2km²，库容0.317亿m³，占岸堤河流域面积的95%，占岸堤水库以下东汶河流域面积的10%左右。

5 水库对沂河洪水的影响分析

5.1 大中型水库对所在河流汇流影响分析

从大中型水库分布情况可以看出，许家崖水库控制流域面积为祊河支流温凉河流域的77%，一般情况下，温凉河发生大洪水的概率减小很多，祊河洪水的主要来源为祊河及上游浚河流域。由于唐村水库距离祊河口太远，控制流域面积只占浚河流域面积的12%，唐村水库以下区域两岸支流上10座中型水库控制流域面积占祊河流域面积的19.1%，因此祊河洪水来源主要来自浚河及温凉河汇流后祊河干流。

岸堤水库控制流域面积为东汶河流域的69.7%，因此东汶河发生洪水的主要来源来自东汶河岸堤水库以下 660km² 区域（扣除岸堤河上高湖水库控制流域面积）。

蒙河上没有大型水库，只有黄仁河、朱里河上建设了两座中型水库，控制流域面积达到两条支流的 78%，因此一般暴雨情况下，这两条支流发生大洪水的概率明显降低。但由于蒙河支流众多，这两座水库控制面积只占蒙河流域面积的 7.6%，总体防洪调洪效果轻微，另外两条河流相距太远，一般不会同时产生作用，因此蒙河也是沂河洪水的主要来源之一。

尽管柳青河、姚店子河、铜井河上建有中型水库，但由于控制流域面积分别占相应支流流域面积的 4.4%、14%、29.3%，水库调洪蓄洪作用有限；小涑河上建有分涑入祊工程，一般发生较大洪水时，将启用分流洪水入祊河。

5.2 小型水库对于洪水调蓄作用分析

控制流域面积较小的水库，对于洪量不大的较小洪水，调蓄作用还是比较明显的，但是由于控制流域面积太小，在整个河道流域面积中占的比例不大，因此小型水库对于洪水的调蓄作用很小。比如小沂河上有 6 座小型水库，崔家峪河有 11 座小型水库，控制流域面积只占河流的 10% 左右，对于整个河道汇流产生的洪水消减很少。

6 沂河应重点关注的降水区域

沂河属于山洪性河道，洪水来源主要来自降水。通过分析沂河支流及大中型水库分布情况，跋山临沂之间有 5245.5km² 没有水库控制，在不发生流域性大洪水的情况下大部分洪水是由这些面积产生的汇流产生的，因此，关注这些范围降雨显得尤为重要。

6.1 祊河上游浚河及祊河干流是重点关注的区域

祊河大中型水库控制流域面积为 1343.6km²，占祊河流域总面积的 39.8%，还有 2032.7km² 没有大中型水库控制，祊河还是沂河产生洪水的主要区域。1993 年 8 月 5 日沂河发生 8100m³/s 的较大洪水，祊河角沂站实测最大洪峰为 4260m³/s，基本占沂河洪峰流量的 50% 左右。据有关部门 1960～2000 年统计数据，祊河洪水总量有 76.4% 来自唐村水库及许家崖水库至角沂站区间，因此祊河上游浚河及祊河干流是需要重点关注的区域。

6.2 蒙河降水也是沂河汇流的主要区域之一

蒙河流域面积 632km²，长度只有 62km，只在上游支流黄仁河、下游高里河有两座中型水库，控制流域面积为 60.9km²，还有 571.1km² 面积属于天然状态，因此该河流降雨汇流非常明显。在蒙河下游建有高里水文站，断面以上流域面积为 552km²，基本可以掌握蒙河来水情况。1960 年实测洪峰流量为 4150m³/s，占沂河流量 12335m³/s（茶山断面）的 33.6%；1974 年高里站洪峰流量 1600m³/s，占沂河洪峰流量 6600m³/s（茶山断面）的 24.2%。因此，蒙河也是需要给予重点关注的区域之一。

6.3 东汶河下游降水值得关注

东汶河岸堤水库以下还有 660km² 流域面积没有水库控制，是一个比较大的区域。岸堤水库以下有岸堤河、代庄河、马牧池河、孙祖河等支流汇入，除岸堤河外，其他河流基本处于天然状态。在沂南县张庄镇建有付旺庄水文站，断面以上流域面积 2079km²，1957 年实测最大洪峰流量 5050m³/s。因此东汶河下游降水值得关注。

6.4 局部强降水引起的小流域洪水不容忽视

据沂沭河上游堤防加固资料，姚店子河、崔家峪河流域面积均在180km²左右，20年一遇洪水洪峰流量能达到1200m³/s以上，因此，遇小流域的强降雨，尽管对沂河防洪影响不大，但应当关注局部水流造成的侧冲以及水土流失等水文地质灾害。

6.5 遇流域性强降水，应密切关注雨情、水情、工情，做好防汛抢险准备

由于台风影响等原因造成的流域性强降水，引起洪水暴涨，应根据天气预报、水文预报、水文报汛等，合理制定防汛抢险措施：比如预泄腾空库容、合理调蓄来水、实现各支流错峰避免洪峰直接累加等措施，均可减小干流洪水压力。目前在沂河跋山水库、葛沟、临沂，蒙河高里，祊河角沂，东汶河岸堤水库及付旺庄等均建有水文站，可以掌握水情报汛情况。由于降水时间、汇流时间、洪峰传递时间不同，加上水库调蓄调度，很少发生干流支流同时发生洪水的情况，但也不排除意外，1957年沂河洪峰与祊河洪峰相遇，造成祊河泄洪不畅，祊河水位比正常水位高0.5m以上。

7 结语

在实际工作中经常遇到的暴雨中心区域，以及局部区域发生的较大降水，我们就可以利用支流分布情况、水库建设情况合理分析来水情况，预测发生洪水的可能性。例如蒙河流域发生150～300mm强降雨时，考虑到蒙河上没有大型水库，可能就有较大洪水汇入沂河。如果降水发生在东汶河上中游区域，所产生洪水大部分被岸堤水库拦蓄，沂河受到的影响就会比较小。如果降水发生在祊河支流浚河流域上，祊河就可能发生较大洪水，而如果降在温凉河流域，由于许家崖水库作用，祊河发生洪水的可能性就较小。当然，降水不是严格按流域区分的，一次降水可能影响多条支流，应综合考虑产生的影响。

参考文献：

[1] 沂沭泗水利管理局. 沂沭泗河道志 [M]. 北京：中国水利水电出版社，1996.

[2] 沂沭泗水利管理局. 沂沭泗防汛手册 [M]. 徐州：中国矿业大学出版社，2003.

[3] 临沂地区水利志编撰办公室. 临沂地区水利志 [R]. 山东省临沂地区水利志出版办公室，1992.

沭河重沟水文站防汛特征水位分析

赵艳红，詹道强

（沂沭泗水利管理局水文局（信息中心），江苏 徐州 221018）

摘　要： 沭河重沟水文站的水位可反映沭河下游的水情，对沭河的防汛工作有重要指导意义。本文通过对沭河洪水特性和沭河堤防现状分析，进而对重沟站防汛特征水位进行了分析，提出了重沟水文站防汛特征水位的初步成果。

关键词： 沭河；重沟水文站；特征水位

1　基本情况

沭河发源于沂蒙山区的沂山南麓，大致呈南北走向，流经沂水、莒县、莒南、临沂河东区、临沭、东海、郯城、新沂等县（市、区），河道全长 300km，流域面积约 9260km^2，是横跨鲁苏两省的一条较大河流。重沟站以上集水面积 4511km^2，流域形状南北狭长，东西较窄，地形西北高东南低，向黄海倾斜。沭河支流众多，重沟站以上流域面积超过 20km^2 的就有 22 条，流域内山丘区占 29%，平原区占 71%。

沭河重沟水文站位于山东省临沭县郑山街道，华山拦河坝坝下，属于大河控制站，是淮委唯一直管的国家重要水文站。测量断面相应沭河中泓桩号 19+180，站房相应沭河左堤桩号 18+650。站址断面处 2000 年开始进行流量测验，水文站于 2009 年 6 月开工建设，2011 年 5 月建成，2011 年 6 月开始运行，测验项目主要有降雨、蒸发、水位、流量等，可为大官庄水利枢纽防洪调度直接提供水文信息。2012 年 7 月 23 日重沟站实测最大洪峰流量 2050m^3/s，相应水位 56.34m，为 1991 年以后沭河发生最大洪水。

2　洪水特性

沭河暴雨形成的主要天气系统有低涡切变、地面气旋、高空低槽、地面冷峰和台风等，由于涡切变往往位置少动，低涡和气旋可连续生成、发展、移动影响同一地区，因此暴雨具有历时长、范围广，且可连续发生的特点，容易造成大范围严重洪涝灾害，其特点为：

（1）年最大洪峰流量年际变化悬殊。重沟水文站下游不到 20km 处的大官庄水文站历史调查最大洪峰流量为 16000m^3/s（1730 年），实测最大洪峰流量为 5400m^3/s（1974 年），实测最小洪峰流量为 124m^3/s（2002 年），实测洪峰年际变化达 43.5 倍。经矩法计算，大官庄站实测年最大洪峰流

作者简介：赵艳红（1978—），女，高级工程师，主要从事水文水资源工作。

量变差系数为 0.85，说明该地区洪峰极值有年际变化异常显著的特点。

（2）洪水陡涨陡落且同洪峰流量水位相差较大。沭河支流由于坡度较大，源短流急，汇流历时很短，上游各站从起涨到洪峰一般仅几小时，中下游各站一般 10 ~ 20h，一次洪水过程一般历时 1 ~ 4d，洪水陡涨陡落的特点十分明显，相邻两次洪峰不容易重叠。

3 设计水位推算

根据《沂沭泗水系防洪规划报告》及《沂沭泗流域主要河湖行洪能力分析报告》（以下简称《分析报告》）进行推算，重沟水文站（桩号 18+650）20 年一遇设计流量 5750m³/s，相应水位 60.39m（85 国家高程基准，下同），50 年一遇设计流量 8150m³/s，相应水位 61.58m（表 1）。

表 1　重沟水文站基本水尺断面设计水位推算成果表

名　　称	《分析报告》计算断面	重沟水文站基本水尺断面
桩　　号	18+609	18+650
20 年一遇水位（m）	60.36	60.39（Q=5750m³/s）
50 年一遇水位（m）	61.55	61.58（Q=8150m³/s）
设站最大洪水（2000 年开始流量测验）		H：56.34m，Q：2050m³/s（2012.7.23）
水准基面	85 国家高程基准	85 国家高程基准

4 防洪工程

重沟水文站所在堤段汤河口—大官庄段，两侧地形左岸为逐步向平原过渡，右岸为冲积平原。河道长 31.7km，河底高程 59.5 ~ 47m，平均坡降 0.39‰，两岸堤防连续，堤距 650 ~ 1300m。汤河口—大官庄段，两侧地形左岸为逐步向平原过渡，右岸为冲积平原。河道长 31.7km，河底高程 59.5 ~ 47m，平均坡降 0.39‰，两岸堤防连续，堤距 650 ~ 1300m。

重沟水文站所在位置堤防级别为 2 级堤防，已按 50 年一遇防洪标准治理，左堤堤顶高程 63.76m，堤顶宽 11m，右堤堤顶高程 63.76m，堤顶宽 6m，超高 2m，迎水坡比 1：3、背水坡比 1：2.5。

5 防汛特征水位的分析确定

重沟水文站的水位可反映沭河下游的水情，对沭河的防汛工作有重要指导意义。由于重沟水文站 2011 年才建站，一直未设置防汛特征水位，防汛决策缺少依据，所以需要对警戒水位、保证水位进行确定。

警戒水位是指江河漫滩行洪，堤防可能发生险情，需要开始加强防守的水位。根据水利部审定的洪水频率计算成果，上游大型水库削峰后的沭河大官庄控制站 5 年一遇洪峰流量 3190m³/s，10 年一遇洪峰流量 4500m³/s，水利部水文局发布的沭河大官庄控制站警戒流量为 3000m³/s。根据"全国主要江河洪水编号规定"，重沟站流量达到 2000m³/s 时进行洪水编号。根据实地调查，重沟站基本水尺断面上滩水位为 56.4m，漫滩后水位为 57.3m（图 1）。重沟水文站警戒水位的确定，主要是根据对堤防威胁较大洪水、需加强巡堤检查以及重现期约5年一遇洪水位为依据，经综合分析确定为57.4m，相应流量约3000m³/s。

　　保证水位是指保证堤防及其附属工程安全挡水的上限水位。堤防的高度、宽度、坡度及堤身、堤基质量已达到规划设计标准的河段，其设计洪水位即为保证水位。本河段堤防普遍达标，所以重沟水文站保证水位可确定为50年一遇设计水位61.58m（图2），相应流量8150m³/s。

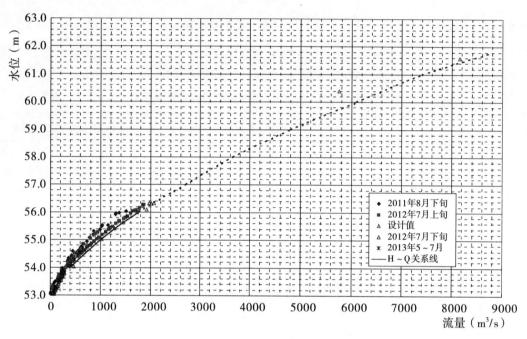

图1　重沟站水位～流量关系曲线图

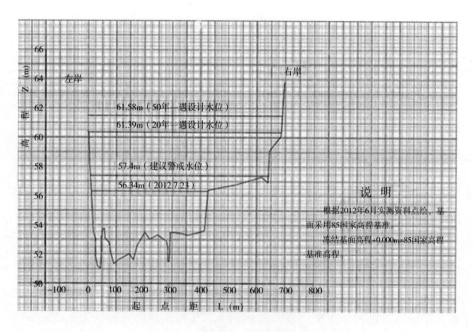

图2　重沟水文站大断面图

6 结论与建议

建议重沟水文站警戒水位为 57.4m，相应流量约 3000m³/s；重沟水文站保证水位为 50 年一遇设计水位 61.58m，相应流量 8150m³/s。

参考文献:

[1] 沂沭泗水利管理局. 沂沭泗河道志 [M]. 北京：中国水利水电出版社，1996.

[2] 郑大鹏，等. 沂沭泗防汛手册 [M]. 徐州：中国矿业大学出版社，2003.

淮河流域汛期水汽输送特征分析

苏 翠

（淮河水利委员会水文局（信息中心），安徽 蚌埠 233000）

摘 要： 本文根据 NCEP/NCAR 逐日再分析资料，分析了 1981 年到 2010 年淮河流域汛期多年平均状况下水汽含量，水汽输送通量和水汽输送通量散度特征。结果表明：整层水汽含量从北向南逐渐增加。水汽输送通量在汛期 4 个月变化具有过渡性，且与水汽输送通量散度变化吻合。6 月，淮河流域水汽来源主要有两支：一支为中纬度西风环流，另一支来自南半球越赤道气流；与 6 月相比，7 月份多了一条西太平洋暖湿气流，且经向输送明显增强，同时对应着最强辐合及最大降水量。8 月和 9 月，西南季风和东亚季风减弱，低层辐合高层辐散，标志着水汽输送向冬季环流形势转变。

关键词： 淮河流域；水汽含量；水汽通量；水汽通量散度

1 引言

淮河流域（111° 55′ ~ 121° 20′ E，30° 55′ ~ 36° 20′ N）地处中国东部。西起桐柏山、伏牛山、东临黄海，南以大别山、江南丘陵、通扬运河及如泰运河南堤与长江流域分界，北以黄河南堤和沂蒙山脉与黄河流域毗邻[1]。流域地处我国南北气候过渡带，在东亚季风的作用下，有雨季（汛期）和旱季（非汛期）之分。汛期降水量占到了全年 60% 以上，且洪涝多发生在汛期，如"75.8"洪水、"91.7"暴雨洪水、"03.7"暴雨洪水及"07.6"暴雨洪水。

近年来，许多研究都发现季风区内降水变化同水汽输送和收支有密切关系。丁一汇[2]指出，水汽输送是一个大尺度甚至全球性的问题，水汽输送可以造成区域的水汽变化。谢义炳[3]等早就指出中国夏季降水的两个水汽来源：一是从太平洋高压南沿以南风及东南风的形式进入我国内陆，二是印度低压的东南方以西南风的形式进入我国西南部。葛朝霞等[4]通过对 2003 年的夏季江淮特大暴雨成因分析指出：暴雨区的水汽来源于阿拉伯海至孟加拉湾及北太平洋至中国南海地区。以上研究表明：不同年份雨带的分布和降水多寡与水汽输送和收支有着密切的关系，然而不同年份水汽来源存在着很大的差异。

总结以往的研究发现，过去的研究多针对于某一场暴雨，分析其对应的水汽异常特征，很少着重分析淮河流域汛期各月对应的水汽背景场特征。而淮河流域汛期暴雨频繁，因此有必要针对汛期各月进行水汽输送特征的研究，为异常的水汽输送提供依据。

作者简介：苏翠（1988—），女，河南荥阳，主要从事水文预报，气象耦合等。

2 资料与方法

2.1 基本资料

研究所采用的气象资料来自 1981 ~ 2010 年逐日分辨率为 2.5° × 2.5° 的 NCEP/NCAR 再分析资料，要素包括 500hPa 位势高度场 h（m），水平纬向风速 u（m/s），水平经向风速 v（m/s），比湿 q（kg / kg），地表气压 P0（Pa）。其中 u、v、q 的层次为 1000 hPa、925 hPa、850 hPa、700 hPa、600 hPa、500 hPa、400 hPa、300hPa 8 个标准层。

关于 NCEP/NCAR 再分析资料的可用性，赵芬[5]通过 NCEP/NCAR 再分析资料得到的全国水汽含量分布图与刘国纬[6]采用全国 114 个高空探空站实测资料得出的全国水汽含量分布图吻合较好，验证了 NCEP/NCAR 再分析资料是可用的。

2.2 计算方法

2.2.1 水汽含量

水汽含量，即大气中可降水量，指任一单位截面积大气柱中所含的水汽质量，含义为气柱内的水汽全部凝结降落在气柱底部形成的水层深度（mm）。计算公式：

$$w = \frac{1}{g} \int_{p_0}^{p_z} q \mathrm{d}p \tag{1}$$

式中：w 为可降水量（mm）；q 为比湿（kg/kg）；p_0，p_z 分别为地面气压和空中某一高处的气压（Pa）；g 为重力加速度，采用 10m/s^2。本文采用数值方法中的梯形公式法计算积分：采用大气分层的办法，设 q 随高度线性变化：$w \approx 0.1 \sum \frac{q_n + q_{n+1}}{2}(P_n - P_{n+1})$，其中 q_n，q_{n+1} 分别为相邻两层下层和上层对应的比湿，p_n，p_{n+1} 分别为相邻两层下层和上层对应的压强。在计算整层水汽含量时，一般认为 300hPa 以上含水汽量极少，可忽略不计，从地面积分到 300hPa 即可。

2.2.2 水汽输送通量

本文分析的水汽水平输送通量表示单位时间内流经单位垂直截面积的水汽质量，计算公式：

$$f = g^{-1} \overrightarrow{V} = g^{-1}(u, v) \tag{2}$$

$$F = g^{-1} \int_{P_0}^{P_s} q \overrightarrow{V} \mathrm{d}p = g^{-1} \int_{P_0}^{P_s} q(u, v) \mathrm{d}p \tag{3}$$

采用公式（2）可得到不同层输送通量，采用公式（3）可积分得到整层输送通量。式中 $\overrightarrow{V} = (u, v)$ 为全风速矢量，其余物理量同上，积分方法同上。

2.2.3 水汽输送通量散度

水汽输送通量散度是表征水汽在某一地区积聚或辐散状态的物理量。由于本文采用的是格网资料，故采用经纬网格法，经纬网格示意图如图 1，计算公式为：

$$D = \frac{1}{g} \left[\frac{(uq)_B - (uq)_A}{R_e \cos\varphi_0 (\lambda_2 - \lambda_1)} + \frac{(vq)_D - (vq)_C}{R_e (\varphi_2 - \varphi_1)} - \frac{(vq)_0}{R_e} tg \varphi_0 \right] \tag{4}$$

式中，若 $D > 0$，表示水汽通量为辐散；若 $D < 0$，则表示水汽输送通量为辐合。其中 D 的单位为 g·cm^{-2}·s^{-1}·hPa^{-1}，重力加速度取 10m/s^2，φ 为纬度（取弧度），λ 为经度（取弧

度），Re 为地球半径，取 6371km；纬向风速 u（m/s），经向风速 v（m/s），比湿 q（kg/kg）。

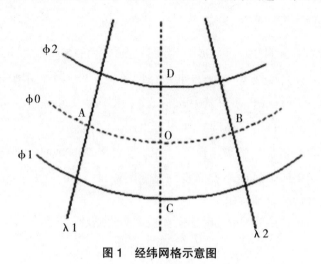

图 1　经纬网格示意图

3　水汽特征分析

3.1　水汽含量

3.1.1　整层水汽含量

大气中水汽含量是降水的原料，它的分布受到诸多因素的影响，比如地形、海拔、纬度、海陆分布等。淮河流域地形复杂，总体为由西北向东南倾斜，淮南山丘区、沂沭泗山区分别为向北和向南倾斜。受上述因素的影响，淮河流域多年平均整层水汽含量分布从西北向东南倾斜且依次增大（图2），与地形分布一致，即随着地形降低，水汽含量增大。东部的水汽含量等值线基本沿纬线分布，东南部和西北部水汽含量相差达到了 15mm，说明地形对水汽含量影响显著。

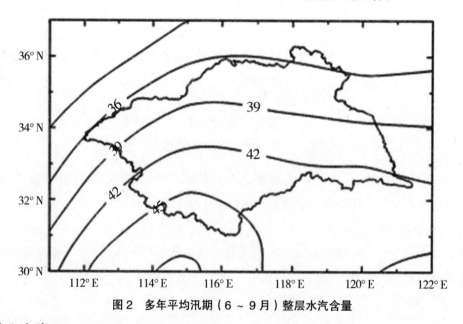

图 2　多年平均汛期（6～9月）整层水汽含量

3.1.2　垂直分布特征

为了研究不同高度层及汛期各月水汽含量特征，现将气压层从 1000hPa 到 300hPa 依次分为7层：1000～925hPa 为第 1 层，925～850hPa 为第 2 层，850～700hPa 为第 3 层，700～600hPa 为第 4

层，600～500hPa 为第 5 层，500～400hPa 为第 6 层，400～300hPa 为第 7 层。分别计算每层气柱汛期各月的区域面水汽含量。计算区域取 112.5° E～122.5° E，30° N～37.5° N，区域面水汽含量采用算术平均法计算。

从图 3 可以看出：①淮河流域 7 月份的水汽含量最大，9 月最小；②4 个月的水汽含量随气压层的升高呈同步变化：随着气压层升高，水汽含量先减后增再减，在 850～700hPa 层的水汽含量达到最大，在 400～300hPa 层，4 个季节水汽含量都已经很小，基本在 1mm 左右。

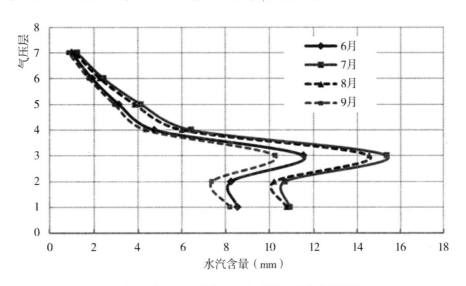

图 3　多年平均汛期各月水汽含量随高度变化曲线

考虑到降水除了具备水汽含量大的必要条件，更重要的是还要有持续强烈的水汽输送及较大的水汽通量辐合区，因此有必要进行水汽输送场及散度场基本特征的分析。

3.2　水汽通量

水汽输送是指大气中的水汽由气流携带从一个地区上空输送到另一个地区的过程，揭示一个区域上空水汽输送的源地、水汽输送路径、水汽输送强度、水汽输送场的结构以及它们随时间的变化。引言里提到淮河流域降水量除了本地的水汽含量，更重要的是外来水汽的输送，所以分析淮河流域的水汽来源及输送特征尤为重要。

3.2.1　整层水汽输送通量

由于西副高的位置对我国天气和气候有重要作用，故作 500hPa 高度场，西太平洋 588 线包围区域为副高主范围，西伸脊点代表其东西位置，用副高脊线所在纬度的平均值代表其南北位置。从图 4 可以看出，6 月份，淮河流域水汽来源主要有两支：一支为中纬度的西风环流，另一支来自南半球越赤道气流的西南季风（印度季风）流，水汽从阿拉伯海—印度半岛—孟加拉湾源源不断输送到淮河流域；7 月份，西风气流减弱，印度低压强烈发展，西南季风处于最强盛时期，此时还有另外一支来自太平洋的东南季风带来的暖湿气流。此时淮河流域恰好位于西副高西北侧 6～10 个纬距的有利辐合环境中，3 支气流在此交汇辐合，为淮河流域带来丰富降水，流域东南部输送通量达到 2000g·cm^{-1}·s^{-1} 以上，为汛期最强。8 月份，3 支气流均有所减弱，全流域水汽输送通量不足 1000g·cm^{-1}·s^{-1}；9 月份，西南季风和东南季风进一步减弱，西风流增强，流域主要处于西风流的控制下。

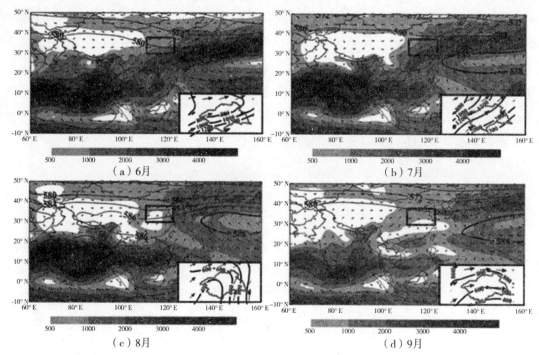

图4 多年平均汛期各月整层水汽输送通量场（g·cm⁻¹·s⁻¹）和500hPa高度场（单位：dagpm）

（注：每幅图中间的方框代表淮河流域，整幅图表示水汽输送背景场，右下角的方框代表将中间方框放大一倍的淮河流域水汽输送通量图。背景场箭矢代表输送方向，阴影代表总输送通量超过500g·cm⁻¹·s⁻¹，实线代表500hPa位势高度，加粗实线为588线；右下角方框内箭矢代表输送方向，实线代表总输送通量的数值。）

3.2.2 垂直分布特征

以上分析了整层水汽输送的特征，初步得到淮河流域汛期各月的水汽来源，实际上水汽在高层和低层输送各有特点，而且具有方向性。为了解水汽输送通量 u（纬向）、v（经向）的分层垂直结构，现分别做117.5°E和32.5°N垂直剖面，分析不同高度层纬向水汽输送和经向水汽输送特征，如图5和图6。

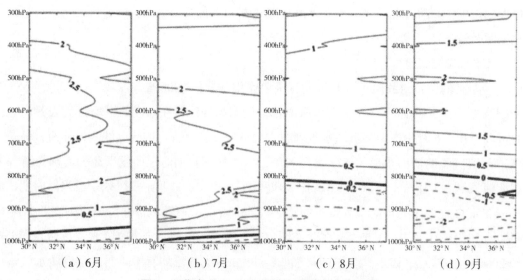

图5 汛期各月117.5°E垂直剖面纬向水汽通量

（单位：g·cm⁻¹·s⁻¹·hPa⁻¹，实线代表西风输送，虚线代表东风输送）

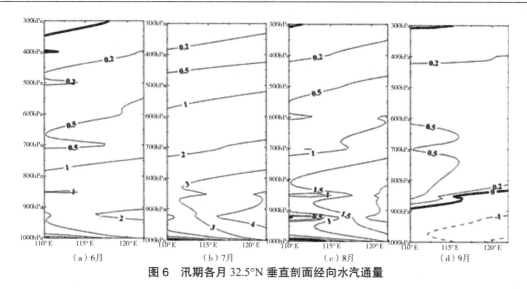

图6　汛期各月32.5°N垂直剖面经向水汽通量

（单位：g·cm⁻¹·s⁻¹·hPa⁻¹，实线代表南风输送，虚线代表北风输送）

从图5和图6可以看出，6月全对流层均为西南风输送，且在对流层中层（700～500hPa）维持强劲的西风输送；7月，南风输送加强，分别在700hPa和850hPa形成一个西风输送高值中心和南风输送高值中心，说明西南季风输送中心在700hPa，太平洋暖湿气流则主要作用在850hPa；8月，西风输送和南风输送均减弱，且在对流层低层出现了东风输送，9月近地面层东北风的势力增强，中高层输送形势则以西风为主，这标志着东亚季风已经向冬季环流形势转变。由于上下层输送方向刚好相反，整层积分后正负抵消，故9月份整层输送通量很小。

3.3　水汽通量散度

通过对水汽输送通量特征的分析，能了解流域上空的水汽的来源和去向，但是要了解从各个方向输送来的水汽是否在流域上空积聚以及积聚的强度，有必要进行水汽输送通量散度场的分析。

多数情况下，当低层出现水汽通量辐合时，中层或者高层大气常伴随着辐散，反之亦然。在进行区域性水汽通量散度场分析时，由于整层水汽通量会因低层辐合（辐散）和高层辐散（辐合）而产生正负抵消，所以分层来分析不同层次的水汽通量散度场是比较合理的。以925hPa代表低层，500hPa代表高层，分别分析淮河流域低层和高层的散度场，见图7、图8。

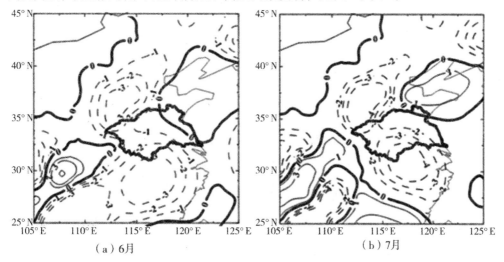

图7　多年平均925hPa汛期各月水汽输送通量散度（单位：10⁻⁸g·cm⁻²·s⁻¹·hPa⁻¹）

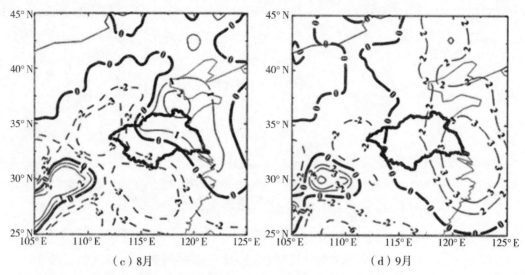

（c）8月　　　　　　　　　　　（d）9月

续图7　多年平均925hPa汛期各月水汽输送通量散度（单位：$10^{-8}g \cdot cm^{-2} \cdot s^{-1} \cdot hPa^{-1}$）

（注：每幅图中间加粗实线所围区域为淮河流域，整幅图表示淮河流域水汽输送通量散度场。实线代表散度为正，为辐散；虚线代表散度为负，为辐合）

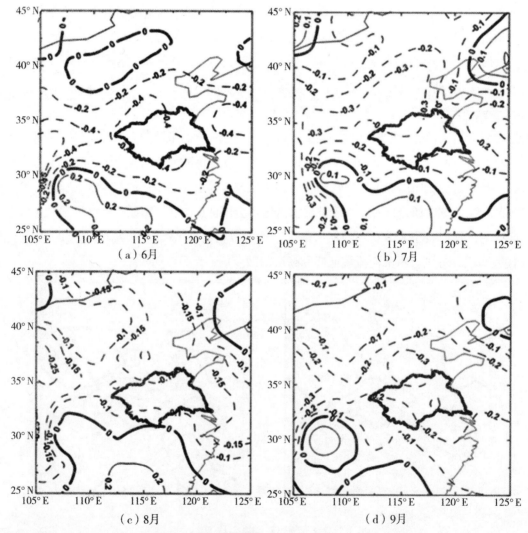

（a）6月　　　　　　　　　　　（b）7月

（c）8月　　　　　　　　　　　（d）9月

图8　多年平均500hPa汛期各月水汽输送通量散度（注释同图7）（单位：$10^{-8}g \cdot cm^{-2} \cdot s^{-1} \cdot hPa^{-1}$）

从图7和图8可看出，6月和7月，淮河流域低层和高层均为辐合，且7月的辐合比6月份强烈。8月在925hPa层流域东部出现辐散，高层辐合；9月全流域低层均为辐散，高层辐合。需要注意的是，各月在流域西南部均存在一个辐散中心，且7月辐散达到最强，源源不断向北为淮河流域提供水汽。

4 结语

本文首先研究了淮河流域水汽含量的分布特征，然后分析了整层水汽输送通量和其垂直分布特征，最后分别以925hPa和500hPa分别代表低层和高层，分析了输送通量散度场。主要结论如下：

汛期整层水汽含量从北向南逐渐增加，西南大别山地区是淮河流域的高值中心。7月份水汽含量最大，且6～9月水汽均在850～700hPa层达到最大值。

输送到淮河流域的主要水汽流有三个，分别是中纬度的西风环流（主要作用在700～500hPa），南半球越赤道气流的西南季风流（主要作用在700hPa）和西太平洋的暖湿气流（主要作用在850hPa）。中纬度的西风环流主要发生在8月和9月，南半球越赤道气流的西南季风（印度季风）流和西太平洋的暖湿气流主要在6月和7月发挥作用。

6月和7月，淮河流域水汽聚集在低层和高层，利于降水；而8月和9月低层辐散高层辐合，不利于降水。各月在流域西南部均存在一个辐散中心，且7月辐散达到最强，源源不断向北为淮河流域提供水汽。

参考文献：

[1] 水利部淮河水利委员会.淮河流域防汛抗旱水情手册[M].郑州：河南简易科技有限公司，2014.

[2] 丁一汇，胡国权.1998年中国大洪水时期的水汽收支研究[J].气象学报，2003，61（2）：129-145.

[3] 谢义炳，戴武杰.中国东部地区夏季水汽输送个例计算[J].气象学报，1959，17（2）：173-185.

[4] 葛朝霞，曹丽青.2003年夏季江淮特大暴雨成因分析[J].河海大学学报自然科学版，2005，33（1）：11-13.

[5] 赵芬.塔里木河流域水文循环的大气过程研究[D].河海大学，2008.

[6] 刘国纬.水文循环的大气过程[M].北京：科学出版社，1997.

2016年泗河洪水预报及修正方法

时延庆，陈　硕，孟翠翠

（济宁市水文局，山东　济宁　272000）

摘　要：根据2016年6月23日泗河流域降雨情况对书院站及数座水库进行了洪水作业预报。泗河书院站、贺庄水库预报结果与实测结果较为吻合，预报精度合格。龙湾套水库及华村水库，预报精度为不合格。解决该问题的办法是，分析历年入汛前几次大洪水的点据，单独定线，或归纳出相应修正系数，以供此类洪水预报单独应用。

关键词：泗河；预报精度；方法

1　泗河流域简介

1.1　河流概况

泗河发源于新泰太平顶山西侧，向西南流经泗水、曲阜、兖州、邹城、任城、微山等县（市、区），于任城区辛闸村入南阳湖，河长159km（境内146km），干流长度89.5km，流域面积2366km²。泗河共有大小支流32条，其中左岸13条，右岸19条。流域面积在100km²以上的一级支流有小沂河、险河、大黄沟、济河及石漏河五条。泗河干流坡降平均为1.86‰。曲阜韩家铺以东的上游段基本为地下河，红旗闸以下有堤防。泗河上有黄阴集闸、泗河大闸、红旗闸、陈寨坝、龙湾店闸、故县坝、金口坝等7处闸坝，站涵9座，桥梁13座。书院水文站是泗河干流唯一控制站，是国家重点水文站。该站至入湖口距离约62km，设立于1955年7月，该站集水面积1542km²。泗河书院站以上流域图参见图1。

1.2　水文气象特征

1.2.1　气象特征

泗河流域地处我国南北气候过渡带，属暖温带半湿润季风气候区，其特点是：冬春干旱少雨，夏秋闷热多雨，冷暖和旱涝转变急剧。泗河流域降雨时空分布不均，年降雨量在400～1100mm，年内分配不均匀，其中6～9月降雨量占全年降雨量的70%以上，7、8月份更为集中。经统计，自1957年以来38次较大暴雨洪水的暴雨中心位置：普雨16次，占42%；上游12次，占32%；下游7次，占18%；中游3次，占8%。

1.2.2　水文特征

泗河是山溪性河流，坡降大，汇流快，洪峰传播历时短。本流域以低涡切变及台风雨影响为主，

作者简介：时延庆（1974—），男，山东日照，高级工程师，主要从事水文预报及水资源监测分析。

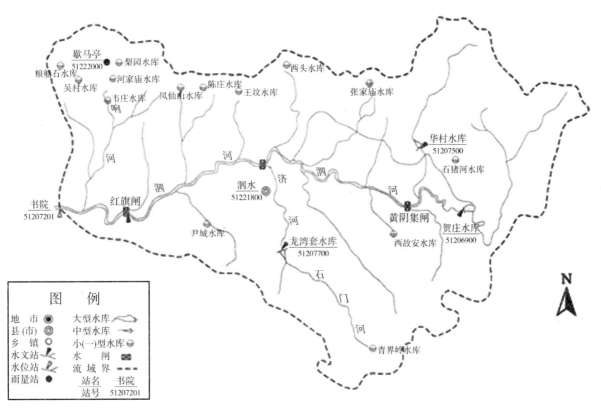

图 1 泗河书院站以上流域示意图

暴雨大而且集中,洪水峰高量大,洪水过程线峰高呈尖瘦型。洪水多发生在 7、8 月份。泗河书院站实测最大洪峰流量为 4020m³/s。

2 "20160623"泗河洪水预报

2016 年 6 月 23 日济宁市普降大到暴雨,全市平均雨量 57.2mm,暴雨中心在泗水、曲阜一带,最大点雨泗水县苗馆镇 126mm。

2.1 书院站洪水预报

6 月 23 日泗河书院以上流域平均雨量 93.3mm,暴雨中心在上游,华村水库站最大为 113.5mm。23 日流域前期影响雨量 40mm,预报书院站将出现洪峰流量约 150m³/s,加上上游小水库溢流,书院站洪峰流量约达 200m³/s。

23 日 22 时书院站实测流量 312m³/s,为本次洪水过程中最大实测流量。经分析,该流量是由于书院站测流断面下游橡胶坝落坝泄流与上游来水叠加流量,据估计其中上游来水约 200m³/s。本次洪水预报结果与实际洪峰基本吻合。

图 2 为书院站"20160623"洪水过程线,图 3 为实测水位~流量关系线。可以看出书院站水位、流量受下游橡胶坝落坝泄流影响显著。

2.2 水库洪水预报

6 月 23 日各水库流域平均雨量:贺庄 94.5mm,龙湾套 76.5mm,华村 113.5mm。根据 23 日降雨情况对 3 座水库进行了洪水作业预报,结果见表 1。

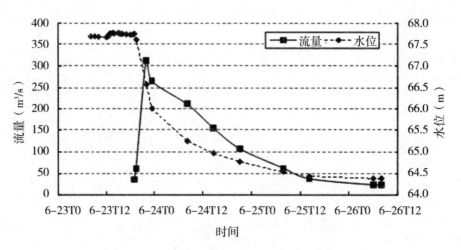

图 2　泗河书院站"20160623"洪水过程线图

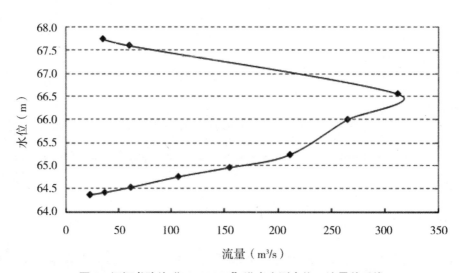

图 3　泗河书院站"20160623"洪水实测水位～流量关系线

表 1　6 月 23 日泗河流域中型水库洪水预报结果

水库名称	贺　庄	龙湾套	华　村
Pa（mm）	46	37	39
降水量（mm）	94.5	76.5	113.5
预报入库水量 ($10^6 m^3$)	306	214	350
雨前水位（m）	138.89	144.59	140.58
预报水位 (m)	140.45	145.32	142.56
水位涨幅（m）	1.56	0.73	1.98

6 月 26 日各水库主要入流基本结束，预报结果与 26 日实测结果对比见表 2。

表 2　大中型水库洪水预报结果与实测结果对照表

水库名称	贺　庄	龙湾套	华　村
预报入库水量 ($10^6 m^3$)	306	214	350
预报水位（m）	140.45	145.32	142.56
实际水位（m）	140.71	144.92	142.13
实际入库水量 ($10^6 m^3$)	394	110	219
预报入库水量相对误差（%）	22	−95	−60

3　预报总结及改进方法

本次预报，考虑到前期较为干旱，各水库预报径流量均采用了 0.50 的折扣系数。西苇水库、贺庄水库预报结果与实测结果较为吻合，预报精度合格。但尼山水库、龙湾套水库及华村水库预报结果仍明显偏大，预报精度为不合格。

本次降雨虽为入汛以来第二次强降雨，但 6 月 13 日降雨中心在邹城，且各流域前期过于干旱，因而造成本次降雨产流量小，实际入库水量小于预报值。解决该问题的办法是，应加强分析历年入汛前几次大洪水的点据，单独定线，或归纳出相应修正系数，以供此类洪水预报单独应用。

GM（1，1）模型在丰县地下水水位预测中的应用

万永智[1]，张双圣[2]

（1. 江苏省水文水资源勘测局徐州分局，江苏 徐州 221006；

2. 徐州市城区水资源管理处，江苏 徐州 221018）

摘　要： 以丰县地质队地下水水位预测为例，详细阐述了地下水水位时间序列的 GM（1，1）模型的原理和建立过程，根据模型的预测值和实测值，对模型的精度进行检验，并对预测结果进行了分析。结果表明：地质队监测点 GM（1，1）数学模型精度均达到Ⅰ级，达到较好的预测效果；2016～2018 年丰县地下水水位呈逐年下降趋势，而且水位降落漏斗不断扩大。

关键词： GM（1，1）模型；地下水水位预测；丰县

地下水水位变化特征是研究区域地下水的基础，也是衡量地下水资源量及开采量的重要指标。过度开采地下水易造成地面沉降，不易治理且影响持久[1, 2]。2012 年江苏省人民政府下发《关于实行最严格水资源管理制度的实施意见》，确定水资源开发利用三条红线。2013 年省政府制定《江苏省地下水超采区划分方案》，明确江苏省内各水文地质区域地下水开发利用红线。因此，合理预测地下水水位不仅可以了解区域地下水变化趋势，同时也为地下水开发利用及管理提供科学指导。

目前用于地下水水位预测的方法较多，主要包括两类，即确定性方法和不确定性方法[3]。确定性方法主要通过地下水运动微分方程和定解条件建立模型来求解，包括解析法、数值法等[4, 5]。不确定性方法主要通过建立预报因子与影响因素之间的函数关系来实现，如线性回归分析法、时间序列法、模糊理论、神经网络、遗传算法等[6-8]。

地下水水位受降水、径流、蒸发，以及开发等诸多因素影响，确定性预测方法对资料精度要求高，参数复杂，计算量大，成本高。灰色 GM（1，1）模型是基于灰色系统理论的一种预测方法，具有对历史样本数量要求少，计算简便，验证方便等优点，在诸多领域得到广泛应用。本文建立 GM（1，1）模型进行丰县地下水水位的预测，以期对区域地下水资源管理提供科学依据。

1　GM（1，1）模型的建模机理

1.1　模型建模

GM（1，1）模型是一阶微分方程模型，其形式为：

作者简介： 万永智（1991—），男，助理工程师，从事水资源管理及水文监测。

$$\frac{\mathrm{d}x}{\mathrm{d}x} + ax = b \tag{1}$$

其中 x 表示变量。式（1）表示变量的变化率 $\frac{\mathrm{d}x}{\mathrm{d}x}$、变 x 量及控制量 b 的线性组合。

设非负原始序列 $X^{(0)} = (x^{(0)}(1), x^{(0)}(2), \cdots, x^{(0)}(n))$ 对 $X^{(0)}$ 一次累加，得到生成数列为 $X^{(1)} = (x^{(1)}(1), x^{(1)}(2), \cdots, x^{(1)}(n))$ 其中 $x^{(1)}(k) = \sum_{i=1}^{k} x^{(0)}(i)$，$k = 1, 2, \cdots, n$。

根据灰色系统理论，$X^{(1)}$ 的 GM（1，1）模型白化形式的微分方程为

$$\frac{\mathrm{d}x^{(1)}}{\mathrm{d}x} + ax^{(1)} = b \tag{2}$$

其中 a，b 为待定参数，a 称为发展系数，反映预测的发展态势；b 称作灰作用量，反映数据的发展关系。

将式（2）离散化，得到 GM（1，1）模型的定义式，如下

$$x^{(0)}(k+1) = a\left[-\frac{1}{2}(x^{(1)}(k) + x^{(1)}(k+1))\right] + b, \quad k = 1, 2, \cdots, n-1 \tag{3}$$

将式（3）展开得到

$$\begin{bmatrix} x^{(0)}(2) \\ x^{(0)}(3) \\ M \\ x^{(0)}(n) \end{bmatrix} = \begin{bmatrix} -\frac{1}{2}(x^{(1)}(1) + x^{(1)}(2)) & 1 \\ -\frac{1}{2}(x^{(1)}(2) + x^{(1)}(3)) & 1 \\ M & M \\ -\frac{1}{2}(x^{(1)}(n-1) + x^{(1)}(n)) & 1 \end{bmatrix} \times \begin{bmatrix} a \\ b \end{bmatrix}$$

令 $Y = \begin{bmatrix} x^{(0)}(2) \\ x^{(0)}(3) \\ M \\ x^{(0)}(n) \end{bmatrix}$，$B = \begin{bmatrix} -\frac{1}{2}(x^{(1)}(1) + x^{(1)}(2)) & 1 \\ -\frac{1}{2}(x^{(1)}(2) + x^{(1)}(3)) & 1 \\ M & M \\ -\frac{1}{2}(x^{(1)}(n-1) + x^{(1)}(n)) & 1 \end{bmatrix}$，根据最小二乘法可得待定参数 a，b

的值为 $\begin{bmatrix} a \\ b \end{bmatrix} = (B^{\mathrm{T}}B)^{-1}B^{\mathrm{T}}Y$

把求得参数 a，b 的值代入式（2），可得此一阶线性微分方程的通解，并离散化为

$$\hat{x}^{(1)}(k+1) = \left[x^{(0)}(1) - \frac{b}{a}\right]\mathrm{e}^{-ak} + \frac{b}{a} \tag{4}$$

还原到原始数据得

$$\hat{x}^{(0)}(k+1) = \hat{x}^{(1)}(k+1) - \hat{x}^{(1)}(k) = (1 - \mathrm{e}^{a})\left[x^{(0)}(1) - \frac{b}{a}\right]\mathrm{e}^{-ak} \tag{5}$$

上述公式（4）和（5）是 GM（1，1）模型用于灰色预测的具体计算公式。

1.2 GM（1，1）模型的适用范围

根据灰色理论，GM（1，1）模型中参数 a 满足 $|a| < 2$ 的条件下，这时建立的 GM（1，1）模型才有意义。若要获得精度较高的 GM（1，1）模型，建模之前还需对原始数据序列进行研究。已知 $X^{(0)} = (x^{(0)}(1)，x^{(0)}(2)，\cdots，x^{(0)}(n))$，令 $\sigma^{(0)}(k) = \dfrac{x^{(0)}(k-1)}{x^{(0)}(k)}$，其中 $\sigma^{(0)}(k)$ 称为 $X^{(0)}$ 的级比。要想建立满意有效的 GM（1，1）模型，当对原始数据进行处理以后的级比 $\sigma^{(0)}(k)$ 应落于靠近 1 的一个区间（$1-\varepsilon$，$1+\varepsilon$）内，这个区间就叫级比界区 [9]。

由灰色理论可知，建立 GM（1，1）模型的实用条件如下：

（1）a 的界区：$a \in \left(-\dfrac{2}{n+1}，\dfrac{2}{n+1} \right)$；

（2）$\sigma^{(0)}(k)$ 的界区：$\sigma^{(0)}(k) \in \left(e^{-\frac{2}{n+1}}，e^{\frac{2}{n+1}} \right)$

由此可知：数据越少，界区越大，则建模条件越宽裕；数据越多，界区越小，则建模条件越苛刻。

1.3 模型检验

GM（1，1）模型的预测结果出来后，为判别模型优劣，还可进行残差检验和后验差检验，以获得所建立模型的预测精度和精度等级 [10]。

1.3.1 残差检验和预测精度

地下水实测值和模型预测值的相对残差计算公式为：$e^{(0)}(k) = \dfrac{x^{(0)}(k) - \hat{x}^{(0)}(k)}{x^{(0)}(k)}$，平均残差计算公式为 $e^{(0)} = \dfrac{1}{n}\sum\limits_{k=1}^{n}\left| e^{(0)}(k) \right|$，预测精度 $P^0 = 1 - e^{(0)}$。

1.3.2 模型精度等级检验

原始数据的标准差 $S_1 = \sqrt{\dfrac{1}{n-1}\sum\limits_{k=1}^{n}\left[x^{(0)}(k) - \overline{x} \right]^2}$，其中 $\overline{x} = \dfrac{1}{n}\sum\limits_{k=1}^{n}x^{(0)}(k)$ 为原始数据的均值；相对残差数据的标准差 $S_2 = \sqrt{\dfrac{1}{n-1}\sum\limits_{k=1}^{n}\left[e^{(0)}(k) - \overline{e} \right]^2}$，其中 $\overline{e} = \dfrac{1}{n}\sum\limits_{k=1}^{n}e^{(0)}(k)$ 为相对残差的均值。后验差的比值 $C = S_2 / S_1$。小误差概率 $P = \{ |e^0(k) - \overline{e}| \leq 0.6745S_1 \}$。

根据灰色模型精度等级参照表 [10] 后验差的比值 C 越小越好，小误差概率 P 越大越好。

2 实例分析

丰县位于江苏省西北边缘，地势较为高亢，气候偏旱，是全省水资源量最少的县份。人均水资源占有量 245m³/人，远低于全国人均水资源占有量 2190m³/人和徐州市多年平均人均水资源占有量 424m³/人，水资源匮乏。丰县地区由于受自然气候等条件影响，年内雨量少而集中，年际分布也不均匀，主汛期（6～9月）降水量占全年 70% 以上，径流量占全年 80% 以上。地表水资源难以调蓄，利用率低。由于地表水资源量匮乏，加之河槽调蓄能力较低，无过境水可以利用，长期以来，城乡居民生活及绝大部分工业生产用水均依靠地下水作为供水水源，农业用水主要依靠境外调水。

目前丰县共设置 13 个水位监测点，其中地质队水井位于地下水水位降落漏斗的中心处，因此以地质队监测井为研究对象进行地下水水位预测，2010 ~ 2015 年地质队监测井监测成果如表 1。

表 1　2010 ~ 2015 年地质队监测井监测成果表　　　　　　单位：m

监测井　　　时间	2010 年	2011 年	2012 年	2013 年	2014 年	2015 年
水位埋深	48.72	49.66	49.87	50.06	52.35	56.16

2.1　原始数列及级比检验

以 2010 ~ 2015 年的水位埋深均值作为原始序列，则 $X^{(0)}=(x^{(0)}(1),x^{(0)}(2),L,$
$x^{(0)}(6))=(48.72,49.66,49.87,50.06,52.35,56.16)$。

原始数据序列个数 $n=6$，根据灰色理论，GM（1，1）模型中参数 a 的界区为（-0.29，0.29）；级比 $\sigma^{(0)}(k)$ 的界区为（0.75，1.34），对 $X^{(0)}$ 原始数据序列进行级比计算，$\sigma^{(0)}(k)=x^{(0)}(k-1)/$
$x^{(0)}(k)=(0.9811,0.9957,0.9962,0.9563,0.9322)$，（$k=2,L,6$），因此 $\sigma^{(0)}(k)\in(0.75,1.34)$。分析知级比 $\sigma^{(0)}(k)$ 处于界区范围内，表明原始数据序列是光滑的，可以作为有效序列进行灰色预测。

2.2　GM（1，1）模型建立及计算

为了弱化原始数据序列的波动性，增加原始数据序列的规律性，对 $X^{(0)}$ 作一次累加，得到序列 $X^{(1)}=(x^{(1)}(1),x^{(1)}(2),L,x^{(1)}(6))=(48.72,98.38,148.25,198.31,250.66,$
$306.82)$。

根据灰色理论，运用 matlab 软件编制 GM（1，1）模型求解程序，计算得出 $a=-0.031$，$b=$
46.29，因此得出 GM（1，1）模型预测公式为 $\hat{x}^{(0)}(k+1)=(1-e^a)\left[x^{(0)}(1)-\dfrac{b}{a}\right]e^{-ak}=47.06e^{0.031k}$，得出预测值，结果见表 2。

2.3　残差检验及模型精度等级检验

根据地下水实测值与模型预测值的相对残差计算公式，得出相对残差、平均残差及模型精度，如表 2。

根据 1.3.2 节计算公式，得出 $S_1=2.74$，$S_2=0.021$，因此后验差的比 $C=7.76\times10^{-3}$。

由于 $P=\{|e^o(k)-\bar{e}|\le 0.6745S_1\}$，计算可得 $|e^o(k)-\bar{e}|=(0.0002,0.0233,0.0026,0.0298,$
$0.0153,0.0242)$，且均小于 $0.6745S_1=1.85$，故小误差概率 $P=1$。

根据灰色模型 GM（1，1）精度等级参照表（表 3），该模型的精度较高，属于Ⅰ级。

表 2　丰县地质队监测井地下水水位埋深 GM（1，1）模型计算表　　　　　　单位：m

年　份	2010 年	2011 年	2012 年	2013 年	2014 年	2015 年
实测值	48.72	49.66	49.87	50.06	52.35	56.16
预测值	48.72	48.51	50.02	51.57	53.16	54.81
相对残差	0	-0.023	0.003	0.030	0.016	-0.024
平均残差	0.016					
预测精度	0.984					

表3　灰色模型 GM（1，1）精度等级参照表

模型精度等级	后验差比（C）	小误差概率（P）
Ⅰ	＜ 0.35	＞ 0.95
Ⅱ	＜ 0.50	＜ 0.80
Ⅲ	＜ 0.65	＜ 0.70
Ⅳ	＜ 0.80	＜ 0.60

2.4　未来地下水水位埋深预测

根据相关规划，丰县地面水厂将于 2018 年建成投产，届时供水管网范围内水井全部关停，因此根据表 2 中的 GM（1，1）模型进行水位埋深预测，当 $k=6$，7，8，9，10 时，分别预测 2016 年、2017 年、2018 年的平均水位埋深，见表 4。

表4　2016～2018 年地质队监测点地下水位埋深预测结果表　　　　　单位：m

监测井　　　　　　时间	2016 年	2017 年	2018 年
水位埋深	56.51	58.26	60.07

经观测，2016 年地质队监测点地下水水位埋深均值为 56.79m，与预测值相差 0.28m，相对残差 -0.005，预测结果较为理想。

3　结论及建议

对地质监测井 2010～2015 年水位监测数据进行整理，建立 GM（1，1）数学模型，模型精度达到级，达到较好的预测效果。

2016～2018 年丰县地下水水位呈逐年下降趋势，而且水位降落漏斗不断扩大。

丰县应积极寻求地表水源，并在徐州市区域供水一体化形势下，尽快启用小沿河地表水，并严格按照《丰县地下水压采方案》实施封井工作，保证做到水到井封。

参考文献：

[1] 孙新新，黄一彬 .GM（1，1）模型优化及在地下水位预测中的应用 [J]. 黑龙江水利，2015，1（2）：31-34.

[2] 陈葆仁，洪再吉 . 地下水动态及其预报 [M]. 北京：科学出版社，1998.

[3] 平建华，李升，钦丽娟，等 . 地下水动态预测模型的回顾与展望 [J]. 水资源保护，2006，22（4）：11-15.

[4] 李平，樊向阳，王景雷，等 . 数值模拟模型在商丘地下水动态预报中的应用 [J]. 水资源与水工程学报，2004，15（1）：29-31.

[5] 林琳，杨金忠，方跃骏，等 . 多尺度有限元法在地下水拟三维数值模拟中的应用 [J]. 中国农村水利水电，2005，（12）：10-12.

[6] 陈志宏 . 多元线性回归方法在地下水水位预测中的应用 [J]. 北京地质，1999（3）：20-26.

[7] 杨忠平，卢文喜，李平 . 时间序列模型在吉林西部地下水位动态变化预测中的应用 [J]. 水利学报，2005，36

（12）：1475-1479.

[8] 刘洪，孙国曦，曹瑞祥 .GM（1，1）动态模型在吴江市地下水水位预测中的应用 [J]. 地质灾害与环境保护，2008，19（3）：47-51.

[9] 刘思峰，邓聚龙 .GM（1，1）模型的使用范围 [J]. 系统工程理论与实践，2000（5）：121-124.

[10] 王弘宇，马放，杨开，等 . 灰色新陈代谢 GM（1，1）模型在中长期城市需水量预测中的应用研究 [J]. 武汉大学学报（工学版），2004，37（6）：32-35.

南四湖流域降水年内变化规律分析

李 斯，李 智，王秀庆

（沂沭泗水利管理局水文局（信息中心），江苏 徐州 221018）

摘 要：基于 1960～2010 年南四湖流域降水量资料，采用降水量年内分配百分比、年内分配曲线、不均匀系数、集中度与集中期以及变化幅度等统计指标，对南四湖流域降水年内变化规律进行了分析。结果表明，南四湖流域降水集中在主汛期，年内分配较不均匀，月降水量变化幅度大。

关键词：南四湖；降水；变化规律

1 概述

降水的年内变化规律深刻影响着自然生态系统与人类活动，降水量在年内的波动情况直接影响与其相关的一系列物理、化学和生物过程，特别是径流过程。分析降水的年内变化规律，有助于进一步了解径流量的波动趋势，对防汛抗旱、水资源开发利用、流域生态安全具有重要的意义。

南四湖位于苏鲁两省交界处，由南阳湖、独山湖、昭阳湖、微山湖 4 个相连的湖泊组成，是我国第 6 大淡水湖，同时是北方地区最大的淡水湖。南四湖流域介于东经 116°34′～117°21′、北纬 34°27′～35°20′ 之间，属暖温带大陆性冬夏季风气候区。年降水量约 700mm，降水分布较不均匀，空间上主要表现为降水量自东南向西北逐渐减少，时间上主要表现为汛期（6～9 月）降水多、非汛期降水少。

南四湖具有防洪、排涝、灌溉、城市供水、养殖、航运及旅游等多种功能，南四湖流域拥有丰富的野生动植物资源。1988 年以来，由于流域社会经济用水大幅增加等原因，南四湖干旱现象愈发频繁，特别是 2002 年、2014 年的湖泊干涸，给南四湖生态系统造成巨大打击，导致生态系统严重退化。分析南四湖流域降水年内变化规律，对合理分配南四湖流域水资源、保障人与湖泊生态协调发展具有重要现实意义。

2 方法与资料

降水年内分配的分析方法有很多，主要包括定性与定量两大类。定性的方法注重对降水过程线的"形状"进行分析，可以反映出不同时段内降水量的比例及趋势变化；定量的方法注重使用统计学的指标，从整体上描述降水的年内分配情况，通常使用较多的有各月（或季）占年降水量的百分

作者简介：李斯（1992—），男，江苏江都，助理工程师，主要从事水文水资源方面的工作与研究。

比，本文采用降水年内分配不均匀系数、集中度（期）以及变化幅度等指标，从多个角度分析降水量年内变化规律。

研究资料来源于《淮河流域防汛抗旱水情手册》中南四湖流域降水量数据（水利部淮河水利委员会，2014 年），资料系列为 1960～2010 年。

3 降水量年内变化规律

3.1 年内分配百分比

南四湖流域各月平均降水量年内分配如表 1 所示。

表 1 南四湖流域各月平均降水量占全年降水量的百分比（%）

月　份	1 月	2 月	3 月	4 月	5 月	6 月	7 月	8 月	9 月	10 月	11 月	12 月
月降水量（mm）	9.2	13.5	22.8	38.4	51.0	87.0	189.3	151.5	73.2	34.7	19.4	10.2
占比（%）	1.3	1.9	3.3	5.5	7.3	12.4	27.0	21.6	10.5	5.0	2.8	1.5

由表 1 可以看出，南四湖流域降水量主要集中在每年汛期（6～9 月），占全年降水量的 71.5%，其中 7～8 月又占汛期降水量的 68.0%，占全年降水量的 48.6%。降水集中期与主汛期时间一致。

3.2 年内分配曲线

南四湖流域不同年代降水量年内分配状况如图 1 所示。

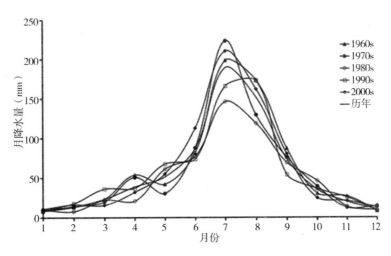

图 1 南四湖流域降水量年内分配曲线图

由图 1 可以看出，南四湖流域降水量年内分配呈现出明显的"单峰"态势，除 1990s 峰值出现在 8 月外，其他峰值均出现在每年的 7 月。1980s 峰值明显小于其他年代，这与南四湖流域 1980s 多干旱年（1981、1982、1983、1986、1988、1989 年为干旱年）相吻合。南四湖流域降水量在每年 1～5 月呈小幅增加趋势，期间多窄幅波动，6 月开始降水量显著增加并于 7 月达到峰值，之后迅速降低，并且各个年代的变化趋势基本吻合。

3.3 年内分配不均匀性

综合反映统计量不均匀性的指标有许多，本文主要采用不均匀系数 C_y 来衡量降水量年内分配的不均匀性。

年内分配不均匀系数 C_y 的计算公式如下：

$$C_y = \sqrt{\sum_{i=1}^{12} \frac{(k_i / \bar{k} - 1)^2}{12}} \qquad （1）$$

式中，k_i 为第 i 月降水量占全年降水量的百分比，$\bar{k}$ 为 k_i（i=1，2，…，12）的均值。

当降水年内分配均匀时，C_y=0；若 C_y 越大，则表明各月降水量相差悬殊，即降水年内分配不均匀。南四湖流域不同年代降水年内分配不均匀系数 C_y 如表 2 所示。

表 2　南四湖流域降水年内分配不均匀系数

年　代	历年	1960s	1970s	1980s	1990s	2000s
不均匀系数	0.96	0.99	1.04	0.88	0.92	1.02

由表 2 可以看出，南四湖流域不同年代 C_y 值变化范围为 0.88 ~ 1.04，C_y 值最大出现在 1970s，C_y 值最小出现在 1980s。各个年代年内分配不均匀系数均在 1 左右，说明南四湖流域降水年内分配存在明显的不均匀性。1970s 的 C_y 值较大、1980s 的 C_y 值较小可能与 1970s 降水量较多、1980s 降水量较少有关。

3.4　集中程度

利用矢量分析的原理，可定义南四湖流域降水量时间分配的特征参数——集中度（PCD，无量纲量）与集中期（PCP，单位为月）。具体方法为将一年内各月的降水当作矢量进行处理，月降水量数值为矢量的模，对应的月份决定矢量的方向，从 1 月到 12 月每月的月中方位角 θ_i 分别为 0°、30°、60°、…、330°。将一年内各月的降水矢量相加，得到年降水过程的合矢量。该合矢量的模与年降水量的比值即为 PCD，合矢量的方向即为 PCP。各月降水矢量的方向角范围见表 3。

表 3　各月降水矢量方向角范围（°）

月份	1月	2月	3月	4月	5月	6月	7月	8月	9月	10月	11月	12月
方向角范围	345~15	15~45	45~75	75~105	105~135	135~165	165~195	195~225	225~255	255~285	285~315	315~345
月中方向角	0	30	60	90	120	150	180	210	240	270	300	330

例如，3 月的降水矢量方向角范围为 30° ~ 75°，月中方向角为 60°，降水矢量分解到 x 和 y 两个方向上的分量分别为 $\overrightarrow{AB}$、$\overrightarrow{OA}$，$\overrightarrow{OB} = \overrightarrow{OA} + \overrightarrow{AB}$（图 2）。

PCD 能够反映年降水量在各个月的集中程度，若年降水量集中在某一月内，则合矢量的模与年降水量之比为 1，即 PCD 的极大值；若年降水量均匀分布在各月，则合矢量的模与年降水量之比为 0，即 PCD 的极小值。PCP 为合矢量的方位角，能指示出各月降水量合成后的总体效应，近似反映了一年中最大降水量出现在哪一个时段内。

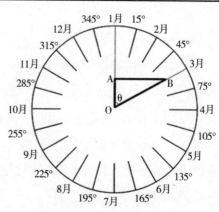

图 2　月降水矢量示意图

将每月的降水矢量分解为 x 和 y 两个方向上的分量，则合矢量 x 和 y 方向上的分量分别为：

$$P_x = \sum_{i=1}^{12} P_i \sin\theta_i, \quad P_y = \sum_{i=1}^{12} P_i \cos\theta_i \tag{2}$$

合矢量的模为：

$$P = \sqrt{P_x{}^2 + P_y{}^2} \tag{3}$$

集中度（PCD）和集中期（PCP）的计算公式为：

$$\text{PCD} = P / \sum_{i=1}^{12} P_i, \quad \text{PCP} = \arctan\left(\frac{P_x}{P_y}\right) \tag{4}$$

式中，P_i 为第 i 月的降水量，θ_i 为第 i 月的月中方向角。

南四湖流域降水量年内分配的集中度（PCD）和集中期（PCP）见表 4。

表 4　南四湖流域年降水量的集中度和集中期

年代	PCD	PCP	
		方向角（°）	对应月份
历年	0.58	186	7
1960s	0.59	188	7
1970s	0.59	186	7
1980s	0.57	188	7
1990s	0.54	183	7
2000s	0.62	185	7

由表 4 可以看出，南四湖流域不同年代 PCD 的范围为 0.54 ~ 0.62，且各值间差距较小，没有显著的年代际变化，这与上述不均匀性分析的结果相吻合，说明南四湖流域降水年内分配较为集中。不同年代 PCP 的范围为 183° ~ 188°，对应月份均为 7 月，即各年代年内最大月降水量均出现在7 月。

3.5　降水量变化幅度

降水量变化幅度的大小对于径流调节和农业生产都有重要的影响。变化幅度过大，径流调节的难度相应增加，过于平稳或者过于激烈的变化则可能导致农作物生长发育受阻。变化幅度包括相对变化幅度 C_m 和绝对变化幅度 ΔP 两个评价指标。计算公式分别为：

$$C_m = \frac{P_{\max}}{P_{\min}} \tag{5}$$

$$\Delta P = P_{\max} - P_{\min} \tag{6}$$

式中，$P_{\max}$ 和 $P_{\min}$ 分别为年内月降水量的最大值和最小值。

表 5　南四湖流域降水量年内变化幅度

	历年	1960s	1970s	1980s	1990s	2000s
C_m	20.64	25.72	24.17	19.71	21.78	20.02
ΔP（mm）	180	191	214	139	165	200

由表 5 可以看出，不同年代 C_m 值变化范围为 19.71 ~ 25.72，ΔP 值变化范围为 139 ~ 214mm，说明南四湖流域降水年内变化幅度很大。绝对变化幅度最大出现在 1970s，相对变化幅度最大出现在 1960s，变化幅度最小（绝对和相对）出现在 1980s，这可能与 1960s 和 1970s 降水较多、1980s 降水较少有关。历年的相对变化幅度 C_m 值介于各个年代的 C_m 值之间，这是由于长历时的多年平均降低了月降水量年内变化的剧烈程度。

4　结语与讨论

4.1　结语

通过降水量年内分配百分比、年内分配曲线、年内分配不均匀系数、集中度与集中期以及变化幅度等统计指标对南四湖流域降水年内分配规律进行了分析。结果表明，南四湖流域降水主要集中在 7 ~ 8 月主汛期，峰值通常出现在 7 月末。年内各月降水量差异明显，变化幅度大，降水量集中程度较高，年内分配不均匀。

南四湖流域冬季多受大陆冷高压影响，盛行冬季风，以偏西偏北风为主，天气晴寒，雨水稀少；夏季在西太平洋副热带高压的影响下，盛行夏季风，以偏东偏南风为主，带来海洋暖湿气团，引发集中降水。地理因素是南四湖流域降水年内变化规律的决定因素。

4.2　讨论

降水是南四湖流域径流的主要来源，降水年内变化规律是径流年内变化规律的决定性因素，深刻影响着流域的洪涝干旱规律、水资源开发利用情况和流域生态安全。

南四湖流域特别是湖东地区，部分河道坡降较陡，调蓄能力有限。年内降水集中的特点与下垫面条件决定了该地区洪水具有突发性、预见期短、水量集中、破坏力大等特点。新中国成立以后经多年治理，诸河行洪能力有所提高，但山区径流的控制工程仍然偏少、洪水控制能力有待加强。

非汛期降水稀少导致南四湖流域生态环境较为脆弱，水资源短缺问题日趋严重，必须通过水资源合理配置、节水新技术推广应用以及跨流域调水等途径来保障流域生态环境安全，支撑经济社会可持续发展。

参考文献：

[1] 水利部淮河水利委员会沂沭泗水利管理局 . 沂沭泗河道志 [M]. 北京：中国水利水电出版社，1996.

[2] 淮河水利委员会水文局（信息中心），沂沭泗水利管理局水文局（信息中心）.2014 年南四湖生态应急调水计量与分析 [M]. 徐州：中国矿业大学出版社，2016.

[3] 尹娅婷 .1951 ~ 2013 年南京市降水变化特征研究 [J]. 水电能源科学，2015，33（5）：9–13.

[4] 张录军, 钱永甫. 长江流域汛期降水集中程度和洪涝关系研究 [J]. 地球物理学报, 2004, 47 (4): 622-630.

[5] 徐志侠, 王浩, 董增川, 等. 南四湖湖区最小生态需水研究 [J]. 水利学报, 2006, 37 (7): 784-788.

[6] 邵晓梅, 许月卿, 严昌荣. 黄河流域降水序列变化的小波分析 [J]. 北京大学学报 (自然科学版), 2006, 42 (4): 503-509.

TChart 图形控件在 API 模型构建中的应用

胡友兵，陈红雨，冯志刚，苏　翠，赵梦杰

（淮河水利委员会水文局（信息中心），安徽 蚌埠 233001）

摘　要： API 模型是现行概念性流域模型中应用最为广泛的模型之一，通过分析 API 模型构建过程中洪水过程线分割、产流关系线拟合及单位线综合三大核心作业流程。在 .Net 平台下，对 TChart 图形控件中丰富的序列操作方法、坐标轴管理及工具组件等功能进行封装定制，采用直观的图形化操作方式，实现了 API 模型建模作业，有效提高了工作效率。

关键词： API 模型；TChart 图形控件；洪水过程线分割；产流关系线拟合；单位线综合

1 引言

前期雨量指数模型（Antecedent Precipitation Index Model， API）是现行概念性流域模型中应用最为广泛的模型之一[1]。该模型以前期雨量为参数计算产流，以经验单位线进行汇流计算，模型结构简单直观，模拟精度高，具有广泛的适应性[2]。然而，在构建 API 模型参数方案过程中，需要对参与率定的多场洪水依次开展洪水分割、降雨径流点据分类拟合及单位线综合等多项工作，传统采用手工作业方法耗时费力[3]。本文引入 TChart 图形控件，在 .NET 平台上建立了一套人机交互体系，实现了 API 模型直观快速构建。

2 方法介绍

2.1 API 模型

由前期雨量指数和降雨计算产流量始于 20 世纪 40 年代，西纳（Sittner）等于 1969 年提出了模拟地下径流方法的建议，配合单位线即构成了可模拟流域降雨径流过程的"连续 API 模型"[4]。由前期雨量 Pa 和次洪雨量 P 与径流量 R 来作该流域的 R=f（P，Pa）经验相关图。计算出 Pa 及各个时段的累积雨量，然后在经验相关图上查得各时段的累积径流量，相邻两时段累积径流量之差就是该时段的径流量。在径流量计算过程中，比较典型的业务流程有洪水过程线分割和产流关系线拟合，如图 1 所示。

作者简介：胡友兵（1986—），男，安徽池州，工程师，主要从事水文预报及水利信息化工作。

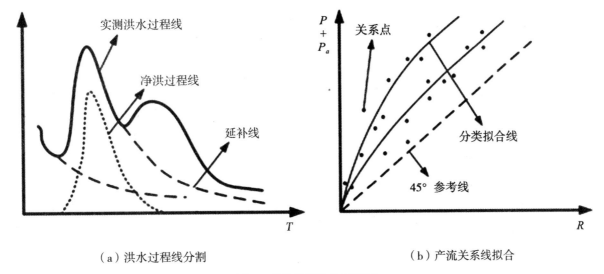

（a）洪水过程线分割　　　　　　　　　　　（b）产流关系线拟合

图 1　径流计算作业示意图

在洪水过程线分割过程中，一般需要延补前次和本次洪水过程的退水曲线，然后生成本次洪水的净洪过程线，如图 1（a）所示。在产流关系线拟合过程中，需要依据实测点据的分布情况进行聚类分析，再针对各类点集动态绘制关系线并对拟合精度进行统计评定，如图 1（b）所示。

流域汇流计算采用经验单位线法，它是流域上分布均匀的一个单位净雨量，所形成的直接径流过程线。其中，单位时段可依据预报时段要求选取，单位净雨一般取为 10mm。单位线计算一般采用分析法和试错法，分析法计算简便，但由于估算净雨量的误差、流量测验的误差以及净雨量的时空变化等原因，常导致单位线后段的纵坐标出现锯齿形，有时甚至为负。试错法首先输入一条假定单位线，然后依据拟合结果不断调整直至满足要求为止。该法适宜于在计算机上以图形交互方式实现，特别是流域洪水场次较多，需进行单位线综合。

2.2　TChart 图形控件

TeeChart 是 Steema Software 公司开发的专业化图表图形组件，适用于 VB、VC++、ASP 以及 .NET 系统平台等 [5]。TeeChart 提供了上百种 2D 和 3D 图形风格、40 余种数学和统计功能，以及 20 余种用于图标操作的工具，可以非常方便地实现图表制作与人工交互的联动响应 [6, 7]。TChart 是其中核心的图形控件，由坐标轴、序列、图例、标题和墙壁等主要元素组成。根据 API 模型构建流程，TChart 图形控件操作主要涉及到序列添加、坐标轴管理及工具组件使用三个方面。

2.2.1　添加序列

TChart 控件中提供了丰富的序列类型，其中，API 模型构建中使用较多的序列类型有线条图和点图，在 .NET 中分别对应 Steema.TeeChart.Styles.Line（）类和 Steema.TeeChart.Styles.Points（）类，他们均继承于 Steema.TeeChart.Styles.Series（）类，该类提供了 60 多种重载的 Add（）方法，可用于非常方便的加载序列数据集。

另外，在 API 模型构建业务流程中，会频繁地与序列过程进行在线交互，如增加序列、序列中添加删除点、序列点值与屏幕像素间的相互转换等。对于增加序列操作，在 TChart 对象中提供了类型为 Steema.TeeChart.Styles.SeriesCollection（）的 Series 属性，利用该属性可以方便地使用 Add（）方法动态添加各种序列。对于序列点增加和删除，可以使用 Steema.TeeChart.Styles.Series（）类的

Add（）和 Delete（）方法。另外，Steema.TeeChart.Styles.Series（）类还提供了 XScreenToValue（）和 YScreenToValue（）方法用于从屏幕像素转换到点的值，CalcPosValue（）用于计算序列中特定值在屏幕中的位置。

2.2.2 坐标轴管理

坐标轴是图形控件的必备要素，在 TChart 图形组件中默认提供了上、下、左、右及深度 5 个坐标轴，每个坐标轴均对应于 Steema.TeeChart.Axis（）类的一个实例。在 TChart 对象中统一采用类型为 Steema.TeeChart.Axes（）的 Axes 属性进行管理。在 Steema.TeeChart.Axes（）类中提供了 Top、Bottom、Left、Right 及 Depth 属性分别对应上述 5 个坐标轴。此外该类还提供了类型为 Steema.TeeChart.CustomAxes（）的 Custom 属性，利用该属性的 Add（）方法可以在线添加自定义坐标轴。

在 API 模型构建业务流程中，对坐标轴交互较多的操作有坐标轴刻度管理、时间轴设置、刻度反转及添加自定义轴等。对于坐标轴刻度管理可以使用坐标轴对象的 AutomaticMaximum、AutomaticMinimum、MaximumOffset、MinimumOffset 等属性，时间轴设置首先将坐标轴的 XValue 对象的 DateTime 属性设置为真，然后通过 DateTimeFormat 属性设置时间轴的标签样式。坐标轴反转可以通过设置 Inverted 属性为真来实现。

2.2.3 工具组件

为进一步便于对 TChart 图形控件中序列、坐标轴对象操作，TChart 组件还提供了多套专用的工具组件。如针对序列对象的光标工具（CursorTool）、拖点工具（DragPointTool）、最近点工具（NearestTool）等；针对坐标轴对象的坐标轴箭头工具（AxisArrowsTool）、坐标轴滚动工具（AxisScrollTool）等。

在 API 模型构建业务流程中，应用较多的有光标工具和拖点工具，利用光标工具可以非常方便的浏览序列数据。拖点工具提供了一种动态、直观修改图表数据的方法，该工具类提供了一个类型为 Steema.TeeChart.Tools.DragPointEventHandler（）的 Drag（）的事件。通过重装该事件，即可实现序列节点拖动的动态响应。

3 实例应用

在 .NET 平台上，针对 API 模型构建业务特点，以 TChart 图形控件为主操作窗体，以 .NET 自带的 DataGridView 表格控件为辅助窗体，开发 API 模型构建业务平台，如图 2 ~ 图 4 所示。

3.1 洪水分割

在自然降水现象中，流域降水过程往往呈现忽停忽始、大小相间分布的复杂态势，导致流域出口断面洪水过程呈现波动变化，即一场洪水没有消退结束下一场洪水又叠加而来。如果采用传统手工作业流程，工作量繁重。借助 TChart 控件灵活的交互性能，开发洪水过程线分割业务工作窗体。在该窗体中，点击"延补退水（峰前）"或"延补退水（峰后）"按钮（两个按钮以鼠标点击方式切换）后，在图形窗体上点击将首先调用 TChart 控件增加序列函数创建对应的退水控制点序列，当控制点达到一定数量时，创建对应的延补退水过程线序列。过程线绘制完成后，将调用屏幕像素到点值函数，自动生成分割后的净洪过程线，同时计算相应的径流深。如图 2 所示。

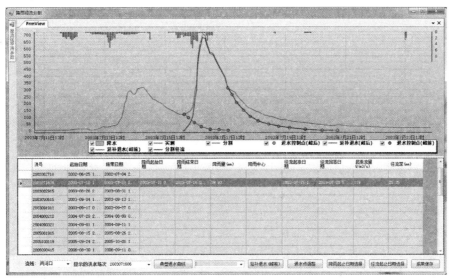

图2 洪水过程线分割工作窗体

3.2 产流曲线拟合

受流域下垫面不均匀性等因素影响，流域降雨量和径流量点据，往往较为散乱，如图3所示。传统上采用一条 P+Pa-R 关系线进行拟合，往往达不到相应的精度要求，此时就需要对实测点据进行分类拟合。洪水起涨流量易于获得，且在一定程度上代表了流域干湿状况，在实际作业中，应用较多。图3中，点击"添加关系点"和"关系点调整"按钮（两个按钮以鼠标点击方式切换）后，在图形窗体上点击将创建相应工作序列。当拖动控制点时，调用 TChart 控件拖点工具，启动 Drag（）事件，此时系统对各场洪水拟合精度进行实时统计，并填补于下方表格窗体。

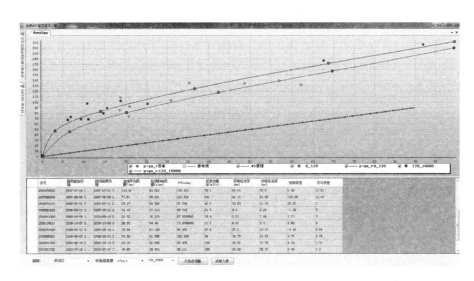

图3 产流关系线拟合工作窗体

3.3 单位线综合

在进行单位线综合计算时，往往依据降雨中心位置对各场洪水进行分类，然后再对各类里面的洪水场次进行综合。在图4所示的业务窗体中，选择任一场次洪水，系统将自动将同一降雨中心的洪水场次显示于表格窗体中。此时，点击"添加控制点"和"控制点调整"按钮（两个按钮以鼠标点击方式切换）后，在图形窗体上点击将调用增加序列函数创建相应工作序列。与图2、3

中不同的是，由于单位线有 10mm 的总量控制，因此生成的综合单位线序列并未严格通过控制点。此外，在首次拖动控制点时，系统将调用坐标轴增加函数，添加辅助坐标轴，并设置 XValue 日期属性为真，然后将当前单位线模拟的过程线绘制于图形右边，实现了在拖动单位线时，在线显示模拟效果的构想。

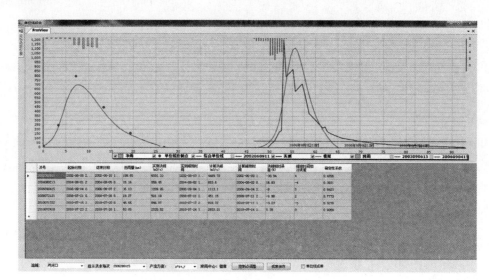

图 4　汇流单位线综合工作窗体

4　结论建议

TChart 图形控件功能强大，在图形交互方面表现非常出色。通过分析 API 模型构建中，洪水过程线分割、产流关系线拟合及汇流单位线综合作业特点。在 .NET 平台下，将 TChart 图形控件中序列管理、坐标轴管理以及以拖动工具为代表的工具组件等功能进行封装定制，实现了人机交互方式进行 API 模型建模，大大提高了作业效率。

本文运用到的 TChart 控件所提供的功能仅是冰山一角，TChart 为程序设计人员提供直观、快捷的接口使设计者能够自由发挥使用，可以大大提高工作效率。

参考文献：

[1] 水利部水文局，长江水利委员会水文局 . 水文情报预报手册 [M]. 北京：中国水利水电出版社，2010：313-346.

[2] 张露，张佳宾，梁国华，等 . 基于 API 模型与新安江模型的察尔森水库洪水预报 [J]. 南水北调与水利科技，2015，13（6）：1056-1059.

[3] 张端虎 . 相关图洪水预报方案电算处理方法探讨 [J]. 水利水文自动化，2009，1：44-47.

[4] 周洋洋，李致家，姚成，等 . 基于 SCE-UA 算法的 API 模型应用研究 [J]. 水力发电，2014，40（4）：13-16.

[5] 屈景辉，李传伟 . TeeChart 应用技术详解——快速图表制作工具 [M]. 北京：中国水利水电出版社，2008.

[6] 李子阳，包腾飞，朱赵辉 . 基于 TChart 的大坝位移场可视化 [J]. 河海大学学报（自然科学版），2008，36（4）：496-500.

[7] 朱玲，武玉强，张启宇 . TeeChart 实现工控领域的实时曲线和历史曲线的方法 [J]. 工业控制计算机，2005，18（8）：39-40.

新沭河放水洞推流方法探究

王庆伟，类　潇，尚明浩

（临沂市水文局，山东 临沂 276000）

摘　要： 流量测验是水文测验工作中最重要的组成部分，但由于目前测验设施及人员的局限性和河流特性的多变性，对流量的施测不可能逐日逐时连续进行，因而现状条件下的实测流量数据是零星的、不连续的原始数据，不能反映水流流量的完整变化过程和变化规律，自然不能满足国民经济各部门对流量资料的要求。所以，利用少量实测数据，寻找全年流量变化的规律，确定合理的逐时流量过程线，得到足够精度的、系统的、连续的流量资料，供有关部门使用。本文以新沭河放水洞 2015 年 8 ～ 12 月实测流量资料为例，通过分析三种不同的推流方式，来探究该断面相应时段出流过程。

关键词： 推流；水位流量关系曲线法；堰闸流量率定法；实测流量过程线法

1　工程概况

新沭河放水洞为沭河大官庄枢纽的配套工程之一，该工程于 2009 年建成投入运行，主要由引水闸、引水涵洞、洞后明渠组成，引水闸为平底平板闸，共 2 孔，闸门净宽 4.00m，闸底高程 48.50m，设计流量 $80m^3/s$。下泄水流过闸后先汇入临沭县牛腿沟再流向水电站，然后汇入新沭河。

2　定线推流方法的选定

本次推流方法的取舍探究是以 2015 年 8 ～ 12 月新沭河放水洞实测流量数据为依据，分别通过水位流量关系曲线法、堰闸流量率定法、实测流量过程线法对该断面的出流情况进行探究分析，最终确定能准确反映该断面实际出流状况的推流方法，以此来推算研究时段内的流量过程，为资料整编及用水总量监测提供可靠数据。下面笔者就上述三种推流方法及步骤进行论述。

2.1　水位流量关系曲线法

水位流量关系曲线法是流量数据处理中最常用、最基本的方法。河渠中水位与流量关系密切，水位过程易于观测，而施测流量较观测水位要困难，因此，建立水位流量关系，用水位过程来推求流量过程是可行的，也是经济的，同时也是采用测站控制、选择站点的首要目的。通过新沭河放水洞建立水位流量关系的过程，研究其合理性，判断该方法是否适用研究时段的流量过程线推求。其步骤如下：

（1）统计研究时段内实测流量数据，包括测流起始时间、测验位置及方式、基本水尺水位、

作者简介： 王庆伟（1990—），男，学士学位，临沂市水文局，助理工程师。

实测流量、断面面积、平均流速、最大流速、水面宽、平均水深、最大水深如表1。

表1　新沭河放水洞实测流量成果表

测次	日期	起始时间	结束时间	测验位置	测验方式	基本水位(m)	实测流量(m³/s)	断面面积(m²)	平均流速(m/s)	最大流速(m/s)	水面宽(m)	平均水深(m)	最大水深(m)
1	8月11日	09:15	09:18	基下90m	ADCP走航式	50.15	19	35.6	0.53	1.06	26.1	1.36	1.77
2	8月12日	09:39	09:44	〃	〃	50.25	18.9	35.4	0.53	0.91	24	1.48	1.89
3	8月13日	16:52	16:56	〃	〃	50.16	11	30.8	0.36	0.79	21.3	1.45	1.88
4	8月25日	17:50	17:55	〃	〃	49.67	6.04	23.9	0.25	0.47	23.9	1	1.34
5	8月29日	06:48	06:55	〃	〃	49.77	5.78	21	0.28	0.51	21	1	1.5
6	9月8日	18:18	18:23	〃	〃	49.23	5.65	18.7	0.3	0.8	18.7	1	0.85
7	9月13日	18:27	18:32	〃	〃	49.13	6.21	16.1	0.39	0.54	16.1	1	0.76
8	10月9日	16:54	16:59	〃	〃	49.78	5.84	23	0.25	0.53	18.6	1.24	1.51
9	10月14日	11:38	11:40	〃	〃	49.52	7.42	18.5	0.4	0.58	17.6	1.05	1.25
10	10月24日	16:25	16:28	〃	〃	49.17	6.08	11.3	0.54	0.8	14.9	0.76	0.85
11	10月26日	11:02	11:06	〃	〃	49.15	7.95	12.8	0.62	0.75	17.2	0.74	0.81
12	10月27日	11:10	11:14	〃	〃	49.14	7.11	13	0.55	0.8	17.7	0.73	0.81
13	10月31日	12:54	12:59	〃	〃	49.18	3.04	11.2	0.27	0.46	13.8	0.81	0.93
14	11月26日	09:22	09:29	〃	〃	50.6	23.9	35.6	0.67	1.1	21.8	1.63	2.13
15	11月29日	17:14	17:17	〃	〃	51.04	25.3	40.4	0.63	0.94	23.9	1.69	2.34
16	12月7日	11:10	11:14	〃	〃	51.15	21	43.6	0.48	0.87	28.4	1.54	2.34

（2）点绘水位流量、水位流速、水位面积点据图，观察水文要素间相关关系，如图1、图2。

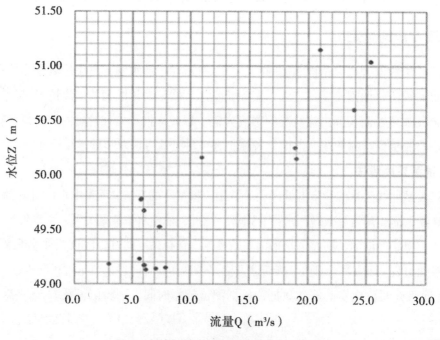

图1　新沭河放水洞水位流量关系点据图

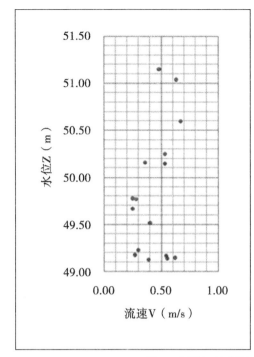 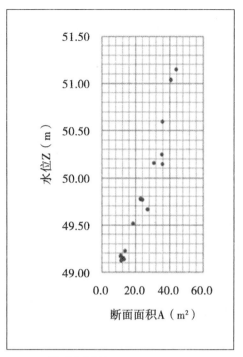

图2　新沭河放水洞 Z–V、Z–A 关系点据图

（3）分析点据的合理性，是否能准确确定点群中心，水文要素之间是否有稳定关系。

（4）定线：主要有两种方法，分别为图解法和解析法。图解法就是人工定线，一般通过实测点据的点群中心利用云尺绘制圆滑曲线，解析法则是通过计算机选配方程定线。

（5）进行符号检验、适线检验、偏离值检验，三项检验均通过，该线才能被用于进行该时段流量计算。

通过观察新沭河放水洞 Z–Q、Z–V、Z–A 点据图，可以看出它们的点群关系紊乱，通过点群中心无法形成符合要求的线性关系，水位流量关系线还出现严重反曲，因而该断面不能通过水位流量关系曲线进行推流。

2.2　堰闸流量率定法

堰闸流量率定法是利用水工建筑物推求流量的一种方法，就是用各种水利条件下的实测流量，来率定出其相应的流量系数，再利用水力学的流量公式把各个时刻的流量推求出来。主要有三个步骤：

（1）计算流量系数。根据堰闸的形式、出流方式、实测流量和水位等，选用条件适合的流量计算公式反算流量系数。此处新沭河放水洞属于平底闸平板闸门，研究时段内 2 孔全部开启，单孔宽度 4.00m，均提出水面，流态为淹没堰流，根据这些条件查《水文资料整编规范》（SL247—2012）得公式 $Q=\sigma C_1 B h_u^{3/2}$ 最适合，相关关系为 $\Delta Z/h_u \sim \sigma C_1$。其中 B 就是闸门总宽，此处为 8.00m，h_u 为闸上水头，$\Delta Z/h_u$ 为相关因素，σC_1 为流量系数，计算成果如表2所示。

（2）分析相关因素与流量系数关系，建立一条圆滑的相关曲线，通过实际观测的水位数据查线得相应的流量系数，进而推求推流时段内各时刻的流量。

通过观察图3点据信息可发现相关因素 $\Delta Z/h_u$ 与流量系数 σC_1 关系的相关程度不好，无法拟合成符合水文规律的相关关系曲线，所以这种方法对该断面的推流成果不能满足规范的要求，进而舍弃堰闸流量率定法推流。

表2 新沭河放水洞堰闸率定成果表

测次	日 期	起始时间	结束时间	闸上水位 (m)	闸下水位 (m)	闸上水头 (m)	水位差 (ΔZ)	实测流量 (m³/s)	流 态	代号	数值	流量系数
1	8月11日	09:15	09:18	50.17	50.15	1.67	0.02	19	淹没堰流	ΔZ/h_u	0.012	1.1
2	8月12日	09:39	09:44	50.27	50.25	1.77	0.02	18.9	〃	〃	0.011	1
3	8月13日	16:52	16:56	50.18	50.16	1.68	0.02	11	〃	〃	0.012	0.63
4	8月25日	17:50	17:55	49.68	49.67	1.18	0.01	6.04	〃	〃	0.008	0.59
5	8月29日	06:48	06:55	49.78	49.77	1.28	0.01	5.78	〃	〃	0.008	0.5
6	9月8日	18:18	18:23	49.24	49.23	0.74	0.01	5.65	〃	〃	0.014	1.11
7	9月13日	18:27	18:32	49.14	49.13	0.65	0.02	6.21	〃	〃	0.015	1.48
8	10月9日	16:54	16:59	49.79	49.78	1.29	0.01	5.84	〃	〃	0.008	0.5
9	10月14日	11:38	11:40	49.53	49.52	1.03	0.01	7.42	〃	〃	0.01	0.89
10	10月24日	16:25	16:28	49.18	49.17	0.68	0.01	6.08	〃	〃	0.015	1.36
11	10月26日	11:02	11:06	49.16	49.15	0.66	0.01	7.95	〃	〃	0.015	1.85
12	10月27日	11:10	11:14	49.15	49.14	0.65	0.01	7.11	〃	〃	0.015	1.7
13	10月31日	12:54	12:59	49.19	49.18	0.69	0.01	3.04	〃	〃	0.014	0.66
14	11月26日	09:22	09:29	50.62	50.6	2.12	0.02	23.9	〃	〃	0.009	0.96
15	11月29日	17:14	17:17	51.07	51.04	2.57	0.03	25.3	〃	〃	0.012	0.77
16	12月7日	11:10	11:14	51.18	51.15	2.68	0.03	21	〃	〃	0.011	0.6

（3）建立流量系数与相关因素的关系，如图3。

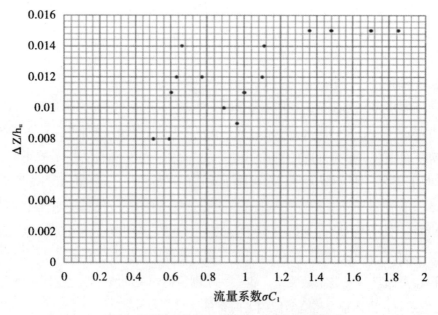

图3 新沭河放水洞 ΔZ/h_u ~ σC_1 关系点据图

2.3 实测流量过程线法

实测流量过程线法是一种撇开水位、直接连接实测流量点形成过程线，从而推求逐时、逐日流量方法，但实测点应尽量控制流量转折过程，必要时需要通过水位过程内插转折点。主要有三个步骤：

（1）在方格纸上绘制水位过程线，如图4。

（2）点绘实测流量点据，当点据足以控制流量变化过程时，用光滑的曲线连接相应时段的实测点绘制流量过程线，点距较少的时段需要根据前后时段的水位流量变化趋势内插流量点，完成该时段的流量过程线，如图5。

（3）合理性修订流量过程线后，把流量转折点处的时间和流量数据录入整编程序，计算全年的径流量。

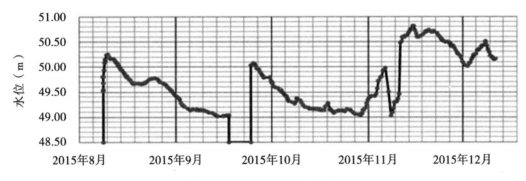

图4　新沭河放水洞逐时水位过程线图

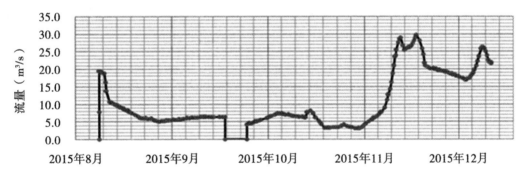

图5　新沭河放水洞实测流量过程线图

据图4、图5可以看出8、9、12月份水位流量具有相对较好的相关关系，但10、11月份在水位变化急剧的情况下流量却相对平稳，有的时间甚至出现水位下降流量却增大的反常现象，因而就目前的各种推流方法而言，真正能较准确反映新沭河放水洞流量过程的方法为实测流量过程线法。究其原因是，新沭河放水洞的出流先汇入临沭牛腿沟，然后流向电站控制闸门，受牛腿沟水流顶托及电站闸门的控制作用，新沭河放水洞的水位流量关系相对复杂，不能用理论的水文规律来研究，只能采取流量转折点控制，通过连实测流量过程来推求流量。

3　结论

上述的探究分析表明新沭河放水洞出流受水流顶托及下游闸门控制影响显著，水位流量关系不稳定，最能反映实际出流状态的推流方法还是实测流量过程线法。在水文资料整编的推流阶段应根据各推流断面的实际情况进行，不断尝试各种推流模型，建立既能反映当地实际出流情况，又简便省时的流量过程线来推求径流量。

参考文献：

[1] 水利部 .SL 247—2012　水文资料整编规范 [S]. 北京：中国水利水电出版社，2012.

[2] 周忠远，舒大兴 . 水文信息采集与处理 [M]. 南京：河海大学出版社，2005.

[3] 谢悦波 . 水信息技术 [M]. 北京：中国水利水电出版社，2009.

南水北调东线一期工程台儿庄泵站定线推流

张　白[1]，冯　峰[1]，徐志国[2]

（1.淮河水利委员会水文局（信息中心），安徽　蚌埠　233000；
2.河南省周口水文水资源勘测局，河南　周口　466000）

摘　要：随着当代科学技术的快速发展以及调水逐步趋向"常态化"的态势，水量计量也需要与时俱进探索更加智能精确、自动便捷的工作方法和手段。本文通过台儿庄泵站实测数据率定泵站效能系数得出泵站推流公式，经计算分析公式通过三性检验并满足相关定线精度要求，最后分析公式误差来源，模拟实测流量过程。在今后工作中此公式可以作为台儿庄泵站推流、校检流量的一种新手段。

关键词：台儿庄泵站；定线推流；三性检验；误差分析

1　工程概况

南水北调工程是我国为解决北方地区水资源短缺，优化南北方水资源配置的国家战略性工程。我国北方大部分地区长期受到干旱缺水问题的困扰，水资源短缺与社会经济发展及生态环境保护之间的矛盾日益突出，南水北调工程的建成通水意义非凡。台儿庄泵站是南水北调东线一期工程的第七级泵站，位于山东省枣庄市台儿庄区的骆马湖—南四湖区间，是山东省韩庄运河段工程的组成部分。该工程是实现从中运河抽水，通过韩庄运河向北输水的关键工程。台儿庄泵站设计流量125m³/s，设计扬程4.53m，平均扬程3.73m。泵站配备5台3000ZLQ31-5型立式轴流泵（其中1台备用），单机设计流量31.25m³/s，配套电机功率为2400kW，总装机容量12000kW[2]。测验河段为梯形断面，岸坡与河底平整，河道顺直，水流平缓，河底系人工混凝土砌，无冲淤现象，左右两岸为混凝土护坡。

2　定线推流

2.1　推流公式

根据《水文资料整编规范》（SL247—2012），低扬程0～6m的抽水站采用指数函数法，流量采用公式（1）计算[1,4]：

$$Q = \eta_k N e^{-ch} \tag{1}$$

式中：Q——实测流量，m³/s；

作者简介：张白（1991—），男，河北保定，工程师，主要从事水文测验及水文资料整编工作。

η_k——抽水效能系数，相当于扬程为零时 1kW 电功率的抽水流量；

N——电功率，kW；

e——自然对数底；

ε——抽水效能随扬程增加而递减的系数；

h——抽水站净扬程或站上下水位差，m。

公式（1）变形可得：

$$\ln(Q/N) = -\varepsilon h + \ln\eta_k \tag{2}$$

公式（2）呈典型线性形式 $y=kx+b$ 形式，水头 h 作为自变量，$\ln(Q/N)$ 为因变量，关系线确定后即可反解得到抽水效能系数 η_k 和参数 ε。公式（2）中流量 Q 通过走航式 ADCP 实测资料可得，电功率 N 由台儿庄泵站提供的机组主机泵运行记录表查得，水头 h 为实测站上水位、站下水位差值。数据具体来源为台儿庄泵站 2016 年 1 月 8 日 ~ 2016 年 5 月 22 日实测资料，共计 182 个单元。其中 h 的取值在 2.65 ~ 3.58m 之间，实测流量 Q 变幅为 30.2 ~ 123m^3/s，功率 N 变动范围为 1452 ~ 6307kW。各数据资料均符合泵站相关设计要求，可以据此资料来定线推流。

计算出 $\ln(Q/N)$ 的值将以上数据代入公式（2）中，并点绘 $\ln(Q/N)$ ~ h 散点图，通过点群分布确定线性关系曲线如图 1 所示，及线性关系式：

$$y=-0.2214x-3.2758 \tag{3}$$

公式（3）变形可得：

$$Q=0.0378 \times N \times e^{-0.2214 \times h} \tag{4}$$

由公式（4）可知抽水效能系数 η_k 等于 0.0378，参数式 ε 为 0.2214。

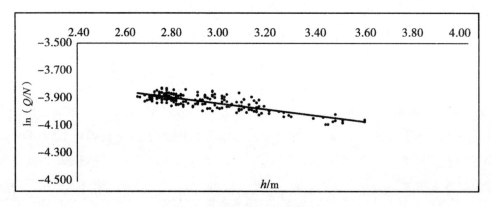

图 1 ln（Q/N）~ h 关系图

2.2 三性检验

关系曲线得出后还需要进一步的检验，下面根据相关规范要求进行 $\ln(Q/N)$ ~ h 关系曲线的三性检验[4]。

2.2.1 符号性检验

$$u = \frac{|k-0.5n|-0.5}{0.5\sqrt{n}} \tag{5}$$

计算结果为 $u=1.11 < u_{1-\alpha/2}=1.15$（$\alpha=0.25$），符号性检验接受。

2.2.2 适线性检验

$$u = \frac{0.5(n-1)-k-0.5}{0.5\sqrt{n-1}}$$ （6）

计算结果为 $u=0.45 < u_{1-\alpha}=1.64$ （$\alpha=0.10$），适线性检验接受。

2.2.3 偏离数值性检验

$$t = \frac{\overline{p}}{s_{\overline{p}}}$$

$$S_{\overline{p}} = \frac{s}{\sqrt{n}} = \sqrt{\sum (p_i - \overline{p})^2 / [n(n-1)]}$$ （7）

计算结果为 $|t|=1.23 < t_{1-\alpha/2}=1.28$ （$\alpha=0.20$），偏离数值性检验接受。

三性检验通过，可认为定线合理。

2.3 推流误差

以 182 个实测数据单元为参考，根据推流公式（4）计算出流量 $Q_{虚}$ 并分析统计其实测流量 $Q_{实}$ 的误差，二者相对误差分布情况如表 1 所示。

表 1　相对误差统计表

相对误差	｜相对误差｜≤1%	｜相对误差｜≤3%	｜相对误差｜≤5%	｜相对误差｜≤8%
单元数量（个）	37	114	154	180
所占百分比（%）	20.3	62.6	84.6	98.9

由表 1 的结果可知：$Q_{虚}$ 的精度较高，近 2/3 的模拟流量可以满足误差在 3% 以内，相对误差在 8% 以内的控制率可以达到 98.9%。$Q_{实}$ 同 $Q_{虚}$ 的绝对误差在 $-5.9 \sim 8.0\text{m}^3/\text{s}$ 之间，相对误差取值范围是 $-9.02\% \sim 7.00\%$。$Q_{实}$ 和 $Q_{虚}$ 的标准差 Se 等于 3.4%，随机不确定度 X'_Q 为 6.8%，系统误差等于 -0.036%。由表 2 可知以上随机不确定度、系统误差表明定线精度已达到一类精度水文站要求[4]。

表 2　定线精度指标表

定线精度指标	站　类		
	一类精度水文站	二类精度水文站	三类精度水文站
随机不确定度（%）	10	14	18
系统误差（%）	±2	±2	±3

据推流公式 4 得出的流量 $Q_{虚}$ 计算台儿庄泵站调水期间的总抽水水量 $W_{蓄}$ 并与实际抽水量 $W_{实}$ 相比较，水量误差如表 3 所示。

表 3　水量误差表　　　　　　　　　　　　　　　　单位：万 m³

$W_{虚}$	$W_{实}$	绝对误差	相对误差
59592	59508	84	0.14%

由表 3 水量误差表可知：水量误差很小仅为 0.14%，这表示推流公式（4）的精度已经达到很高水平。

3 误差分析

下面将以公式（1）为原始公式，分别从水头、电功率两个实测数据资料误差的角度切入分析其对推流精度的影响。（注：分析过程中无特殊说明情况电功率 N 均系为单机功率）

$$Q=\eta_k Ne^{-\varepsilon h} \tag{8}$$

$$Q_h=\eta_k Ne^{-\varepsilon(h+\Delta h)} \tag{9}$$

$$Q_N=\eta_k(N+\Delta N)e^{-\varepsilon h} \tag{10}$$

$$\Delta Q_h=Q_h-Q \tag{11}$$

$$\Delta Q_N=Q_N-Q \tag{12}$$

式中：Q_h——含水头误差 Δh 的流量，m^3/s；

$\quad\quad Q_N$——含电功率误差 ΔN 的流量，m^3/s；

$\quad\quad \Delta h$——水头误差，m；

$\quad\quad \Delta N$——电功率误差，kW；

$\quad\quad \Delta Q_h$——水头误差 Δh 引起的流量误差，m^3/s；

$\quad\quad \Delta Q_N$——电功率误差 ΔN 引起的流量误差，m^3/s。

将公式（8）、（9）代入公式（11）可得：

$$\Delta Q_h=\eta_k Ne^{-\varepsilon h}(e^{-\varepsilon(h+\Delta h)}-1) \tag{13}$$

将公式（8）、（10）代入公式（12）可得：

$$\Delta Q_N=\eta_k \Delta Ne^{-\varepsilon h} \tag{14}$$

水头误差 Δh、电功率误差 ΔN 同时存在时流量误差计算公式：

$$\Delta Q=\eta_k(N+\Delta N)e^{-\varepsilon(h+\Delta h)}-Q$$

$$\Delta Q=\eta_k Ne^{-\varepsilon h}(e^{-\varepsilon\Delta h}-1)+\eta_k \Delta Ne^{-\varepsilon(h+\Delta h)} \tag{15}$$

根据台儿庄泵站主机泵运行情况记录表计算出平均单机电功率为1543kW，以此作为公式（4）中的单机功率 N。实测站上、站下水位计算出泵运行期间的平均水头为2.93m，以此作为公式（4）中的水头 h。抽水效能系数 η_k 和参数 ε 采用计算成果。水头 h 取值范围是 2.65～3.58m，变幅为0.93m，起伏波动达到平均水头的31.7%。泵站的记录电功率 N 取值范围是 1384～1884kW，变幅为500kW，波动更是达到平均电功率的32.4%。

对水头 h、电功率 N 分别采用控制单因素法，通过公式（4）计算流量的取值范围，如表4所示。

表4 Q 取值范围表　　　　　　　　　　　　　　　　　单位：m^3/s

分　类	h（2.65~3.58m）	N（1384~1884kW）	$Q_实$
Q 取值范围	26.4~32.4	27.3~37.2	30.2~33.3

由表4可以看出按照推流公式（4）在平均单机电功率为1543kW 条件下，水头 h 变化影响流量变动取值在26.4～32.4m^3/s 之间，变幅为6m^3/s。在平均水头2.93m 条件下，单机功率 N 变化影响流量取值在是 27.3～37.2m^3/s 之间，变幅为9.9m^3/s。显然单机功率 N 影响流量波动浮动更大，且电功率的变幅也相对较大。电功率相较于水头造成流量误差的概率更大一些。调水期间实际操作

过程中水头 h、电功率 N 的测量均会存在一定的误差，表 5 列出了部分水头、电功率误差下流量误差的取值。

表 5　Δh、$\Delta N \sim \Delta Q$ 关系表

ΔN ╲ ΔQ ╲ Δh	0	0.01	0.02	0.03	0.04	0.05	0.06	0.07	0.08	0.09	0.10
0	0	−0.067	−0.135	−0.202	−0.269	−0.336	−0.402	−0.469	−0.535	−0.601	−0.668
2	0.040	−0.028	−0.095	−0.163	−0.230	−0.297	−0.363	−0.430	−0.496	−0.563	−0.629
4	0.079	0.011	−0.056	−0.123	−0.190	−0.257	−0.324	−0.391	−0.458	−0.524	−0.590
6	0.119	0.051	−0.017	−0.084	−0.151	−0.218	−0.285	−0.352	−0.419	−0.485	−0.552
8	0.158	0.090	0.023	−0.045	−0.112	−0.179	−0.246	−0.313	−0.380	−0.447	−0.513
10	0.198	0.130	0.062	−0.006	−0.073	−0.140	−0.207	−0.274	−0.341	−0.408	−0.474
12	0.237	0.169	0.101	0.034	−0.034	−0.101	−0.168	−0.235	−0.302	−0.369	−0.436
14	0.277	0.209	0.141	0.073	0.005	−0.062	−0.129	−0.196	−0.263	−0.330	−0.397
16	0.316	0.248	0.180	0.112	0.045	−0.023	−0.090	−0.158	−0.225	−0.292	−0.358
18	0.356	0.287	0.219	0.151	0.084	0.016	−0.051	−0.119	−0.186	−0.253	−0.320

由表 5 可以看出流量误差 ΔQ 的取值范围为：−0.668 ～ 0.395m³/s，变幅为 1.06m³/s。同时发现流量误差 ΔQ 存在一定的递变规律：当电功率误差 ΔN 保持某一定值时，流量误差的取值伴随水头误差 Δh 的增大呈负向增长趋势；而当水头误差 Δh 保持某一定值时，流量误差 ΔQ 伴随电功率误差 ΔN 呈正向增长趋势，此种变化趋势也正好符合实际情况。

式（15）中 $-\varepsilon\Delta h$ 取值很小，根据无穷小的等价转换原理有 $e^{-\varepsilon\Delta h}-1=-\varepsilon\Delta h$，$e^{-\varepsilon\Delta h}$ 近似等于 1，则式（15）可变形为：

$$\Delta Q=\eta_k N e^{-\varepsilon h}(-\varepsilon\Delta h)+\eta_k\Delta N e^{-\varepsilon h} \qquad (16)$$

将率定好的相关参数代入后，台儿庄泵站单机流量误差计算公式为：

$$\Delta Q=0.0378\times1543\times e^{-0.2214\times2.93}\times(-0.2214)\times\Delta h+0.0378\times\Delta N\times e^{-0.2214\times2.93} \qquad (17)$$

$$\Delta Q=-0.0674\times\frac{\Delta h}{0.01}+0.0395\times\frac{\Delta N}{2} \qquad (18)$$

公式（17）计算结果与表 5 内容完全相符。当泵站多台机组同时运行时，公式（18）直接乘上 n（机组运行数量）即可得多机组下流量误差。

4　流量过程模拟

绘制台儿庄泵站 $Q_{实} \sim Q_{虚}$ 过程线如图 2 ～图 5 所示。

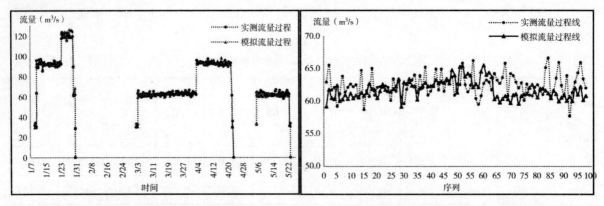

图2　台儿庄泵站 $Q_{实} \sim Q_{虚}$ 过程线　　　　图3　机组运行2台 $Q_{实} \sim Q_{虚}$ 过程线

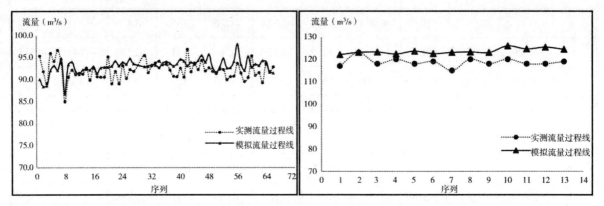

图4　机组运行3台 $Q_{实} \sim Q_{虚}$ 过程线　　　　图5　机组运行4台 $Q_{实} \sim Q_{虚}$ 过程线

由上面的 $Q_{实} \sim Q_{虚}$ 过程线可以看出两条曲线的起伏波动基本相符，拟合度较高。图5机组运行4台时模拟流量普遍偏大5个流量左右，一方面是4台机组运行下的实测单元较少只有13个，相较于机组运行2台、3台所占的比重较轻，导致定线时曲线对4台机组运行的情况偏离较大；另一方面是机组运行4台已为满负荷运行流量接近设计流量（125m³/s），此临界状况下更容易产生一些波动。

5　小结

台儿庄泵站推流公式精度已满足一类精度站要求，可考虑应用此公式推求流量。同时此定线推流方法也为抽水站流量推求提供了一个新思路，可以在南水北调其他泵站推广试用此法。目前此公式存在以下方面的不足：公式适用范围还较小，只适用于水头在 2.65 ～ 3.58m 之间，小于泵站的平均扬程3.73m；泵站运行时一些临界问题还需要进一步研究分析；实测流量 Q、水头 h、电功率 N 等测量也存在一定的误差，进一步提高这些实测资料的精度更有助于完善定线推流。

参考文献：

[1]杨文洲，陆美凝，余敏.南水北调东线一期金湖泵站流量系数率定分析［J］.江苏水利，2015（9）：24-25.

[2]孙勇，刘美义，冯保明.南水北调东线台儿庄泵站工程基坑支护设计［J］.治淮，2004（9）：26.

[3]李慈祥，张仁田.移动最小二乘法在水泵性能曲线拟合中的应用［J］.南水北调与水利科技，2011，9（2）：91-93.

[4]水文资料整编规范（SL247—2012）［S］.10-16，43-46.

泗河书院橡胶坝对书院水文站的影响及对策探讨

时延庆，孟翠翠，陈　硕

（济宁市水文局，山东 济宁 272000）

摘　要： 书院橡胶坝建设在书院水文站下游约 650m 处，橡胶坝建设后，书院站的水位代表性变差，难以建立稳定的水位流量关系，低水流量测验较为困难，对书院水文站的水文测验、水文资料整编造成了明显影响。中低水时，为减小橡胶坝对书院站的不利影响，进行了一些对策的初步探讨。

关键词： 橡胶坝；水文站；影响；对策

1　泗河简介

1.1　河流概况

泗河是南四湖湖东地区一条大型山洪河道，全长 159km，干流长度 89.5km，流域面积 2366km²。泗河共有大小支流 32 条，流域面积在 100km² 以上的一级支流 5 条。泗河干流现有黄阴集闸、泗河大闸、红旗闸等 9 处闸坝。

1.2　流域水文气象特征

泗河流域属暖温带半湿润季风气候区，流域多年平均年降雨量 700mm 左右，年内分配不均匀，其中 6～9 月降雨量占全年降雨量的 70% 以上。本流域以低涡切变及台风雨影响为主，暴雨大而且集中，洪水峰高量大，洪水过程线呈尖瘦型。洪水多发生在 7、8 月份。泗河书院站实测最大洪峰流量 4020m³/s。

2　书院水文站

书院水文站是泗河干流唯一控制站，是国家重点水文站。该站至入湖口距离约 62km，设立于 1955 年 7 月，该站集水面积 1542km²。

该站测验河段较顺直，两岸有部分石护坡，河面宽约 240m，河槽内无水生植物，河床为沙质，受洪水冲淤变化不明显。

该站测验项目有降水量、蒸发量、冰情、水位、流量、泥沙、普通测量等。

3　书院橡胶坝

橡胶坝属薄壁柔性结构，是随着高分子合成材料的发展而出现的一种新型水工建筑物。因其节

作者简介：时延庆（1974—），男，山东日照，高级工程师，主要从事水文预报及水资源监测分析。

约三材、造价较低、施工简易、运行方便等优点，近些年来许多城市周边河道有大量橡胶坝建成并投入运行。

2012年6月，作为引水入城工程的一部分，泗河书院水文站基本水尺断面（测流断面）下游约650m建成书院橡胶坝。该坝坝长150m，坝高4m，死水位62.74m，正常蓄水位66.24m，相应库容157.4万 m³，其中死库容2.3万 m³。该坝平时上下游水位差3～4m，回水长度约5km。

4 橡胶坝建设前后水文站水文情势变化

4.1 水位过程的变化

经点绘书院站2003～2014年逐月平均水位过程线及月降水量柱状图（图1），可以看出自2012年下半年该站水位整体抬升，之前水位在64m左右，2012年下半年以后水位在67m左右，水位整体升高了约3m。年内水位变幅由之前的1m左右，变为3m左右。

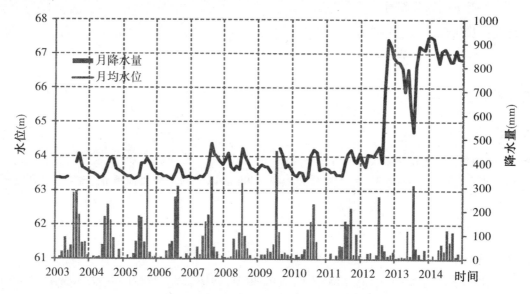

图1　书院站逐月平均水位过程线及月降水量柱状图

4.2 水位～流量关系的变化

经点绘书院站2003～2014年水位～流量关系散点图（图2），可以看出建坝前后水位流量关系发生了明显变化，点据分离，建坝后点据明显集中于图的左上部。2013年、2014年泗河流域降水较少，书院站未发生明显的洪水过程，但因橡胶坝的拦蓄，水位明显升高，流量却很小。

5 橡胶坝对水文工作的影响

水位资料的代表性变差。书院橡胶坝建设后，其回水长度达5km，书院水文站距橡胶坝仅650m左右。在枯水期，书院站水位本应较低，但受书院橡胶坝的拦蓄影响，水位被抬升，又受橡胶坝放水和漏水的影响，水位骤降或波动。水位的这些变化已经不能代表河道水位的天然变化过程，水位资料的代表性变差。

低水流量测验较为困难。建坝前，该站测流断面河底基本是裸露的，一般有一至两股水流，水面较窄，水深较浅，通过涉水测流或缆道测流即可完成流量测次。建坝后，整个断面被淹没，

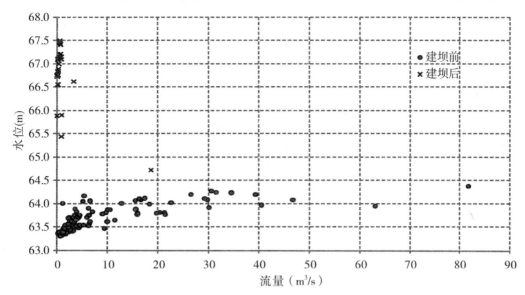

图2　书院站 2003 ~ 2014 年水位 ~ 流量关系散点图

断面水深 2 ~ 3m，水面宽达 200m 左右，1m³/s 来水流量所对应的断面平均流速仅为 0.002m/s，远低于普通转子式流速仪的测速下限。因此在橡胶坝充水情况下，在原测流断面进行小流量测验是很困难的。

难以建立稳定的水位流量关系。书院站原水位流量关系较好，基本呈单一线。但建坝后受工程控制的影响，难以建立稳定的水位流量关系，尤其是低水位流量关系更难建立。

橡胶坝建设后，水文站的水位代表性变差，难以建立稳定的水位流量关系，低水流量测验较为困难，对书院水文站的水文测验、水文资料整编造成了明显影响。

6　对策探讨

测验断面迁移。低水时，在书院橡胶坝下游或不受回水影响的上游适宜河段设立临时测流断面，建立临时断面的低水水位 ~ 流量关系，满足低水流量测验和资料整编的需要。

利用水力学公式法推求橡胶坝下泄流量。可将橡胶坝视为宽顶堰，根据水力学堰流公式：$Q=mBH（2gH）^{1/2}$，式中 m—流量系数，B—溢流宽度，H—坝上水头，由经过一段时间率定得到的 m 等参数，推求橡胶坝下泄流量。应在书院橡胶坝坝上设立自动观测设备，已解决坝上水头的观测问题。

径流还原。将橡胶坝拦蓄水体视为小型水库，在坝上、坝下安装水位自动观测设备，由坝上水位的变化过程及已知的水位 ~ 库容关系，计算蓄水变量，再加上橡胶坝下泄流量，反推"入库"流量过程。

7　结语

书院橡胶坝建设在书院水文站下游约 650m 处，橡胶坝建设后，水文站的水位代表性变差，难以建立稳定的水位流量关系，低水流量测验较为困难，对书院水文站的水文测验、水文资料整编造成了明显影响。

根据橡胶坝的调度运用原则，当发生大的暴雨洪水时，橡胶坝塌坝运行，对书院站的洪水测验影响较小。但在中低水时，为减小橡胶坝对书院站的不利影响，进行了一些对策的初步探讨：① 测验断面迁移；② 利用水力学公式法推求橡胶坝下泄流量；③ 径流还原。

近年来橡胶坝在生态、灌溉、防洪等方面发挥了重要作用，但很多橡胶坝工程在建设时缺乏和水文部门的沟通，工程建设运行对水文工作产生了诸多不利影响。针对这一现象，一方面，水文部门应当依据《中华人民共和国水法》《中华人民共和国水文条例》等法律法规积极维护自己的正当权益；另一方面，有关部门在进行橡胶坝等水利工程建设的时候，在申报项目初期就应充分考虑工程对水文工作的影响，以防工程建设成为既成事实，水文部门被迫迁移断面、迁站甚至撤站。只有这样，我们的水文工作和水利工程建设才能协调发展，为经济社会发展提供更好的服务。

地下水溶解性总固体与电导率相关性研究

张　娟，郝达平，陈小菊，张新星

（江苏省水文水资源勘测局淮安分局，江苏 淮安 223005）

摘　要：通过研究淮安市平原地区松散岩类孔隙水溶解性总固体与电导率之间的关系，分析研究区监测资料，进行数值模拟建立溶解性总固体与电导率关系模型。当松散岩类孔隙水电导率小于1393μS/cm时，水中溶解性总固体含量小于1000mg/L。利用建好的模型对研究区地下水溶解性总固体进行预测，结果误差小于10%，预测效果较好。此研究成果对地下水资源开发利用、质量监测与评价具有积极意义。

关键词：溶解性总固体；电导率；相关性

地下水资源质量良好，变化稳定，随着城市经济快速发展，人口增加，地下水已成为重要的供水水源组成部分。地下水中溶解性总固体是表征地下水水资源质量的重要指标之一，是指地下水中所含溶解物质的总量，包括不易挥发的可溶性盐类、有机物等[1]。当地下水中溶解性总固体含量较高时，饮用时有苦咸的味道，对肠胃有明显的刺激作用，此外，还会造成管道损坏、易产生锅炉水垢等不利影响。通过查阅大量文献资料，关于溶解性总固体称量法[2, 3]、电极法[4]监测方法研究报道较多，而关于溶解性总固体与电导率的相关性研究较少。笔者通过建立地下水溶解性总固体与电导率关系模型，对地下水中溶解性总固体含量进行预测并验证，效果较好，此研究成果对地下水资源开发利用、质量监测与评价具有积极意义。

1　研究区概况

淮安市地处黄淮平原和江淮平原，地势较为平坦，位于北纬32°43′00″～34°06′00″，东经118°12′00″～119°36′30″之间，海拔10～12m，面积10072km²。全市年平均气温为14.1～14.8℃，基本呈南高北低状；全市年无霜期一般为210～225d，北方较短南方较长；全市各地年降水量多年平均为906～1007mm，降水分布特征是南部多于北部，东部多于西部；全市年平均风速为2.9～3.6m/s，以偏东风和西南风为主。

根据《2015年淮安市水资源公报》，2015年淮安市地下水资源量16.332亿m³，地下水供水量0.659亿m³，地下水资源贮量丰富。可开发利用的含水层分布于第四系松散层，按照地下水赋存条件及水力特征，将其划分为潜水含水层组、第Ⅰ、Ⅱ、Ⅲ承压含水层组[5]。潜水含水层组水位埋深0.5～5m，水化学类型一般为重碳酸钙镁型或重碳酸钙钠型，水质较差，矿化度为500～2000mg/L，

作者简介：张娟（1983—），女，江苏涟水，工程师，从事水环境监测与评价工作。

总硬度为 50 ~ 1000mg/L。Ⅰ、Ⅱ、Ⅲ承压含水层组，水位埋深 2.0 ~ 12.7m，水化学类型一般为重碳酸钙镁型，水质较好，矿化度为 200 ~ 1000mg/L，总硬度为 50 ~ 500mg/L。

2 溶解性总固体与电导率的关系及数学建模

2.1 溶解性总固体与电导率的关系

电导率是指溶液传导电流的能力，可推测出水中离子成分的总浓度。根据砂岩电阻率定律阿尔奇公式[6]，影响地下水电导率的因素有地层电导率、岩石孔隙度、地层含水饱和度等。将其转换得到电导率与溶解性总固体的关系如下：

$$K_w = K_t \cdot a \Phi^{-m} \cdot s^{-n} \tag{1}$$

式中：K_w 为地下水电导率（μS/cm）；K_t 为地层电导率（μS/cm）；a 为常数；Φ 为孔隙度变量；m 为孔隙度；s 为含水饱和度；n 为饱和度指数。在冲积平原地区，一般地下含水层岩性较为均匀，孔隙度变化很小，Φ、m 可视为常数；当岩层完全浸没在水中处于饱和状态时，s、n 亦可视为常数。

$$C_溶 = \beta \cdot K_w [1 + \gamma (t-25)] \tag{2}$$

式中：$C_溶$ 为溶解性总固体（mg/L）；β、γ 为常数；t 为温度（℃）。

通过 K_w、K_t、$C_溶$ 之间关系转换，建立数学模型 $y=ax+b$ 式中，x 为区域一系列电导率值 x_i；y 为相对应的溶解性总固体值 y_i；a、b 为待定系数。

利用 pearson 相关系数 r 检验 K_w、$C_溶$ 线性相关程度，如相关系数 r 越大，表示两者相关程度越高，建立的模型精确性越高。

$$r = \frac{n \sum_{i=1}^{n} x_i y_i - \sum_{i=1}^{n} x_i \sum_{i=1}^{n} y_i}{\sqrt{n \sum_{i=1}^{n} x_i^2 - \left(\sum_{i=1}^{n} x_i\right)^2} \sqrt{n \sum_{i=1}^{n} y_i^2 - \left(\sum_{i=1}^{n} y_i\right)^2}} \tag{3}$$

2.2 溶解性总固体与电导率数学建模

根据 2015 年淮安市地下水监测数据，利用上述方法进行数值建模，电导率值与溶解性总固体值拟合结果见图 1，数学模型为：$C_溶 = 0.712 K_w + 7.831$。 $\tag{4}$

得出电导率与溶解性总固体的相关系数 $r=0.92$，相关程度较高。

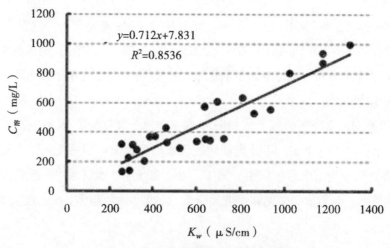

图 1　电导率与溶解性总固体关系图

根据《城市供水水质标准》（CJ/T 206—2005）、《地下水质量标准》（GB/T 14848—93），以人体健康基准值为依据，适用于集中式生活饮用水、农业用水、工业用水，评价指标中溶解性总固体限值均为1000mg/L。根据式（4）计算出，当电导率K_w小于1393μS/cm时，地下水中溶解性总固体$C_溶$含量小于1000mg/L。

3 模型验证

为检验松散岩类孔隙水溶解性总固体与电导率参数之间关系，利用淮安市潜水含水层组、承压含水层组水质监测数据验证关系模型建立的可靠性。

从表1、表2中可以看出，根据式（4）利用电导率K_w预测溶解性总固体$C_溶$，潜水含水层组、承压含水层组预测值与实测值相对误差范围均在10%以内，平均相对误差分别为7.2%、5.1%，说明建立的关系模型预测结果较为准确。

表1 潜水含水层组电导率预测溶解性总固体数据

序号	K_w（μS/cm）	实测$C_溶$（mg/L）	预测$C_溶$（mg/L）	相对误差（%）
1	262	194	230	8.4
2	516	375	322	7.6
3	429	313	261	9.1
4	1124	808	863	3.3
5	459	335	287	7.7

表2 承压含水层组电导率预测溶解性总固体数据

序号	K_w（μS/cm）	实测$C_溶$（mg/L）	预测$C_溶$（mg/L）	相对误差（%）
1	1285	923	991	3.6
2	857	618	536	7.1
3	1068	768	702	4.5
4	1159	833	768	4.1
5	792	572	507	6.0

4 结论

通过对淮安市平原地区松散岩类孔隙水溶解性总固体与电导率进行数值模拟，得出以下结论：

当地下水电导率小于1393μS/cm时，水中溶解性总固体$C_溶$基本小于1000mg/L，符合集中式饮用水、工业、农业用水对水中溶解性总固体指标含量的要求。

利用建立的关系模型对淮安市地下水溶解性总固体含量进行预测，潜水含水层组、承压含水层组水中溶解性总固体预测值与实测值相对误差均小于10%，预测效果较好。

根据《生活饮用水标准检验方法 感官性状和物理指标》（GB/T 5750.4—2006）溶解性总固体监测方法为操作繁琐的称重法，而电导率监测方法是较为简便、快速的电极法，可通过测定地下水中电导率，结合区域特征，建立溶解性总固体与电导率关系模型，快速预测地下水中溶解性总固体含量，为寻找优质的地下水源及水资源高效开发利用提供科学依据。

参考文献：

[1] 赵江涛，周金龙，高业新，等.新疆焉耆盆地平原区地下水溶解性总固体时空演化 [J].农业工程学报, 2016, 5（32）：120-125.

[2] 陈冬青，李诗瑶，曹宁涛，等.我国省级疾病预防控制中心生活饮用水中溶解性总固体检测能力实验室间比对结果评价 [J].卫生研究, 2014, 43（5）：860-861.

[3] 周银古.用三角烧瓶法测定饮用水中溶解性总固体的实验 [J].环境与健康杂志, 2000, 17（6）：366-367.

[4] 周珊，周章轩，叶国剑，等.农村饮用水中溶解性总固体快速检测方法探讨 [J].农业工程学报, 2013, 3（1）：66-68.

[5] 刘莘.对淮安市及淮阴区地下水水文地质条件的分析 [J].山西建筑, 2011, 12（37）：65-66.

[6] 王俊业.运用电阻率法预报地下水矿化度 [J].地下水, 1989, 2：102-104.

2016年济宁市汛前降水量对地下水位影响分析

陈国浩，焦　庆，张传信，陈　硕，张海廷，李　栋

（济宁市水文局，山东 济宁 272000）

摘　要： 2013年以来济宁市进入了一个枯水期，连续三年地下水位持续下降，2016年汛前降水比历年偏少33%，本文通过对2016年济宁市汛前降雨情况和地下水位现状分析，采用等值线法、下降变幅法和趋势线分析法，分析了济宁市各县市区地下水位变化和超采区情况，并提出了合理化建议，为济宁市水资源管理和超采区治理提供技术依据。

关键词： 汛前；降雨；地下水位；分析

1　降雨量分析

2016年1月至5月份济宁市平均降雨量为84.9mm，比去年同期偏少51%，比历年同期偏少33%。降雨量最大的月份为5月份43.8mm，降水量最小的月份为1月份3.8mm。1～5月份降水量最大的县市区为微山129mm，其次是泗水107.7mm，降水量最小的县市区为梁山72.2mm；其中任城降雨量为73.7mm（见图1）。

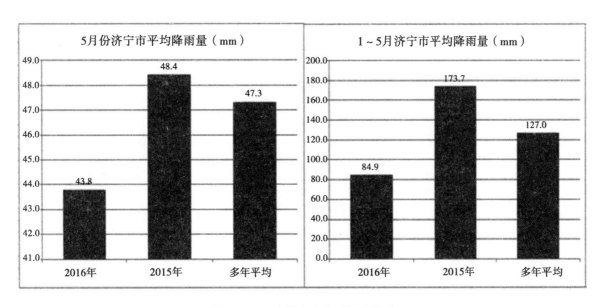

图1　2016年济宁市降雨量对照图

作者简介：陈国浩（1971—），男，高级工程师，研究方向水文水资源。

2 地下水位分析

2016年6月1日全市地下水埋深为7.14m，平均水位为40.93m，地下水位较年初下降了0.97m（见表1）。与年初地下水位相比，各县市区均呈下降趋势，下降幅度最大的为邹城1.8m，其次是任城1.67m，下降幅度最小的为梁山0.15m。6月1日全市地下水埋深最大县（市、区）为兖州10.81m，其次汶上10.69m，埋深最小的为鱼台1.94m（见图2）。

表1 2016年6月1日与年初地下水情况表

序号	县（市、区）	平均埋深（m）	平均水位（m）	地下水位与1月1日对比（m）（"+"表示水位上升，"−"表示水位下降）
1	任城	7.10	31.49	−1.67
2	兖州	10.81	34.26	−0.42
3	曲阜	9.96	58.79	−1.54
4	泗水	5.97	96.86	−0.80
5	邹城	7.47	36.71	−1.80
6	微山	4.97	30.68	−0.63
7	鱼台	1.94	33.53	−0.65
8	金乡	6.80	30.57	−1.43
9	嘉祥	7.07	30.35	−1.02
10	汶上	10.69	32.80	−0.62
11	梁山	5.75	34.24	−0.15
	全市	7.14	40.93	−0.97

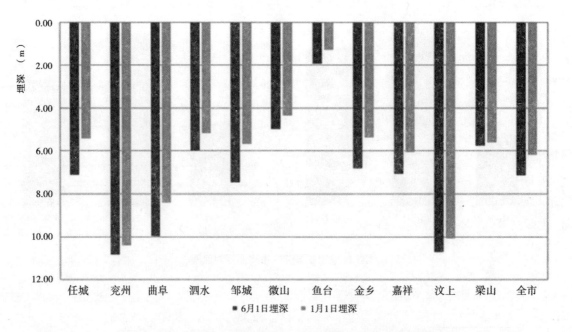

图2 2016年6月1日各县（市、区）埋深和1月1日对比图

3 降雨对地下水位影响分析

3.1 地下水位变化分析

2016年汛前受降雨偏少的影响，地下水位总体呈下降趋势，同时随着各县（市、区）补给条件和人工开采量[1]影响，出现如下特点：

（1）通过6月1日等值线，可以看出埋深[2]较大的区域主要集中在济宁城区北部、汶上南部和兖州西部；其中汶上和兖州交汇处埋深较大（见图3）；

图3 2016年6月1日地下水埋深等值线

（2）通过地下水位下降变幅图，反映了降雨补给和开采的关系，由于降雨量偏少和降雨时空分布，造成农业灌溉用水主要采用地下水为主，农业用水量[3]较常年偏多，造成邹城西部和济宁城区北部人工开采量远大于降雨补给量，年初至今下降变幅达到了3m以上（见图4）；

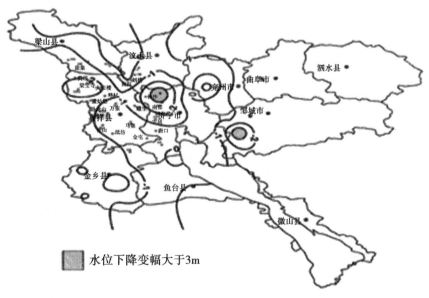

■ 水位下降变幅大于3m

图4 2016年6月1日与1月1日地下水位下降变幅图

3.2 降雨对各县（市、区）地下水位影响

对各县（市、区）1～5月份降雨量按照由小到大进行了排序，同时点绘1月1日至6月1日的地下水位下降变幅过程线，建立了地下水下降幅度趋势分析线（见图5），通过分析可以看出：

（1）随着各县（市、区）降雨量由小到大的变化，各县（市、区）地下水位下降幅度呈现出由大到小的变化趋势；表现为降雨补给对地下水位下降变幅有着直接影响。

（2）通过绘制趋势分析线，可以看到在趋势线上方偏离较大的点据，主要是邹城、任城、曲阜和金乡，表现为降雨量补给远小于人工开采量，造成了下降幅度较大；在趋势线下方偏离较大的点据，主要是汶上、梁山、兖州和微山，表现为降雨量补给比较明显，减缓了地下水位的下降。

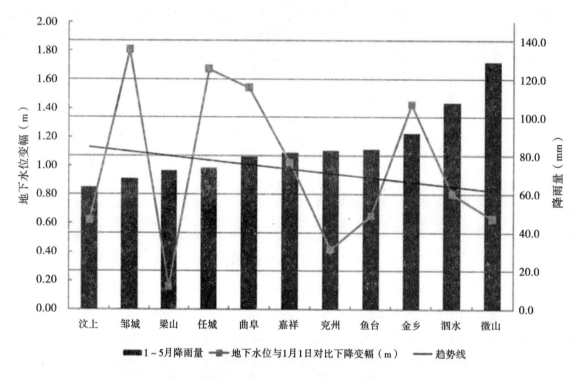

图5　降雨与各县（市、区）地下水位影响分析图

4　结论和建议

4.1　结论

地下水位下降变幅与降水量呈反比关系，降水量大的县（市、区），浅层地下水水位降幅较小，降水量小的县（市、区），浅层地下水水位降幅较大。

地下水位下降变幅大小主要为补排关系确定，其中补给量的影响因素主要是降水量和降水的时空分布；排泄量主要影响因素为人工开采量；地下水位一般在汛前受工业、农业和生活用水量影响都会出现本年度的最低水位，汛期的强降水能有效缓解人工开采量造成的地下水位下降，使浅层地下水位迅速回升，汛前各县市区降水量的差异导致地下水位下降幅度的差异。

4.2　建议

建设地下水补源工程，同时做好各类有关水利工程设施的修复、提高当地地表水和客水的供水

能力。

切实做好节约用水工作。提出农业、工业、生活等各方面加强节约用水的管理措施，杜绝浪费水的现象。

要加强对地下水位和水量的监测，防止环境地质灾害的发生。

参考文献：

[1] 张光辉, 费宇红, 杨丽芝, 等. 地下水补给与开采量对降水变化响应特征: 以京津以南河北平原为例 [J]. 地球科学 – 中国地质大学学报, 2006, 31（6）: 879-884.

[2] 孙海清. 降水量与地下水埋深的小波分析——以广饶县井灌区为例 [J]. 水土保持研究, 2007, 14（2）: 55-58.

[3] 严明疆, 王金哲, 李德龙, 等. 年降水量变化条件下农灌引水与开采对地下水位影响 [J]. 水文地质工程地质, 2010, 37（3）: 27-30.

水资源管理

岸堤水库墒情站田间持水量浅析

杜　静，徐洪彪，贾晓强，卓　杰，高　磊

（临沂市水文局，山东 临沂 276000）

摘　要： 岸堤水库墒情站是中央墒情站，也是临沂市水文部门18处人工墒情监测站之一，其土壤田间持水量准确与否直接影响农业旱情的科学评估。2015年采用环刀法对本站土壤田间持水量进行了复测。本文从与2009年测定成果、2010～2015年人工监测土壤含水量、规范参考值进行比较及历史农业旱情等级评估等四个方面进行了综合分析，认为2015年测定成果是合理的，可以投入生产应用。文中分析方法对田间持水量的研究具有一定参考价值。

关键词： 岸堤水库墒情站；土壤田间持水量；土壤相对湿度；环刀法

1　引言

岸堤水库墒情站位于山东省临沂市蒙阴县，土壤质地为壤土。2015年10月采用环刀法对本站土壤田间持水量进行了复测。复测成果的质量需要进行合理性检验和分析。本文从四个方面进行了综合分析，认为2015年测定的田间持水量成果合理，可以投入生产应用，用来计算土壤相对湿度，评估农业旱情等级。在此结合测定方法作一简介，供同行参考。

2　田间持水量测定

2.1　测定方法

本次土壤田间持水量（简称田持）测定采用环刀法，采集的土壤样本与日常墒情监测地块一致，在10cm、20cm、40cm三个土层深度采样，同一深度采集三个土样。

采集好的土壤样本放入盛水容器中充分吸水（45h），使环刀中的土壤水分达到饱和状态。饱和土样放入沙箱，按一定时间间隔进行称重，直至相邻测次质量相差小于0.5g为止，绘制退水过程并将完成退水的土样烘干称重。岸堤水库墒情站土样退水过程线见图1。

2.2　计算成果

根据《田间持水量测定技术规程》要求，同一采集深度的3个土样，田持的最大值与最小值之差值≤1.5%，则取3个的均值；田持的最大值与最小值之差值大于1.5%且中间值与最大、最小值之差绝对值≤1.0%，则取相近的2个取均值；否则该站样本作废。单站平均田间持水量采用土层

作者简介：杜静（1984—），女，学士学位，临沂市水文局，工程师。

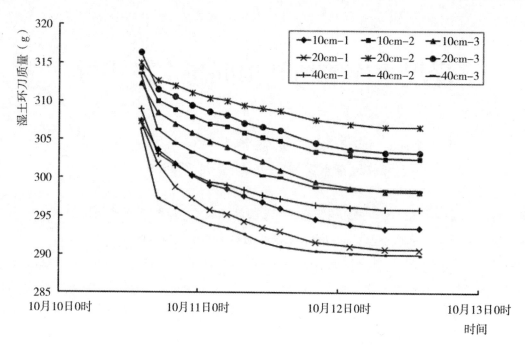

图1 岸堤水库墒情站2015年田间持水量测定土样退水过程线

深度加权平均计算，计算公式可简化为：

$$\theta = \frac{3\overline{\theta_{10}} + 3\overline{\theta_{20}} + 3\overline{\theta_{40}}}{8}$$

式中：$\overline{\theta_{10}}$、$\overline{\theta_{20}}$、$\overline{\theta_{40}}$分别为10cm、20cm、40cm采集深度的平均土壤田间持水量。

每层干容重采用算术平均计算，单站干容重采用土层深度加权平均计算。岸堤水库墒情站土壤田间持水量成果表见表1。

表1 岸堤水库墒情站2015年环刀法测定田间持水量成果表

田间持水量（%）											干容重
采集深度（cm）		层平均	采集深度（cm）		层平均	采集深度（cm）		层平均	平均		（g/cm³）
10			20			40					
22.3	21.8	21.6	21.7	18.5	17.4	17.6	17.5	16.9	18.3	17.0	17.0	19.0	1.47

3 成果合理性分析

3.1 与2009年测定成果比较

2009年6月采用威尔科克斯室内法测得该站的田间持水量，本次分析将2015年测定成果与2009年测定成果进行比较，见表2。

表2 岸堤水库墒情站田间持水量测定成果比较表

田间持水量（%）								2009年测定成果较2015年测定成果（%）			
2009年测定成果				2015年测定成果							
10cm	20cm	40cm	平均	10cm	20cm	40cm	平均	10cm	20cm	40cm	平均
12.8	11.3	10.7	11.7	21.7	17.5	17.0	19.0	−41.0	−35.4	−37.1	−38.4

由表 2 可以看出，2009 年测定成果较 2015 年测定成果系统偏小，10cm 测定成果偏小 41.0%，20cm 测定成果偏小 35.4%，40cm 测定成果偏小 37.1%，平均偏小 38.4%。其原因一是 2009 年测定时吸水过程采用干土吸水，可能存在过吸水现象，进而导致 2009 年测定成果偏小；二是同一地块的土质分布不均，2009 年测定成果对应土质偏向砂壤土，2015 年测定成果对应土质为壤土。

3.2 与人工监测土壤含水量比较

将 2015 年测定田间持水量与最近 6 年来人工监测土壤含水量数据进行比较分析，见表 3。

表 3　岸堤水库墒情站田间持水量与人工监测土壤含水量比较表

土层深度（cm）	2015 年测定田间持水量 (%)	2010 ~ 2015 年人工监测土壤含水量数据统计				
		总测次	最大值 (%)	最小值 (%)	> 2015 年测定田间持水量次数	> 2015 年测定田间持水量次数占总测次的百分比 (%)
10	21.7	258	17.3	6.0	0	0
20	17.5	258	18.5	6.8	2	0.78
40	17.0	258	18.8	7.9	3	1.16

由表 3 可以看出，2010 ~ 2015 年，人工共监测了 258 次土壤含水量，其中 10cm 土层土壤含水量超过 2015 年测定田间持水量的次数为 0；20cm 土层土壤含水量有 2 次超过 2015 年测定田间持水量，占总测次的 0.78%；40cm 土层土壤含水量有 3 次超过 2015 年测定田间持水量，占总测次的 1.16%。人工监测土壤含水量为定时监测，有时遇到大雨或刚灌溉后，土壤含水量介于饱和含水量和田间持水量之间，监测的实测值大于田间持水量。因此，2015 年测定田间持水量成果是合理的。

3.3 与规范参考值比较

《土壤墒情监测规范》（SL 364—2006）中给出了各类土壤田间持水量和干容重的参考值，见表 4 和图 2。资料显示，田间持水量与干容重关系大致呈负相关关系，即干容重越大，土壤越密实，孔隙度越小，田间持水量越小；反之，干容重越小，土壤越松散，孔隙度越大，田间持水量越大。

表 4　田间持水量和干容重关系参考值

土壤类型	干容重（g/cm³）	田间持水量（%）
砂　土	1.60	5
壤砂土	1.55	8
砂壤土	1.50	14
壤　土	1.40	18
粘壤土	1.30	30
粘　土	1.20	40

岸堤水库墒情站土壤类型为壤土，2015 年测定的田间持水量为 19.0%，干容重为 1.47g/cm³，本次分析将其点绘在图 2 上，可以看出点据与规范参考值基本一致。

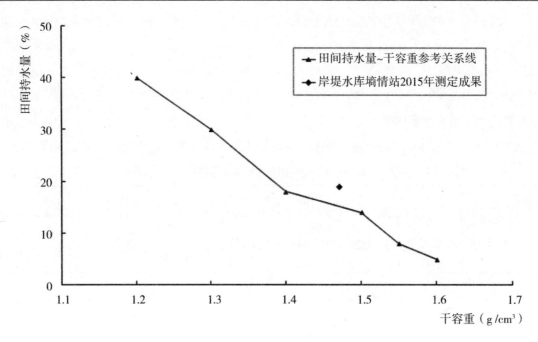

图 2　田间持水量和干容重关系参考图

3.4　采用测定成果分析历史旱情

《旱情等级标准》（SL 424—2008）规定，可采用 0 ~ 40cm 深度的土壤相对湿度（土壤含水量占田间持水量的百分比）作为农业旱情评估指标，土壤相对湿度与旱情等级的对应关系见表 5。

表 5　土壤相对湿度与农业旱情等级划分表

农业旱情等级	轻度干旱	中度干旱	严重干旱	特大干旱
土壤相对湿度 W(%)	50 < W ≤ 60	40 < W ≤ 50	30 < W ≤ 40	W ≤ 30

本次分析选取 4 个典型旱情场次，结合 2009 年、2015 年田间持水量测定成果分别计算出土壤相对湿度，按照上述规定评估出相应的农业旱情等级，并与报送的作物受害级别进行对照，据此综合判断 2015 年田间持水量测定成果的合理性。典型旱情场次分析表见表 6。

表 6　岸堤水库墒情站典型旱情场次分析表

典型旱情场次	土壤含水量 (%)				报送作物受害级别	2009 年田间持水量		2015 年田间持水量	
	10cm	20cm	40cm	平均		土壤相对湿度 (%)	评估农业旱情等级	土壤相对湿度 (%)	评估农业旱情等级
2010 年 12 月 6 日	8.3	9.1	9.5	8.9	轻度受灾	76	无旱	47	中度干旱
2011 年 7 月 1 日	9.5	9.5	10.3	9.7	轻度受灾	83	无旱	51	轻度干旱
2012 年 7 月 1 日	6.0	6.8	8.3	6.9	中度受灾	59	轻度干旱	36	严重干旱
2014 年 7 月 21 日	7.6	7.9	8.7	8.0	轻度受灾	68	无旱	42	中度干旱

由表 6 可以看出，采用 2015 年田间持水量测定成果评估的农业旱情等级与实际旱情较为相符，说明 2015 年田间持水量测定成果是合理的。

4 结语与建议

岸堤水库墒情站 2015 年测定的土壤田间持水量具有一定的借鉴意义，可以投入生产应用。建议一是开展对比分析研究，借鉴气象部门、农业部门的土壤墒情资料进一步分析土壤田间持水量；二是设立自动墒情监测站点，连续监测土壤墒情变化，及时开展旱情综合分析，为抗旱减灾工作提供科学依据。

参考文献：

[1] 土壤墒情监测规范（SL 364—2015）.

[2] 旱情等级标准（SL 424—2008）.

[3] 田间持水量测定技术规程 . 水利部水文局，2015 年 9 月 .

白马湖健康评估的实践与探索

张新星，郝达平

（江苏省水文水资源勘测局淮安分局，江苏 淮安 223005）

摘 要： 河湖健康评估是探讨河湖生态系统可再生性维持及保护与恢复的重要手段，能全面揭示河湖存在的问题，对河湖治理和可持续管理具有积极意义。笔者通过建立湖泊健康评估体系，依据 2015 年监测资料对南水北调过境湖泊白马湖进行了评估，并与 2014 年进行了对比，分析了湖泊健康评估中存在的问题，提出了合理化建议，为全面开展河湖健康评估、加强湖泊管理与保护提供借鉴。

关键词： 河湖健康评估；指标体系；白马湖

1 前言

河湖健康评估是指对河湖系统物理完整性、化学完整性、生物完整性和服务功能完整性以及它们的相互协调性的评价。开展河湖健康评估是全面落实最严格的水资源管理制度的重要内容之一，对于有效保护、科学管理和合理利用水资源，保障河湖水生态系统健康，实现水资源可持续利用，保障生态环境安全和经济社会的可持续发展具有十分重要的意义。

近年来，我国各流域机构已经组织开展河湖健康评估试点工作，通过建立河湖健康评估体系，对重要河湖进行评估试点，总结凝练出我国河湖健康评估的基本方法、技术标准体系和工作机制，最终实施对重要江河湖泊的"定期体检"。

白马湖是南水北调东线工程重要的过境湖泊，也是淮安市第二水源地。淮安市政府已投入数十亿元，通过退围（圩）还湖、退渔还湖、尾水截留、生态修复、底泥清淤、环湖大道建设等工程与非工程措施开展白马湖生态建设。为了解白马湖湖泊健康状况，保障南水北调东线工程及城市饮用水安全，开展了白马湖湖泊健康评估工作。

2 湖泊健康评估方法

2.1 评估指标体系

湖泊健康评价提出 1 个总目标、2 个控制层、6 个评价准则、8 个具体指标构成的湖库健康评估指标体系[1]框架，见表 1。湖泊健康评价总目标主要由自然属性、服务功能两个控制层表征指标构成。其中，自然属性表征指标具体有入湖口门畅通率、湖水交换能力、水质污染指数、富营养化

作者简介：张新星（1989—），女，江苏响水，学士学位，助理工程师，主要从事水环境、水生态研究。

指数、蓝藻密度、底栖动物多样性 6 项指标；服务功能表征指标具体有调蓄指数、水功能区达标率 2 项指标。

表 1　白马湖湖泊健康评价指标体系

目标层	控制层	准则层	指标层	指标层说明
湖泊健康	自然属性	湖泊形态	入湖口门畅通率	湖泊口门与周围水体畅通程度
		水动力	湖水交换能力	年度出湖水量与湖泊容积的比值
		湖体水质	水质污染指数	水温、pH、电导率、溶解氧、高锰酸盐指数、氨氮、化学需氧量、总氮、总磷、铜、锌、镉、铅、砷、汞、六价铬、氰化物、挥发酚
			富营养化指数	高锰酸盐指数、总磷、总氮、叶绿素 a 和透明度
		水生生物	蓝藻密度	浮游藻类总密度、蓝藻密度
			底栖动物多样性	底栖动物完整性指数
	服务功能	防洪安全	调蓄指数	湖泊调洪保供的能力
		水资源供给	水功能区达标率	湖泊供水水质保障能力

2.2　评估方法

2.2.1　指数类别

湖泊健康目标评价过程为自底向上的收敛过程，根据类别层与目标层不同，评价目标可分别实现类别质量（自然生态健康指数和社会服务功能指数）与健康综合指数[2]两类评估。

（1）自然生态健康指数评估（或社会功能健康指数评估）：$A_k = \sum_{i=1}^{n} W_{Ai} \cdot Y_i$（$k$=1，2），式中 A_k 为自然生态健康指数或社会功能健康指数，Y_i 为指标 i 的指标值；W_{Ai} 为指标 i 相对于评价目标 A_k 的权重。

（2）健康综合指数评估：$H = \sum_{i=1}^{2} W_i \cdot Y_i$，式中 H 为综合健康指数，Y_i 为指标 i 的指标值；W_i 为指标 i 相对于评价目标 H 的权重。

2.2.2　指标权重确定

湖泊健康评估采用综合主、客观信息的层次分析法[3]（Analytic Hierarchy Processing，AHP）确定指标权重。层次分析法体现了"分解—判断—综合"的基本决策思维过程，通过把复杂的问题分解为各个组成因素，按照支配关系分组形成有序的递阶层次结构，在决策中引入多因素相对重要性的比对关系，通过两两比较的方式确定层次中各因素的相对重要性，并利用判断矩阵特征向量的计算确定下层指标对上层指标的贡献程度。

2.2.3　指标分级标准

湖泊指标分级标准参考国际、国家标准，以及典型区域河湖现状特征值、背景值，以及通过类比方法，结合未受人类活动严重干扰、水资源安全程度较高的河流系统背景资料等，拟定湖泊健康评估定量、定性指标的评价标准及阈值。

2.2.4　综合评价

将湖泊健康指数 0 ~ 100 数值区间分四级，评价结果分别为优 [80，100]、良 [60，80]、中 [40，

60]和差 [0，40]，在以各指标健康评价基准分析的基础上，采用加权平均法计算出相应控制层、目标层的健康指数，评价出湖库健康状况等级。

3 白马湖湖泊健康评估

3.1 白马湖健康指标分析

3.1.1 口门畅通率

白马湖主要入湖通道有浔河、草泽河、花河、运西河、往良河、大荡河、丰产河、朝阳河、大金沟河等，其中浔河、草泽河、花河、往良河、大荡河、丰产河、朝阳河入湖通道无闸坝控制，基本保持通畅；运西河、大金沟河入湖通道部分时段分别受运西闸、迎湖闸控制。主要出湖河道有新河、运西河、阮桥河等，出湖通道部分时段分别受镇湖闸、运西闸和阮桥闸控制，口门畅通率约为75%，健康等级为"良"。

3.1.2 湖水交换能力

根据相关水文资料分析，2015 年白马湖年出湖水量约为 10.0 亿 m^3。当湖面水位处于年平均水位 6.85m 时，湖泊库容为 1.8672 亿 m^3，湖水交换率为 5.36，湖水交换能力较强，健康等级为"优"。

3.1.3 水质综合污染指数

根据白马湖张大门、唐圩、东堆、郑家大庄和白马湖区（中）5 个湖区水质站点，花河刘庄、浔河岔河 2 个重要入湖河道水质监测站点分析白马湖水质。白马湖 2015 年水质综合评价类别介于 III～V 类，主要超标项目为总磷、高锰酸盐指数等，其中总磷项目最高超标 1.4 倍；水质综合污染指数为 0.99，健康等级为"中"。

3.1.4 富营养化指数

根据高锰酸盐指数、总磷、总氮、叶绿素 a 和透明度等 5 项指标计算富营养化综合指数，2015 年白马湖富营养化指数为 57.76，处于轻度富营养化状态，健康等级为"中"。

3.1.5 蓝藻密度

2015 年白马湖共检出浮游植物 8 门 42 属，分别为蓝藻门、绿藻门、硅藻门、隐藻门、甲藻门、裸藻门、金藻门、黄藻门。白马湖浮游植物优势种季节性变化明显，冬春季节硅藻、隐藻占优势，夏秋季节蓝藻、绿藻占优势，全年种类构成以绿藻和蓝藻等为主，生物量以蓝藻和绿藻为主，蓝藻密度约为 490 万个 /L，健康等级为"良"。

3.1.6 底栖动物多样性

2015 年白马湖共检出底栖动物 3 门 6 纲 13 种，分属于环节动物门（寡毛纲和蛭纲）、软体动物门（腹足纲和瓣鳃纲）以及节肢动物门（昆虫纲和甲壳纲）。生物量方面，底栖大型无脊椎动物以瓣鳃纲的蚌类和腹足纲的代表污染指示种的铜锈环棱螺、蚊沼螺等为主；生物密度方面，底栖动物则以寡毛纲的摇蚊幼虫、水丝蚓等为主。底栖动物多样性指数[4]为 1.50，健康等级为"中"。

3.1.7 湖泊蓄调能力

白马湖死水位[5]为 5.70m，对应的死库容为 0.7599 亿 m^3；正常蓄水位为 6.50m，对应的正常蓄水位库容为 1.5655 亿 m^3；兴利库容为 0.8056 亿 m^3；10 月 1 日白马湖山阳水位站日平均水位为 7.15m，对应的库容为 2.1265 亿 m^3；汛期最大洪水过程洪峰水位为 7.47m（出现日期为 8 月 3 日），对应的库容为 2.4039 亿 m³；起涨水位为 6.50m（出现日期为 7 月 8 日），对应的库容为 1.5655 亿 m³；汛期入湖水量约 6.0 亿 m³。经计算，白马湖调洪指数为 14.0%，供水指数取 100%，调蓄指数为 57.0%，健康等级为"差"。

3.1.8 水功能区达标率

白马湖淮安调水保护区 2020 年水质目标为 Ⅲ 类，2015 年共监测 12 次，其中 4 次达标，水功能区达标率为 33.3%，主要超标项目为总磷和高锰酸盐指数，健康等级为"差"。

3.2 白马湖综合评价

结合白马湖实际自然健康情况和社会服务功能，采用 AHP 法确定 8 项评价指标权重系数，根据各项评价指标现状值确定赋分值，计算得 2015 年白马湖健康综合指数为 45.3，健康等级为"中"，见表 2。

表 2　白马湖 2015 年健康评价指标评价结果

控制层	一级权重	准则层	二级权重	指标层	三级权重	总权重	评价指标现状值	赋分值	健康综合指数
自然属性	0.500	湖泊形态	0.046	口门畅通率	1.000	0.023	75%	70.0	45.3
		水动力	0.084	湖水交换能力	1.000	0.042	5.36	90.0	
		湖体水质	0.648	水质污染指数	0.599	0.194	0.99	51.4	
				富营养化指数	0.401	0.130	57.76	44.5	
		水生生物	0.222	蓝藻密度（万个/L）	0.802	0.089	490	77.3	
				底栖动物多样性	0.198	0.022	1.50	50.0	
服务功能	0.500	防洪安全	0.500	调蓄指数	1.000	0.250	57.0%	38.0	
		水资源供给	0.500	水功能区达标率	1.000	0.250	33.3%	26.7	

3.3 2014 年与 2015 年对比分析

2014 年和 2015 年白马湖健康等级均为"中"，健康综合指数分别为 50.0 和 45.3。2015 年白马湖评价口门畅通率与底栖动物多样性与 2014 年基本持平，其他指标均有不同程度的变差，见表 3。

表 3　2014 年和 2015 年湖泊健康评价指标比较分析

评价指标	2014 年		2015 年		指数变化趋势
	评价指数	评价等级	评价指数	评价等级	
口门畅通率	75%	良	75%	良	—
湖水交换能力	5.7	优	5.36	优	↓
水质污染指数	0.61	良	0.99	中	↓
富营养化指数	55.2	中	57.76	中	↓
蓝藻密度	500 万个/L	良	490 万个/L	良	↓
底栖动物多样性	1.5	中	1.5	中	—
调蓄指数	57.7%	差	57.0%	差	↓
水功能区达标率	41.6%	差	33.3%	差	↓
健康综合指数	50	中	45.3	中	↓

注："↓"表示指标值有恶化趋势，"↑"表示指标值有变好趋势，"—"表示指标值持平。

4 存在问题

4.1 评估的不确定性

湖泊健康评估过程中指标多，涉及专业多，参加人员有限，给评估工作的组织开展带来困难。由于河湖健康评估工作起步较晚，很多指标没有推荐调查监测方法标准，导致很多指标监测调查开展依赖基层工作人员的摸索、探究、总结。各基层工作人员本身受专业、时间、条件等因素的限制，调查搜集分析数据难免存在差异，给评估结果带来不确定性。

4.2 指标权重确定争议突出

指标问题是湖泊健康评估工作中的最重要的问题之一，6个准则层下面有8个指标层，按照层次分析加权，得出每个准则层得分，方法简单易行，但各指标层的权重需要仔细研究论证。研究过程中很难准确清楚地界定各指标之间的等级排列，争议比较突出。

4.3 生态监测代表性影响评估结果

由于开展生态监测工作起步较晚，蓝藻密度及底栖动物多样性监测受条件限制，监测频次、覆盖的范围等因素决定的生态评估的代表性不强，很难确切反映白马湖湖内生物多样性。底栖生物多样性指标评估中要求计算底栖生物完整性指数，因反映底栖生物完整性的指数很多，不同的生物指数计算的结果有很大差异。

4.4 标准不统一问题

在已颁布的《河流健康评估指标、标准与方法（试点工作用）》[6]和《湖泊健康评估指标、标准与方法（试点工作用）》[7]中，没有推荐调查监测方法标准，尤其是水生态的调查监测。同时浮游植物有不同分类方法，如果不明确分类体系，这将为以后不同流域监测结果的分析比较带来困难。能反映大型底栖无脊椎动物生物完整性的生物指数很多，缺少统一标准，不同的生物指数计算的结果有很大差异。

5 建议与措施

5.1 加强生态监测培训

湖泊健康评估监测能力包括物理形态测量、水文监测、水质监测、生物监测等方面，目前生物监测方面则是短板，主要原因是缺少相关技术人才。生物监测对采样、检测以及分析评价等工作的技术要求相对较高，专业性较强，其中浮游藻类监测虽已开展了较大规模的常规监测及健康评价，培养了一批专业技术人员，但有关水生植物、底栖动物以及鱼类的监测相对薄弱，急需引进水生生物监测相关专业的技术人员，并对现有相关人员进行系统培训，尽快建立一支专业监测队伍。

5.2 扩大评估试点范围，提高评估深度

定期开展健康评估非常必要，一要在试点工作基础上，全面推开河湖健康评估，建立健康评估制度，制定计划，定期开展健康评估，掌握主要河湖健康发展趋势。二要进一步提高健康评估深度，发现健康问题的同时找出产生问题的根源。利用现场勘测和调查、专业监测技术和先进的仪器设备对产生健康问题的因素进行收集并进行主次要分类，发现最主要因素并从源头控制防治污染，减少污染的扩散，为政府合理科学地开展河湖综合开发利用和保护管理提供基础技术依据。

5.3 加强湖泊管理与保护

从污染源头到湖泊出口，依次通过污染源头控制、河道截污、湖荡调节、河口湿地、生态修复、畅通湖流等多道防线，有效控制白马湖富营养化程度；通过湖泊水生植被、湖滨带生态系统、陆地生态系统等进行湖泊生态修复，通过加强湖泊污染源控制、强化湖泊环境管理、开展生态清淤等措施加强湖泊管理与保护，改善湖泊环境质量。

5.4 注重宣传教育与公众参与

随着白马湖生态旅游度假区建设全面启动，白马湖森林公园等重点景区建设稳步推进，应加强对白马湖景区管理，推动文明旅游建设。通过培训提高旅游从业人员、管理人员环境的意识，积极开展文明旅游宣传，通过多层次、多形式的宣传教育活动，引导市民游客树立生态文明观念。扩大公众参与力度，建立公众对环境的知情权、参与权和监督权的机制，真正把环境保护措施变为广大群众的自觉行动，成为污染防治的主力军。

参考文献：

[1] 任黎，杨金艳，相欣奕.湖泊生态系统健康评价指标体系 [J].河海大学学报（自然科学版），2012，40（1）：100–103.

[2] 陈祥龙，王絮飞，李妮，等.湖泊生态安全综合评估方法略述 [J].山地农业生物学报，2013，32（5）：458–464.

[3] 周鹏飞.湖泊健康综合评价指标体系研究 [J].安徽农业科学，2012，40（21）：11005–11007.

[4] 戴纪翠，倪晋仁.底栖动物在水生生态系统健康评价中的作用分析 [J].生态环境，2008，17（6）：2107–2111.

[5] 崔希东，尹俊岭.衡水湖来水、蓄水、退水能力及可调控性分析 [J].海河水利，2008，3：8–10.

[6] 水利部水资源司.河流健康评估指标、标准与方法（试点工作用）[R].2010.

[7] 水利部水资源司.健康评估指标、标准与方法（试点工作用）[R].2010.

日照市水环境监测能力现状评价

刘家法，秦玉生

（日照市水文局，山东 日照 276800）

摘　要： 水环境监测是治理水污染、保护水生态的重要决策依据和基础支撑。水资源短缺、水污染严重已成为制约经济发展的关键因素。山东省日照市地表水不同程度的污染，已对地方经济的持续发展和人居环境构成威胁。本文客观评价了现状日照市水环境监测能力，为提高今后的水环境监测能力提供基础依据。

关键词： 水环境；监测能力；评价

水环境监测能力现状评价包括监测站网布设（监测断面覆盖率）现状评价、监测中心及监测管理现状评价、监测频次及监测项目现状评价、监测方法及监测成果检验等评价内容。

1 监测站网布设现状评价

1.1 地表水功能区监测站网布设现状评价

水功能区水质监测站网优化调整后，日照市9个水功能一、二级区均设有1~2处水质控制断面，全市境内水功能区共有14个水质控制断面。其中水功能区水质控制断面12个（其中3个兼市界出入境、3个区县界出入境），市界出入境水质控制断面5个，区县界出入境水质控制断面3个，1个兼省界水质控制断面。

沭河源头水保护区设青峰岭水库坝上1个水质控制断面，设沭河谢家庄村南桥1个市界入境水质控制断面。

沭河莒县饮用水源区设小仕阳水库坝上（兼区县界出入境）和莒县水文站2个水质控制断面。

沭河莒县排污控制区设前云村南桥1个水质控制断面。

沭河莒县农业用水区设许家孟堰1个水质控制断面（兼市界出境）。

浔河陡山水库源头水保护区设幸福村西桥1个水质控制断面（兼市界出境）。

潍河五莲保留区设管帅大桥（兼区县界出入境）和墙夼水库坝上（兼市界出境）2个水质控制断面。

付疃河日照源头水保护区设北鲍疃村东桥（兼区县界出入境）和日照水库坝上2个水质控制断面。

付疃河日照农业用水区设付疃河大桥1个水质控制断面。

绣针河日照保留区设潘庄村西南1个水质控制断面（兼省界），设绣针河郁家村西桥1个市界入境水质控制断面。

作者简介：刘家法（1963—），男，山东省日照市，研究员，主要研究方向为水资源利用与保护。

从地表水功能区监测站网的分布来看，日照市地表水功能区中保护区、保留区、饮用水源区、农业用水区和排污控制区均设置了水质控制监测断面，并设置了水功能区跨省、市和区县界水质控制断面，监测站网基本满足《山东省水功能区划》中水功能区控制断面布设要求，站网分布较为合理，同时也满足了以县区为单位的水功能区水质监测要求。各水功能区监测断面覆盖率为100%。

1.2 地下水功能区监测站网布设现状评价

由于山东省地下水功能区尚未经省政府批准实施，故目前尚未建立完善的地下水功能区监测站网。

目前，日照市现有地下水监测站网包括地下水监测井10处、区域地下水监测井23处、沿海海水入侵地下水监测井67处。其中10处地下水监测井为1990年左右布设并开展水位监测，监测井选用农村生产井；67处沿海海水入侵地下水监测井为2008年防治海水入侵布设的，监测井全部为新建专用井；23处区域地下水监测井为2011年开展区域用水总量监测时布设的，监测井全部选用农村生产井。

1.3 重要入河排污口水质监测站网布设现状评价

日照市共核查登记直接排入水功能区水域的入河排污口11个，其中莒县5个，五莲县2个，东港区（含日照经济开发区）3个（其中1个排入黄海），岚山区1个。目前，核查登记的入河排污口已全部布设监测断面并定期实施水量、水质同步监测。各入河排污口监测断面覆盖率为100%。

1.4 城市水源地水质监测站网布设现状评价

目前，城市供水水源地除青峰岭水库、小仕阳水库和日照水库三个地表水功能区已布设水质监测断面外，其他地表水、地下水水源地尚未布设地下水水质监测断面或监测站网。监测站网覆盖率仅为27.3%。

1.5 水生态监测站网布设现状评价

近年，在实施区域用水总量和区域水功能区水质监测工作和小流域水文监测工程以来，日照市先后建立起比较完善的水文、水位、流量、水质监测站网，并开展了相应要素的监测工作。这些水文监测站监测要素大多属于水生态监测范畴。目前，尚缺少水生物要素监测站网。

2 监测中心与监测管理现状评价

2.1 监测中心现状评价

日照辖区内设山东省水环境监测中心日照分中心一处，属山东省水环境监测中心多场所实验室。日照分中心1993年批准成立，挂靠日照市水文局，业务受省水环境监测中心管理和指导，主要职能是负责日照市辖区内的地表水、地下水、城市主要供水水源地和入河排污口等水质监测与评价工作。日照分中心分别于1999年、2004年和2009年3次参加并通过了山东省水环境监测中心的实验室计量认证换证复查评审。目前日照分中心计量认证批准监测能力监测项目为59项，基本覆盖了地表水、地下水、生活饮用水、污废水及再生水、大气降水等常规监测评价项目。实验室设有检测业务室，质量保证室、水质分析室、天平室、无菌室和各仪器设备分析室，拥有原子吸收分光光度计、原子荧光光谱仪等检测仪器设备60余台（套）。近年来，为提高检测能力，日照分中心积极筹集资金，购买更新了电导率仪、pH计、可见分光光度计等部分陈旧老化仪器设备，新购置了1901紫外可见分光光度计、离子色谱仪、纯水器等仪器设备共计 15 台（套），检测能力明显提高。日照市水利部门目前尚无建设水质自动监测站。

实验室有检测人员 7 人，其中具有高级职称的 1 人、初级职称的 2 人。检测人员除 1 人具有中专学历外，其他均具有专科以上学历，均具有一定的专业知识和理论基础，并全部通过培训，持证上岗。

2.2 监测管理现状评价

日照分中心自成立以来，严格执行《实验室资质认定评审准则》和省中心质量管理体系文件，按照《水环境监测规范》（SL 219—2013）和省中心水环境监测管理要求开展各项水环境监测工作。日照分中心先后于 1999 年、2004 年、2009 年和 2012 年通过水利部国家计量认证评审组的评审具有国家计量认证资质证书。

水利部《关于加强水质监测质量管理工作的通知》（水文〔2010〕169 号）文件下发以来，日照分中心在按照实验室资质认定管理规定管理实验室的同时，按照水利部水文局《水质监测人员岗位技术培训和考核制度》《实验室质量控制考核与比对试验实施办法》《实验室能力验证实施办法》《水质监测仪器设备监督检查制度》《省界缓冲区等重点水功能区水质监测监督检查制度》《水质自动监测站质量监督检查办法》《水质监测质量管理监督检查考核评定办法》等七项实验室质量管理制度（办法）进行实验室质量控制管理，积极参加了部水文局、淮河流域和山东省水环境监测中心组织的各类管理和技术培训学习，并参与了部水文局组织的实验室质量控制管理与考核工作。经考核，日照分中心除无水质自动监测站质量监督检查项目外，其他人员岗位技术培训和考核、实验室质量控制考核、实验室能力、仪器设备配备与管理、重点水功能区水质监测质量管理、水质质量监督检查等方面考核全部优良，符合七项制度管理和考核要求。

通过近年实施部水文局七项管理制度监督检查和考核以来，日照分中心实验室管理水平得到明显提升，监测人员的水质监测理论和操作技术有了较大程度的提高，实验室质量控制管理工作已得到进一步规范，确保了水质监测质量。

3 监测项目及监测频次现状评价

根据国家相关监测规范及管理要求，对水资源质量监测、省界水体监测、入河排污口监测、水源地监测的监测项目和监测频次与规范要求进行对比分析，评价目前监测项目及监测频次是否符合规范要求，能否满足管理的需求。

3.1 地表水功能区水质监测项目及监测频次

目前，地表水功能区包括水资源质量监测、省界、市界和区县界水体水质监测均每月上旬采样监测 1 次，全年共 12 次。水质监测项目包括《地表水环境质量标准》基本项目 22 项（石油类和粪大肠菌群尚未监测）和全部水源地补充项目 5 项及部分特定项目，共 39 项。

地表水功能区水质监测频次高于《地表水资源质量评价技术规程》（SL 395—2007）"按年度评价的水功能区，评价期内监测次数不应少于 6 次"的规定。监测项目除尚未开展的两个基本项目和部分选定有机农药、有机毒污染项目外，基本能够满足地表水环境质量和地表水源地及水库水体营养状态评价。

3.2 地下水功能区水质监测项目及监测频次

地下水功能区水质监测尚未开展常规水质监测。目前，日照市 9 处原地下水监测井仅开展了其中 4 眼重点井的一般水化学指标 12 个项目的水质监测，监测频次为每年 2 次（丰、枯水期各一次）；区域地下水监测井尚未开展水质监测；沿海海水入侵地下水监测井仅开展了海水入侵监控指标电导率、氯化物和溶解性总固体 3 个项目的水质监测，监测频次为每年 4 次（每季度一次）。

应尽快划定地下水功能区，布设水质监测站网，并实施定期水质监测和评价。

3.3 重要入河排污口水质监测项目及监测频次

目前，重要入河排污口水质监测已开展水质、水量同步监测多年。监测频次为每年 2 次（5 月和 10 月下旬各一次），每次监测周期为一天，每天取样三次，取样时间分别为 17 时、24 时和次日 9 时。入河排污口监测常规项目为流量、水温、pH 值、化学需氧量（COD）、氨氮（NH₃–N）、五日生化需氧量（BOD₅）、挥发酚、总磷和总氮共 9 项，其中五日生化需氧量（BOD₅）只监测次日 9 时样品。入河排污口水质监测频次和监测项目是根据淮河流域水利委员会和省水利厅规定执行的，符合上级单位要求。

3.4 城市水源地监测项目及监测频次

城市供水水源地青峰岭水库、小仕阳水库和日照水库 3 个地表水源地按地表水功能区水质监测项目和监测频次监测，其他地表水和地下水水源地尚未开展水质监测。为做好全市城市水源地保护，确保供水水质安全，应尽快布设地表水和地下水水源地水质监测站网，并实施定期水质监测和评价。

3.5 水生态、水生物监测项目及监测频次

目前，已建成的水文、水位和流量站网，已按省局要求和有关监测规范开展了相应要素的监测工作。因水生物要素监测站网尚未建立，除青峰岭水库、小仕阳水库和日照水库开展叶绿素 a 监测外，其他均未开展监测。应尽快研究布设水生物要素监测站网，并适时实施定期水生物要素监测和评价。

4 监测方法及监测成果检验

4.1 监测方法

地表水功能区和地表水源地水质监测方法按照《地表水环境质量标准》（GB 3838—2002）和《生活饮用水标准检验方法》（GB 5750—2006）规定的标准检验方法进行；地下水水质监测方法按照《地下水质量标准》（GB/T 14818—93）规定进行；重要入河排污口水质监测方法按照《污水综合排放标准》（GB 8978—2002）规定的水质分析方法进行，水量按照水文测流要求，采用流速仪法或浮标法监测。

4.2 监测成果检验

为保证样品代表性，确保水质监测数据准确性，实验室按照《水环境监测规范》和质量管理体系的规定，严格采样和实验室内监测质量控制工作。

水质采样设备、样品采集、储存和运输全部按照《水环境监测规范》规定进行，做到每次采样不少于 5% 的全程空白样和 10% 的平行样，采样人员详细记录现场采样情况。

实验室监测分析按量值溯源管理要求进行质量控制。所有计量器具全部经计量部门检定合格并在有效期内，分析测试人员持证上岗，每批次监测样品均按不低于 10% 平行样和 10% 加标回收率监测控制，并检查各项目空白值。在监测样品的同时，实验室对每批次监测样品均选部分参数标准物质同时监测，并进行质量控制数据分析，检验数据的合理性，对不符合质量控制要求的项目重新进行监测，确保了水质监测数据的准确性。

基于模型簇的淮河流域水资源量概率预测

刘开磊，汪跃军，胡友兵，赵　瑾，戴丽纳，肖珍珍

（淮河水利委员会水文局（信息中心），安徽 蚌埠 233001）

摘　要： 针对传统水资源量预测方法只能提供单一值，所提供预报结果不确定性程度较高的局限性，提出基于模型簇的水资源量概率预测方法。该方法以水资源总量、降水、地表及地下水资源量等变量训练预测模型簇，提供概率预报所需的先验信息；利用 BMA（Bayesian Model Averaging）对模型簇的先验信息进行综合，定量描述水资源总量的后验概率分布。以淮河流域水资源总量为目标变量，设定模型簇的预见期为 5 年，研究结果表明该方法所得到的概率描述结果可靠，适合于对近期水平年的水资源总量预报。

关键词： 水资源总量；模型簇；淮河流域；回归分析；BPNN；k-NN；BMA

1 引言

依据国务院批复的《全国水资源综合规划（2010—2030 年）》[1]，明确提出水资源是事关国计民生的基础性自然资源和战略性经济资源，也是生态环境的控制性要素。淮河流域地处我国南北气候过渡带，流域面积占全国的 3.4%，耕地面积占全国的 12%，人口占全国的 15.7%，粮食产量占全国的 20.5%，GDP 占全国的 15.7%，在全国占有重要的地位。近几十年来，随着流域内人口剧增，经济社会迅速发展，水资源供需矛盾不断加大，开展对淮河流域水资源的预测变得尤为重要。

传统水资源量预测方法中，基于回归分析、k-NN（k Nearest Neighbor）、BP（Back Propagation）神经网络的方法获得广泛应用。田乐蒙[2]将回归分析方法用于水资源短缺预测；姚慧、郑新奇[3]采用基于回归分析、BP 神经网络的两类方法，分别构建济南市水资源预测模型；金菊良等[4]将 k-NN方法用于日径流预测，预测结果较为合理。以上方法的应用，丰富了水资源预测方法，为近、中、远期区域水资源综合规划，提供了有价值的数据参考。

然而，上述方法均只能够提供单一数值的确定性预报结果，受输入数据以及模型自身不确定性等因素影响，预报结果的不确定性明显偏大，在实际应用中的可靠性程度与参考价值较低。本研究在以单一因子到四因子相关构建多个水资源总量预测关系的基础上，以回归分析、k-NN、BP神经网络三类统计理论，建立水资源总量预测模型簇。以概率预报的形式描述未来区域内水资源总量的变化趋势，在较高的置信水平上给出水资源量概率分布上下限以及分布形式等信息，相对

作者简介：刘开磊（1988—），男，山东济宁，工程师，从事水文水资源管理工作。

于传统预测方法，其计算结果的表现形式与数值信息更为丰富，能够显著提升预报结果中的信息含量。

2 方法介绍

2.1 模型簇构建

区域水资源总量由地表水资源量与地下水资源量两部分构成，两部分水量的年度总量之和扣除重复计算水量，即是当年区域水资源总量值。同时，由于地表水资源量受降水量的直接影响，认为降水、地表水资源量、地下水资源量、重复计算水量均与水资源总量有较强的相关性，可以据此建立各因子同水资源总量之间的相关关系。

依据水资源总量的计算公式，可以考虑利用现状年及以往年份数据，估计规划水平年水资源总量。本研究尝试从公式中逐步筛选出一个因子到四个因子，分别建立多个水资源总量估算结构。对于单因子相关关系，以现状年水资源总量数据作为因子，建立现状年－近期规划水平年水资源总量的单因子相关关系。选择现状年地表、地下水资源量，建立双因子相关关系；选择现状年地表、地下水资源量、降水量，构建三因子相关关系；在三因子关系的基础上，引入重复计算水量，构建四因子相关关系。

分别采用回归分析（Auto-Regression，AR）、k-NN、BP 神经网络三类统计数学模型[5]描述以上四种相关关系。将不同类别的相关关系与统计数学模型组合，建立 12 个不同的水资源总量预报模型，得到成员数目为 12 的模型簇。

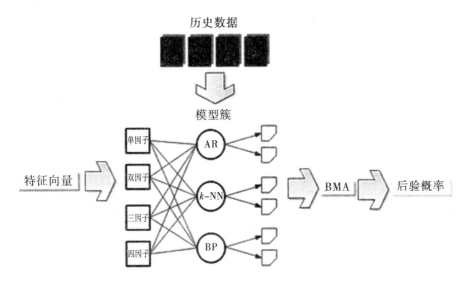

图 1　基于模型簇的概率预报方法运算流程概化图

2.2 后验分布描述

基于现状年以及历史年份资料进行参数训练，获取水资源总量的实际统计值与预报值的边缘概率分布信息，以及 BMA 的参数特征。以现状年统计指标构建特征向量驱动各模型得到原始预报结果。模型簇的多个原始预报结果代入训练好的 BMA 算法中，得到最终的水资源总量概率预报结果。BMA 的详细运算细节见参考文献[8]。

本研究采用蒙特卡罗方法生成预报水资源总量的后验概率分布。首先依据模型簇中各模型权重值，随机选择最优预报模型。然后，基于该最优模型所构建的亚高斯模型[8]，生成正态空间下的预报值及对应概率值。将该概率值代入原始空间中预报序列的边缘概率分布函数中，获取水资源总量的预报值。多次重复以上步骤，获取离散分布的水资源总量的后验预报结果，其离散分布情况被认为与水资源总量的实际后验分布相似。后验分布的均值，可以作为水资源总量的确定性预报结果发布；其中 0.05、0.95 分位数上的预报值，一般作为 90% 置信预报结果的上、下限发布。

3 试验流域与数据介绍

淮河流域位于我国南北气候过渡带，流域面积约 27 万 km^2，地跨湖北、河南、安徽、江苏、山东 5 省 40 个市。流域多年均降水量 875mm，多年平均径流深 221mm，多年平均天然河川年径流量为 594.7 亿 m^3。人均亩均水资源拥有量不足全国 1/4，且地处我国南北气候过渡带，降雨时空分布不均，年际变化剧烈，水资源开发利用难度大，流域水资源短缺问题突出。

搜集流域内 1997 ~ 2015 年共 19 年公开发布的地表、地下水资源量、降雨量、水资源量重复计算量等资料。其中 1997 ~ 2008 年共 12 年资料用于对模型结构与参数的率定；2009 ~ 2015 年共 7 年资料用于验证[6]。

设定各预报模型的预见期为 5 年，根据当前最新的 2015 年以及以往年份的资料，估计 2020 年淮河流域水资源总量。根据蒙特卡罗方法特点，取后验采样数目为 40000，将后验预报结果从小到大排序后，其中第 2000、38000 号位置的数值即置信下、上限，两数值所划定的区间即为 90% 置信区间。

4 模型验证

利用 1997 ~ 2008 年历史资料对模型结构和参数进行率定，将率定结果代入 2009 ~ 2015 年进行模型验证，对各年验证结果进行统计并绘制水资源总量概率预报箱形图，如图 2 所示。图中箱形图上下两端横线表示概率预报最大、最小值，箱形图中部的方块表示概率预报均值，箱形图中部横线表示中位数。

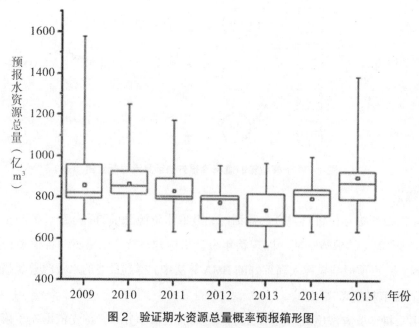

图 2 验证期水资源总量概率预报箱形图

从图中概率预报结果可以发现，各年度水资源总量的后验预报结果变化区间差别较大。概率预报结果的变化区间大小直接反映了集合预报成员的不确定性程度，因此可以认为模型簇中各预报成员在不同年份的预报精度差异非常大，当仅依赖于单一模型进行水资源总量预报时，所发布的预报结果往往伴随着显著的不确定性。因此在对水资源总量进行预报时，应尽量避免采用单一模型进行计算。对验证期内水资源总量置信区间进行统计，如图3所示。

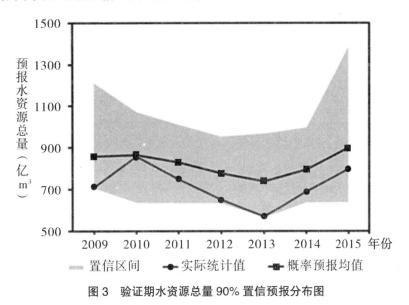

图3　验证期水资源总量90%置信预报分布图

图3中，水资源总量统计结果均落在90%置信区间内，表明本研究所采用的基于模型簇的概率预报结果能够完整地将变量的实际值包络在内，预报结果准确性、可靠性程度较高。该方法可在实际水资源论证等工作中进一步推广使用。

5　近期水平年水资源总量预测

"十三五"期间，一般以2020年作为近期规划水平年，该年度的水资源总量等指标具有较高的研究价值。本研究以2020年水资源总量预测结果为例，以直方图的形式展示淮河流域水资源总量的概率分布特征。直方图将预报水资源总量的变化区间划分为1024个单元，统计后验概率预报结果落在每个单元中数值作为频率值；考虑到直方图中两端数据点的分布较为稀疏，包含的有效信息较少，因此图4仅展示0.05 ~ 0.95分位数区间的直方图。

从图4中可以看出，2020年预报水资源量的后验分布具有多峰的特征，其分布形式难以用已知的任何一种分布函数进行描述，因此不能直接给出精确的概率分布函数，这里采用以离散概率分布的形式近似描述。根据统计结果显示，2020年预报水资源总量概率预报结果的中位数906.12亿 m^3，均值为906.35亿 m^3。0.05分位数预报值为624.48亿 m^3；0.95分位数预报值为1176.22亿 m^3。

6　结论

本研究以水资源总量为研究对象，以淮河流域为试验流域，提出基于模型簇的概率预报方法。经2009 ~ 2015年资料验证，该方法所提供的90%置信区间能够完整地包络全部的实际统计数据，

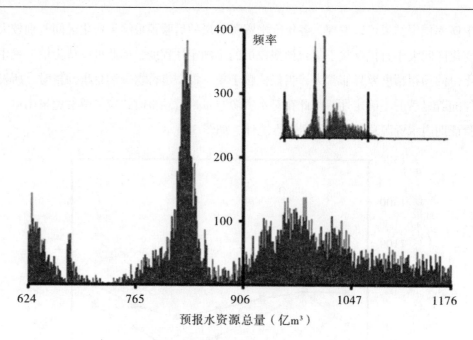

图 4　2020 年预报水资源量后验分布直方图

可靠性较高。在此基础上，对 2020 年水资源总量后验分布进行分析统计，得出了 2020 年预报水资源总量概率预报特征值。可为流域内水资源规划、水资源论证等业务工作提供有价值的技术支撑。

基于模型簇的概率预报方法相对于传统单一值的预报方法，其优势在于能够提供关于水资源量的更丰富、可靠的预报信息，降低了后期业务内容的不确定性程度，显著降低决策风险。该方法的提出，值得在水资源相关业务领域以及更广泛的区域内继续验证推广。

最后，需要指出的是，考虑到水资源总量受区域水利工程调蓄、地下水开采、大气模式更替等因素影响显著，而本研究仅考虑基于历史资料对水资源总量预测，所构建的模型簇中包含的影响因子较少，模型结构本身比较简单、机理不够完善，因此所提供概率预报结果还需进一步验证，仅供相关研究参考。

参考文献：

[1] 中华人民共和国水利部 . 全国水资源综合规划（2010—2030 年）[R]. 北京：中华人民共和国水利部，2009.

[2] 田乐蒙 . 回归分析在水资源短缺预测中的应用 [J]. 统计与决策，2012，14：84-86.

[3] 姚慧，郑新奇 . 多元线性回归和 BP 神经网络预测水资源承载力——以济南市为例 [J]. 资源开发与市场，2006，
　　1：17-19.

[4] 金菊良，魏一鸣，丁晶 . 预测日径流过程的最近邻仿真模型 [J]. 系统仿真学报，2002，11：1494-1496.

[5] 刘开磊，姚成，李致家，阚光远 . 水动力学模型实时校正方法对比研究 [J]. 河海大学学报，2012，42（2），124-129.

[6] 淮河片水资源公报（1997—2015 年）

[7] 戴荣 . 贝叶斯模型平均法在水文模型综合中的应用研究 [D]. 南京：河海大学，2008.

2015年济宁市水功能区水质状况研究

齐云婷，孔　舒，李　伟，胡　星，张　健

（济宁市水文局，山东　济宁　272000）

摘　要： 本文根据济宁市2015年的水功能区水质监测数据，运用全参数评价和双参数评价法对济宁市水功能区水质进行分析，摸清了济宁市各水功能区的污染规律，筛选出济宁市水功能区主要污染物，并针对水质的特点，提出了水污染防治所采取的对策和建议。

关键词： 全参数评价；双参数评价；水质

1　济宁市概况

济宁市位于鲁西南腹地，地处鲁中南山地与鲁西平原交接地带。东接临沂市，西邻菏泽市，北与泰安市交界，南与枣庄市和江苏省接壤。地理坐标为北纬34° 26′ ~ 35° 57′，东经115° 52′ ~ 117° 36′，南北长167km，东西宽158km，总面积11285km²。

济宁市属鲁南泰沂山低山丘陵与鲁西南黄泛平原交接地带，全市地形以低山丘陵和平原洼地为主，地势东高西低，地貌较为复杂。东部和东南部山峦绵亘、丘陵起伏，西部、中部平坦，河流较多，较大的河流有梁济运河、泗河、洸府河、白马河、东鱼河、新万福河、洙赵新河等，济宁市南部低洼，并积水成湖，形成南四湖。南四湖周围为滨湖洼地，其面积占全市总面积的16.7%。南四湖由西北向东南延伸，依次由南阳、独山、昭阳和微山四湖串连而成，水面面积1266km²，湖底最低高程上级湖为31.5m，下级湖为30.0m。南四湖北部泰沂山冲积扇前沿，自东北向西南倾斜，其间汶上县东北部有孤山分布，地面高程在海拔60 ~ 36m，地面坡降为1/3000 ~ 1/5000。

2　水质综合评价

2.1　监测项目与评价方法

根据《地表水环境质量标准》（GB 3838—2002）中要求的指标结合济宁市水环境实际情况确定水质监测项目。

根据《地表水环境质量标准》（GB 3838—2002）和《地表水资源质量评价技术规程》（SL 395—2007）采用全参数评价和双参数评价法对济宁市各水功能区进行水质评价，其中总氮不参评。

2.2　济宁市水功能区水质总体状况

2015年济宁市共评价21个水功能区。年度水功能区水质总体达标评价是根据各水功能区中各

作者简介：齐云婷（1984—），女，就职于济宁市水文局，从事水资源监测与保护工作。

监测点的年度平均值进行达标评价。

全市 21 个水功能区进行全参数评价的结果是：无一监测断面水质达到Ⅰ类、Ⅱ类标准的水功能区；水质达到Ⅲ类标准的有 14 个，占 66.7%；水质符合Ⅳ类标准的有 5 个，占 23.8%；水质符合Ⅴ类标准的有 1 个，占 4.76%；水质为劣Ⅴ类的有 1 个，占 4.76%。

水功能区双参数评价结果是：无一监测断面水质达到Ⅰ类、Ⅱ类标准的水功能区；水质达到Ⅲ类标准的有 15 个，占 71.4%；水质符合Ⅳ类标准的有 4 个，占 19.0%；水质符合Ⅴ类标准的有 1 个，占 4.76%；水质为劣Ⅴ类的有 1 个，占 4.76%（详见图 1）。

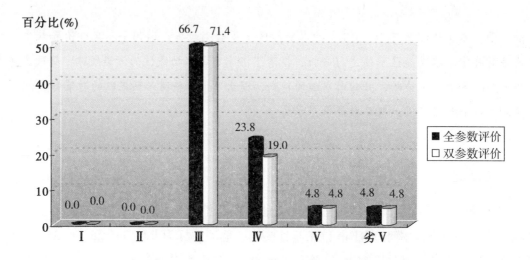

图 1　济宁市水功能区水质类别总体状况

全市监测评价的 21 个水功能区中，全参数评价和双参数评价分别有 14 个和 17 个水功能区水质达标（指达到《济宁市水功能区划》中规定的水质目标），达标率分别为 66.7% 和 81.0%。评价河长 602km，达标河长分别为 402km 和 478km，达标率分别为 66.8% 和 79.4%。

济宁市监测湖泊水库水功能区 3 个，共 15 个监测点。三个功能区分别为：南四湖上级湖调水水源保护区、南四湖下级湖调水水源保护区和泗河济宁开发利用区。全参数评价和双参数评价分别有 3 个水功能区水质达标（指达到《全国重要江河湖泊水功能区划》中规定的水质目标），达标率别为 100%。评价湖库面积 1292.05km²，达标面积为 1292.05km²，达标率为 100%。

根据《山东省水功能区划》，济宁市共涉及 4 个保护区，3 个饮用水源区，6 个农业用水区，4 个渔业用水区，1 个工业用水区，2 个过渡区，1 个排污控制区。监测评价的水功能区中：全参数评价的水功能区中达标率分别为：保护区 100.0%，饮用水源区 100.0%，农业用水区 80.0%，渔业用水区 75%，工业用水区 0%，过渡区 0%，排污控制区 0%。

双参数评价的水功能区中达标率分别为：保护区 100.0%，饮用水源区 100.0%，农业用水区 80.0%，渔业用水区 100%，工业用水区 0%，过渡区 50%，排污控制区 0%。济宁市各类水功能区水质达标情况见图 2。

由以上分析可以看出：在所有水功能区中，饮用水源地达标率较高；济宁东部水功能区水质达标率较高，济宁西部水功能区由于承接临近地市的来水，水质污染较为严重；个别水功能区由于沿途吸纳污水，致使入湖时水质不达标；济宁市湖泊（水库）水质优于河道水质。

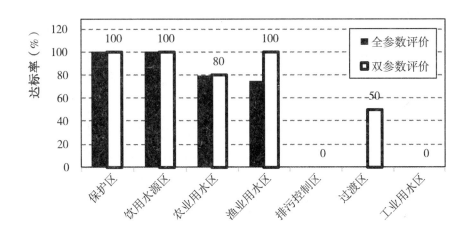

图2　济宁市各类水功能区水质达标情况

2.3　济宁市地表水主要污染物

根据2015年全市水功能区水质监测资料的平均值进行分析得出：五日生化需氧量、化学需氧量和氨氮为污染济宁市重点水功能区的主要污染指标。济宁市水功能区未受到重金属的污染。

由监测数据分析得出，监测断面中主要超标污染物为五日生化需氧量、氨氮和化学需氧量，超标率分别为32.4%、30.6%和25.9%。济宁市地表水污染物超标率情况见图3。

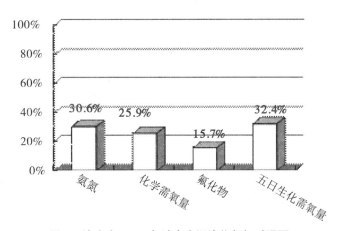

图3　济宁市2015年地表水污染物超标对照图

3　结论

通过对2015年监测资料的分析可以看出：2015年济宁市湖泊水质优于河道水质，湖泊、水库水质均符合地表水Ⅲ类标准，达到水质目标。水功能区水质优于其他河道水质，达标率为76.0%。济宁市各干流河道水质优于支流河道水质。济宁市地表水主要超标污染物为五日生化需氧量、化学需氧量和氨氮。全市河道未受到重金属污染。

4　建议

针对济宁水功能区的水质污染情况，提出以下建议：

（1）各级政府、部门在进行经济和社会发展决策时，要以可持续发展战略为指导，统筹规划，依法决策。在进行区域开发，工业布局和建设，项目改造时，必须充分考虑流域环境容量和总量控制指标的要求，防治污染扩大和生态破坏。

（2）进一步加大产业结构调整的力度，从根本上解决流域结构性污染问题。尤其是对造纸、酿造、食品、化工等行业，要采取保大关小的原则，下狠心关停一批治理技术不过硬。治理设施不完善的企业，减少水功能区的污染负荷。

（3）强化污染治理设施运行的监督管理，要把搞好治污设施运行作为下一阶段环保工作的一项重要任务来抓。一是要加强对企业干部职工的宣传教育，增强法制观念和治污的积极性。二是要加大监督检查的力度和频次，对查出擅自停运治污设施或偷排偷放的，要依法严肃处理和停产整顿，并追究企业负责人和有关人员的法律责任。

参考文献：

[1] 梁本凡 . 淮河流域水污染治理与措施创新 [J]. 水资源保护，2006（3）：84–87.

[2] 丁桑岚 . 环境评价概论 [M]. 北京：化学工业出版社，2001：24–48.

[3] 梁红 . 环境监测 [M]. 武汉：武汉理工大学出版社，2003：31–46.

[4] 戴树桂 . 环境化学 [M]. 北京：高等教育出版社，1997：100–200.

[5] 冷宝林 . 环境保护基础 [M]. 北京：化学工业出版社，2002：53–63.

[6] 水质模型与预测 [M]. 南京：河海大学出版社，2000：1–10.

[7] 蒋展鹏 . 环境工程学 [M]. 北京：高等教育出版社，1992：4–180.

石梁河水库水体富营养化及防治对策浅析

周　云[1]，夏　栩[2]，彭晓丽[1]，侍晓易[1]

（1.江苏省水文水资源勘测局连云港分局，江苏 连云港 222000；

2.江苏省水文水资源勘测局南通分局，江苏 南通 226006）

摘　要：石梁河水库是一座具有防洪、灌溉、供水、发电、水产养殖、旅游等综合功能的大（二）型水库，既是沂沭泗洪水东调南下工程的重要组成部分，又是连云港市重点防洪保安工程。本文采用水质类别综合评价、水源地水质指数评价、富营养化评价三种评价方法，对石梁河水库近十年常规水质监测资料进行分析评价，掌握其水库水体变化趋势及富营养化程度情况。采取有效的防治和保障措施，以保证石梁河水库水源地的水质安全。

关键词：水库；水体变化趋势；富营养化程度；防治对策

1　概况

石梁河水库位于新沭河中游，苏鲁两省的赣榆区、东海县、临沭县三县交界处，水库于1958年开工兴建，1962年建成。水库承泄新沭河上游和沂河、沭河部分洪水，担负沂沭泗流域洪水调蓄任务。原设计集水面积5265km²，沂沭河洪水东调工程实施后，增加了沂河（集水面积10100km²）部分洪水经分沂入沭水道由新沭河汇入水库，石梁河水库总流域面积15365km²。该水库是一座具有防洪、灌溉、供水、发电、水产养殖、旅游等综合功能的大（二）型水库，既是沂沭泗洪水东调南下工程的重要组成部分，又是连云港市重点防洪保安工程。

本文通过对石梁河水库近十年常规水质监测资料进行分析评价，掌握其水库水体变化及富营养化变化情况，采取有效的防治和保障措施，以保证石梁河水库水源地的水质安全。

2　水质现状评价的项目、标准与方法

根据水库的实际情况，确定评价项目为溶解氧、高锰酸盐指数、氨氮、五日生化需氧量、铜、锌、氟化物、硒、砷、汞、镉、铅、铁、锰、氰化物、挥发酚、硫酸盐、硝酸盐氮、氯化物、总磷、总氮、叶绿素a、透明度共计23项，评价标准采用《地表水环境质量标准》（GB 3838—2002），分别用水质类别综合评价、水源地水质指数评价、富营养化评价三种评价方法，全面地反映石梁河水库的水质现状。

作者简介：周云（1981—），女，江苏连云港，从事的主要工作水环境分析与评价，水文测验与管理。

2.1 水质综合评价类别方法

水质综合评价类别法是采用地图重叠法即根据各评价指标单项评价结果，在单项评价的基础上采用地图重叠法按最不利类别作为断面水质类别，取最差水质类别作为评价水体水质综合评价类别。

2.2 水源地水质指数评价方法

2.2.1 单项指数（I_i）计算方法

计算单项指标指数。当评价项目 i 的监测值 C_i 处于评价标准分级值 C_{iok} 和 C_{iok+1} 之间时，该评价指标的指数：

$$I_i = 20\left(\frac{C_i - C_{iok}}{C_{iok+1} - C_{iok}}\right) + I_{iok}$$

式中：C_i——i 指标的实测浓度；

C_{iok}——i 指标的 k 级标准浓度；

C_{iok+1}——i 指标的 $k+1$ 级标准浓度；

I_{iok}——i 指标的 k 级标准指数值。

2.2.2 分类指数（I_L）的计算方法

在单项指数计算和确定的基础上，进一步计算分类指数（I_L），确定出各类项目的分类评价结果，计算方法如下：

（1）第一类项目（I_i）（饮用水标准中的地表水污染项目和水厂较易净化的项目），取各项单项指数和的均值，即：

$$I_L = \frac{1}{n}\sum_{i=1}^{n} I_i \ (i=1,\ 2,\ \cdots,\ n)$$

式中：n——参与评价的指标数。

（2）第二类、第三类项目（I_{II}、I_{III}）（一般化学指标、毒性项目），分别取单项指数最高者为各类的分类指数，即：

$$I_{\text{II}} = (I_{\text{II}})_{\text{max}};\ I_{\text{III}} = (I_{\text{III}})_{\text{max}}$$

2.2.3 确定评价结果的水质指数（WQI）值的计算方法

在各类项目组的分类指数确定的基础上，取上述三类指数中的最高者，即：

$$WQI = (I_L)_{\text{max}}$$

①当 $0 < WQI \leqslant 20$ 时，水质指数为 1，水质优良；

②当 $20 < WQI \leqslant 40$ 时，水质指数为 2，水质良好；

③当 $40 < WQI \leqslant 60$ 时，水质指数为 3，水质尚好；

④当 $60 < WQI \leqslant 80$ 时，水质指数为 4，已受污染；

⑤当 $80 < WQI \leqslant 100$ 时，水质指数为 5，严重污染；

⑥当 $WQI > 100$ 时，水质指数为 6，极严重污染。

2.3 水库富营养化评价方法

2.3.1 综合营养状态指数（TLI）计算公式

综合营养状态指数采用卡尔森指数方法，计算公式如下：

$$TLI(\sum) = \sum_{j=1}^{m} W_j \cdot TLI(j)$$

式中：$TLI(\sum)$——综合营养状态指数；

W_j——第 j 种参数的营养状态指数的相关权重；

$TLI(j)$——代表第 j 种参数的营养状态指数。

以 chla 作为基准参数，则第 j 种参数的归一化的相关权重计算公式为：

$$W_j = \frac{r_{ij}^2}{\sum_{j=1}^{m} r_{ij}^2}$$

式中：r_{ij}——第 j 种参数与基准参数 chla 的相关系数；

m——评价参数的个数。

中国湖泊（水库）的 chla 与其他参数之间的相关关系 r_{ij} 及 r_{ij}^2。

2.3.2 水库营养状态分级

采用 0 ~ 100 的一系列连续数字对湖泊营养状态进行分级，包括：贫营养、中营养、轻度富营养、中度富营养和重度富营养，水质营养状态与定性评价见表1。

表 1　水质营养状态与定性评价表

营养状态分级	评分值 $TLI(\sum)$	定性评价
贫营养	$0 < TLI(\sum) \leq 30$	优
中营养	$30 < TLI(\sum) \leq 50$	良好
（轻度）富营养	$50 < TLI(\sum) \leq 60$	轻度污染
（中度）富营养	$60 < TLI(\sum) \leq 70$	中度污染
（重度）富营养	$70 < TLI(\sum) \leq 100$	重度污染

3　评价数据来源与分析计算

江苏省水环境监测中心连云港分中心每月对石梁河水库水质进行监测，本文选用 2005 ~ 2015 年常规水质监测资料进行统计与评价。

根据历年的实测资料代入公式，开展分析计算，求出各类指标的分类，从而分析水库的综合水质类别和水体富营养化状况。

4　水体评价结果

水库水质类别综合评价、水源地水质指数评价、水体营养化评价结果、水体变化趋势分别见表 2 ~ 4、图 1 ~ 4。

表 2 石梁河水库水质类别综合评价结果

年份	III类		IV类		V类		劣V类	
	次数	百分率（%）	次数	百分率（%）	次数	百分率（%）	次数	百分率（%）
2005	0	0.0	2	16.7	2	16.7	8	66.7
2006	5	41.7	4	33.3	3	25.0	0	0.0
2007	3	25.0	2	16.7	2	16.7	5	41.7
2008	0	0.0	0	0.0	1	8.3	11	91.7
2009	1	8.3	0	0.0	1	8.3	10	83.3
2010	0	0.0	2	16.7	0	0.0	10	83.3
2011	0	0.0	0	0.0	2	16.7	10	83.3
2012	0	0.0	0	0.0	0	0.0	12	100.0
2013	0	0.0	0	0.0	0	0.0	12	100.0
2014	1	8.3	1	8.3	0	0.0	10	83.3
2015	0	0.0	2	16.7	2	16.7	8	66.7

表 3 石梁河水库水源地水质指数评价结果

年份	1级	2级	3级	4级	5级	合 格	
	次数	次数	次数	次数	次数	次数	百分率（%）
2005	0	6	4	0	2	10	83.3
2006	0	7	5	0	0	12	100.0
2007	0	8	4	0	0	12	100.0
2008	0	8	4	0	0	12	100.0
2009	0	7	4	0	1	11	91.7
2010	0	6	2	0	4	8	66.7
2011	0	9	2	0	1	11	91.7
2012	0	8	3	1	0	11	91.7
2013	0	8	3	0	1	11	91.7
2014	0	12	0	0	0	12	100.0
2015	0	12	0	0	0	12	100.0

表 4 石梁河水库富营养化评价结果

年份	中营养		轻度富营养		中度富营养		重度富营养	
	次数	百分率（%）	次数	百分率（%）	次数	百分率（%）	次数	百分率（%）
2005	0	0.0	11	91.7	1	8.3	0	0.0
2006	4	33.3	7	58.3	1	8.3	0	0.0
2007	3	25.0	7	58.3	2	16.7	0	0.0
2008	0	0.0	0	0.0	6	50.0	6	50.0
2009	1	8.3	7	58.3	4	33.3	0	0.0
2010	9	75.0	3	25.0	0	0.0	0	0.0
2011	2	16.7	10	83.3	0	0.0	0	0.0

续表4

年份	中营养		轻度富营养		中度富营养		重度富营养	
	次数	百分率（%）	次数	百分率（%）	次数	百分率（%）	次数	百分率（%）
2012	2	16.7	4	33.3	6	50.0	0	0.0
2013	0	0.0	8	66.7	4	33.3	0	0.0
2014	1	8.3	11	91.7	0	0.0	0	0.0
2015	0	0.0	12	100.0	0	0.0	0	0.0

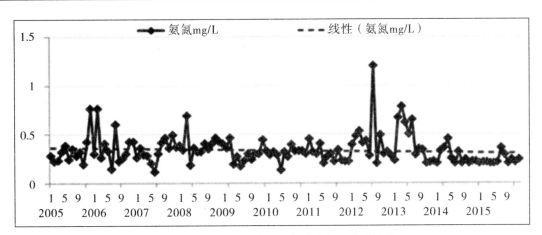

图1　2005～2015年石梁河水库氨氮变化情况

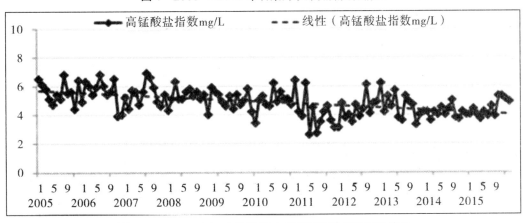

图2　2005～2015年石梁河水库高锰酸盐指数变化情况

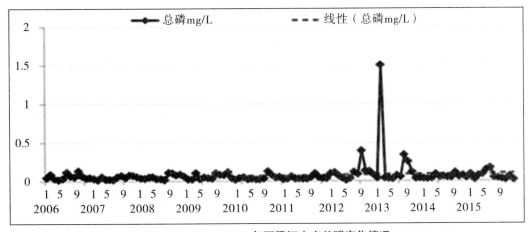

图3　2005～2015年石梁河水库总磷变化情况

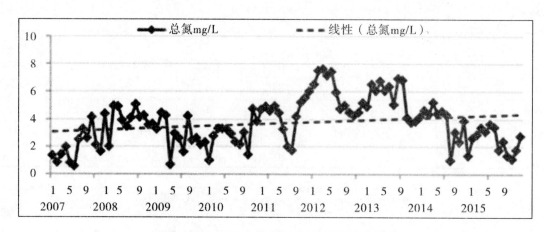

图 4　2005～2015 年石梁河水库总氮变化情况

根据上述评价结果评述：石梁河水库水体中氨氮、高锰酸盐指数等三类污染物含量变化相对平稳，水体基本维持在 2～3 级；但总氮含量上升幅度较大，水体营养化级别呈现增高趋势，水库为中度营养至轻度富营养的过渡状态，需加强保护。

5　防治对策与措施

（1）开展农业及生活面源治理，限制富营养物质输入水库。从农业方面、生活污水、水土流失等各方面，结合汇水流域经济发展情况，开展面源综合治理。

（2）控制内源污染，防止水下沉积物的污染物再释放。水产养殖尤其是投施化肥网箱与围网养鱼污染对周围水体的影响较大，因此，禁止在饮用水水源保护区应禁止网箱与围网养鱼。在库区范围内，种植芦苇、菖蒲、莲藕、水葫芦等水生植物，增加水体的自身净化能力。

（3）开展水源地防护和生态修复及水土保持规划研究。采取物理隔离工程（护栏、围网等）和生物隔离工程（如防护林）等措施，防止人类活动对水源保护区水量水质造成较大影响。同时，石梁河水库水源地水土流失类型属于水力侵蚀类型，需要进行合理的水土保持规划研究，进一步加大土地综合治理力度。

（4）继续加大监测和管理力度，根据监测的信息采取相应措施。加大监测频次，在日常监测过程中要加强城市水源地上游省际和市际断面监测频次，提高监测水平，逐步实现在线监测和自动监测，保证水质风险预报的准确性和提前性，为后续开展合理、有效的措施提供技术支撑和时间保障。

（5）加强宣传，使群众意识到水资源和水环境的重要性，提高认识，自觉地保护和珍惜水资源。

6　结语

为加强水库水源地的保护，保护水库水资源的可持续利用，要不断地开展水库保护措施的探讨，采取可行的保护措施，以形成水资源和水环境保护的长效机制。

菏泽市田间持水量测定与分析

王捷音，严芳芳，孟令杰，刘　豪，王　鑫

（菏泽市水文局，山东　菏泽　274000）

摘　要： 利用环刀法测定田间持水量，对菏泽市墒情监测站点的田间持水量进行测定，与现有田间持水量的数据对比进行合理性检查，事实证明该法操作简便，适用于各类土壤，测定成果可靠。

关键词： 环刀法；田间持水量；合理性检查

1　引言

田间持水量是土壤的一项物理性质，是在地下水埋藏较深的条件下，土壤中所能保持的毛管悬着水的最大量。它的大小与土壤的结构、质地、有机质含量以及土地利用状况有关。不同的土壤其田间持水量不同，即使同一种土壤，其所处的气候带不同、利用方式不同，其田间持水量亦不同，它是土壤墒情及旱情评价指标的重要参数。在水文防汛抗旱监测预测中，田间持水量作为一个土壤的基本物理性质，是一个必须的基础数据。

菏泽市共有 10 处人工墒情站，基本情况见表 1。2015 年开展了全市 10 处墒情监测站田间持水量测定工作。

表 1　菏泽市人工墒情站基本情况表

站　名	站　址	土壤质地	站　名	站　址	土壤质地
梁堤头	曹县梁堤头镇梁堤村	粘　土	张庄闸	成武县苟村镇张庄	壤　土
三春集	东明三春集镇三春集村	壤　土	马庄闸	牡丹区佃户屯马庄	壤　土
李　庙	曹县砖庙镇李庙村	壤　土	魏　楼	牡丹区安兴镇魏楼	壤　土
箕　山	鄄城县箕山乡箕山村	壤粘土	郓　城	郓城县城关镇	沙　土
黄　寺	单县李新庄乡黄寺村	壤　土	东　明	东明县东明镇黄军营	沙壤土

2　测定方法

田间持水量常用的测定方法有围框淹灌法、天然降水法、环刀法。围框淹灌法是在实验地块中建立实验区，通过设置围框、人工灌水、地膜覆盖、自然渗透等一系列人工干预的技术手段，使围框内土壤含水量达到饱和，待自然排出重力水后，测取最大毛管悬着水量即为田间持水量该方法由

作者简介：王捷音（1978—），女，山东菏泽，学士学位，工程师，主要从事水文水资源。

于需监测土壤退水过程，工作量较大，不适合地下水位较浅的地块。

天然降水法即饱和雨后测定法，是指当大气降水达到一定量级，实验地块土壤水分含量达到饱和，排除多余重力水后测定的土壤含水量即为田间持水量。该法对降水条件、监测时机要求较高，对渗透性差的土壤、地下水埋深较浅的地块则不宜选用。

环刀法利用环刀在实验地块上采集原状土带回室内，在人工干预条件下，使土样含水量达到饱和，排出重力水后，测定的土壤含水量即为田间持水量。该法操作简便，适用于各类土壤。我局根据菏泽市土壤实际情况采用的环刀法进行田间持水量测定。

2.1 土样采集

在取样过程中，针对取样地块土壤类型，选用剖面开挖水平取土法，取样前先开挖尺寸约 $60cm \times 50cm \times 50cm$（长 × 宽 × 深）的取土坑，按土壤剖面层次，自上至下用环刀在每层的中部采样，取样过程严格按照操作规程进行。

同一采集深度的 3 个平行土样测算结果有可能超出规程要求。为避免同一土层三个土样测定误差超出规程要求，同一土层按四个土样取样，尽可能避免大的植物根须、石块等杂质掺入土壤样本，影响样本的代表性。取样完成后在环刀刀刃一端垫上滤纸，盖上有孔底盖，另一端盖上顶盖，擦净环刀外壁附土，盖好底盖和顶盖并使用橡皮筋固定，外加密封盒与密封袋。

土样运输过程中的震动有可能影响原状土的物理状态。为避免出现这种情况，专门采购了厚海绵等防震物品。

2.2 退水处理

将土样运回实验室开始土样吸水，根据各站土壤类型和技术规程要求，密切关注各土样吸水时间和吸水状态，即不能使土样吸水时间过短，也不能因吸水时间过长土样出现液化现象，及时装入砂箱退水。时间最长的是梁堤头站，由于土壤性质为粘土，吸水时间达 80 多个小时。

按规程规定要求退水以 12h 两次称重差小于 0.5g 来控制时，调整退水时间 72h。例如马庄闸站 10cm 深度土样退水曲线如图 1。

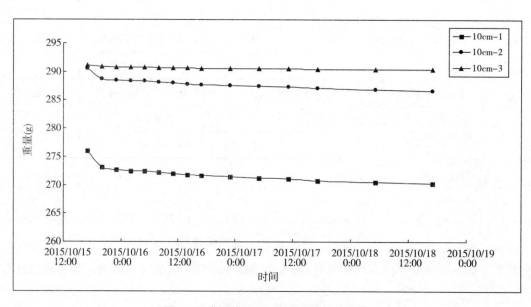

图 1　马庄闸站 10cm 深度土样退水曲线

2.3 测定成果

根据土壤田间持水量测定技术规程，平均田间持水量计算同一采集深度的 3 个土样，田持的最大值与最小值之差值 ≤ 1.5%，则取 3 个的均值；田持的最大值与最小值之差值大于 1.5% 且中间值与最大、最小值之差绝对值 ≤ 1.0%，则取相近的 2 个取均值；否则该站样本作废，单站平均田间持水量采用土层深度加权平均计算法。本次土壤田间持水量测定成果表见表 2。

表 2   2015 年土壤田间持水量测定成果表

序号	站　名	土层深度 (cm)	田间持水量 (%)	平均田间持水量 (%)
1	梁堤头	10	25.0	25.7
		20	23.0	
		40	30.7	
2	三春集	10	19.0	20.9
		20	20.0	
		40	25.2	
3	李　庙	10	23.1	22.9
		20	20.3	
		40	26.5	
4	箕　山	10	23.1	27.4
		20	28.0	
		40	33.2	
5	黄　寺	10	32.5	32.2
		20	31.8	
		40	32.1	
6	张庄闸	10	25.5	27.5
		20	27.8	
		40	30.2	
7	马庄闸	10	25.2	27.0
		20	26.6	
		40	30.3	
8	魏楼闸	10	28.6	27.5
		20	24.7	
		40	30.0	
9	郓　城	10	28.6	29.4
		20	29.4	
		40	30.6	
10	东　明	10	21.7	18.7
		20	16.2	
		40	18.0	

3　成果合理性分析

内业处理完成后，我们及时对测定完成的田间持水量成果进行了合理性检查，分析结论如下。

3.1　按土壤类型和地域位置分析

根据土壤的物理性质，颗粒越细，其表面积越大，垒结后形成的空隙就越小，对水的吸持能力越大，田间持水量相对较高，即砂土、壤土、粘土田间持水量依次增大。一般情况下，砂土田间持水量为 14% ~ 20%，壤土为 20% ~ 28%，粘土为 25% 以上。同一地域土壤质地相同者，田间持水量不应有明显偏差。查阅各类土壤水分资料经对比，除黄寺站外，其他站符合一般土壤田间持水量要求。

3.2　与历次测定成果比较分析

3.2.1　2009 年测定情况

在 2009 年 6 月 10 ~ 18 日期间，开展菏泽市 10 处墒情监测站的土壤田间持水量测定工作，测定方法为威尔科克斯室内法，测定成果见表 3。

表 3　2009 年土壤田间持水量测定成果表

序号	站　名	土层深度（cm）	田间持水量（%）	平均田间持水量（%）
1	梁堤头	10	28.2	26.0
		20	24.0	
		40	25.9	
2	三春集	10	23.8	21.5
		20	22.7	
		40	17.9	
3	李　庙	10	26.1	23.5
		20	21.8	
		40	22.5	
4	箕　山	10	25.7	27.1
		20	26.8	
		40	28.7	
5	黄　寺	10	25.4	25.4
		20	25.9	
		40	25.0	
6	张庄闸	10	17.7	17.7
		20	16.8	
		40	18.7	
7	马庄闸	10	27.4	25.1
		20	22.7	
		40	25.3	

续表3

序　号	站　　名	土层深度（cm）	田间持水量（%）	平均田间持水量（%）
8	魏楼闸	10	25.5	23.5
		20	23.2	
		40	21.7	
9	郓　城	10	22.6	21.8
		20	21.5	
		40	21.2	
10	东　明	10	16.7	17.5
		20	18.5	
		40	17.3	

3.2.2　与历次成果相比较

将2015年复测成果与现有2009年田间持水量成果进行比较，总体说成果相近略有偏大。差距较大的站是黄寺（复32.2%，现25.4%）、张庄闸（复27.5%，现17.7%）和郓城（复29.4%，现21.8%）。经分析和询问上次测定取样人员，张庄闸和郓城是由于2015年复测取样地点与2009年测定时取样地块不一致，2009年测定取样地块不具代表性有关。

2015年黄寺站取样地块和2009年测定取样地块相距不足30m，目视土壤类型是细密的砂质壤土。黄寺站两次测定的平行土样间的误差都符合规程要求，仔细检查退水记录、烘干记录和测定步骤，均看不出异常现象发生。

3.3　最近五年实测值比较

2015年测定的成果与最近5年来实测最大值比较，测定成果除黄寺站外其余均偏小，分析原因墒情实测过程中为定时监测，有时会遇到大雨或刚灌溉后，土壤含水量介于饱和含水量和田间持水量之间，此时的实测值会大于田间持水量。

与最近5年来实测值比较，大于2015年测定田间持水量值的次数占总测次百分比为：三春集为10.2%，梁堤头为4.8%，李庙为10%，马庄闸为9.5%，张庄闸为1.4%，魏楼闸为0.7%，箕山为5.4%，除黄寺与东明没参于比较外，均属合理值范围。三春集差别较大是由于实际监测地块，平时取样的两个地块有一块是粘土地块，但与2009年测定相比不大，2015年测定成果合理。东明因田持取土地块与墒情实测地块不在同一地块，无可比性，故没有做此项对比。由于黄寺2015年测定成果与2009年测定成果差别较大，遂用黄寺的历年实测值与2009年测定成果比较，大于田持的测次为总测次的3.1%，认定2009年测定成果属于合理范围。详见表4。

表4　2015年测定田间持水量成果与历史实测值比较情况表

站　　名	总测数次	大于2015年田持次数	田持次数比例（%）
梁堤头	125	6	4.8
三春集	127	13	10.2
李　庙	130	13	10

续表4

站　名	总测数次	大于2015年田持次数	田持次数比例（%）
箕　山	130	7	5.4
张庄闸	145	2	1.4
马庄闸	147	14	9.5
魏楼闸	129	1	0.7
郓　城	149	0	0

3.4　与规范参考数值比较

点绘田间持水量与干容重关系图（见图2），发现田间持水量与干容重关系图大致呈负相关关系，即土壤的干容重越大，土壤越密实，孔隙度越小，田间持水量越小；反之，干容重越小，土壤越松散，孔隙度越大，田间持水量越大。

根据《土壤墒情监测规范》（SL 364—2015）附录B.1 "各类土壤水分常数和容重" 表对照分析，点据趋势与规范参考数值分布规律一致，本次测定的成果较为合理。

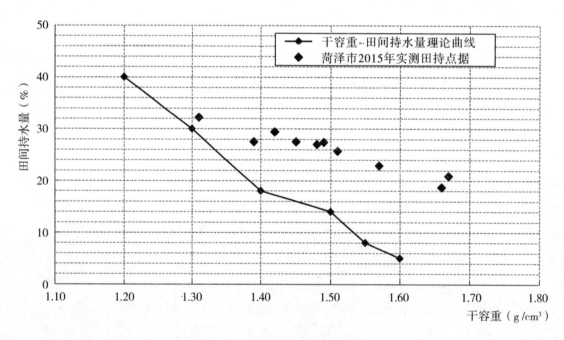

图2　测定成果与规范数据比较图

3.5　利用测定成果分析历史旱情

为了便于进行干旱等级分析，一般用土壤相对土湿（土壤含水量与田间持水量的百分比）来划分干旱等级指标，大于60%为无旱，50%～60%为轻度干旱，40%~50%为中度干旱，30%～40%为重度干旱，小于30%为特别重度干旱，为验证2015年成果的合理性，利用2015年成果与2009年测定成果分别计算与实测墒情（2015年11月1日）的相对土湿，消除了以往相对土湿大于100%的不合理现象。进行比较来分析本次测定成果的合理性，东明因为田持取土地块与墒情实测地块不在同一地块，无可比性，故没有做此项对比。见表5。

表5 两次测定成果计算土壤湿度对比表

单位：%

站　名	2015年相对土湿	2009年相对土湿	站　名	2015年相对土湿	2009年相对土湿
梁堤头	75.6%	76.5%	张庄闸	57.4%	37.0%
三春集	57.4%	59.0%	马庄闸	71.7%	66.7%
李　庙	63.8%	65.5%	魏楼闸	63.1%	53.9%
箕　山	65.8%	65.1%	郓　城	56.6%	42.0%
黄　寺	62.3%	65.5%			

4 结论

2015年田间持水量测定与2009年测定相比，规程规定测定程序和步骤更加严格，所用工具增加了砂箱、大滤纸、封闭袋等，单站平均田间持水量不采用算术平均法而是采用土层深度加权平均计算，所以2015年测定成果更加合理。

南四湖水生态评价研究及保护对策

张　健，胡　星，孔　舒，李　伟，李　栋，张秀敏

（济宁市水文局，山东　济宁　272000）

摘　要： 根据《河流健康评估指标、标准与方法》，研究了南四湖水生态健康评估体系的建立方法。通过对水平年南四湖各项水生态指标的监测、调查和整理，对南四湖水生态现状进行了评价，同时针对健康评估中每个准则层的突出问题，提出了南四湖水生态保护对策。

关键词： 南四湖；水生态；保护对策

1　南四湖水生态健康评估体系的建立

湖泊健康评估是对湖泊系统的水文完整性、物理结构完整性、化学完整性、生物完整性和服务功能完整性及其相互协调性的评价。根据《河流健康评估指标、标准与方法》[1]建立了南四湖水生态评估指标体系，包括1个目标层、5个准则层、17个评估指标。基于水文水资源、物理结构、水质和生物4个准则层评价湖泊生态完整性，综合湖泊生态完整性和湖泊社会服务功能准则层得到湖泊健康评估赋分，湖泊生态完整性权重0.7，湖泊社会服务功能准则层权重0.3。具体见表1。根据水平年选取原则及2006年至2015年南四湖降雨资料，确定本次评价水平年为2013年。

南四湖健康评估采用分级指标评分法，逐级加权，综合评分，即湖泊健康指数。湖泊健康分为5级：理想状况、健康、亚健康、不健康、病态，赋分范围分别为80～100、60～80、40～60、20～40、0～20。赋分标准参见《河流健康评估指标、标准与方法》（水利部水资源司、河湖健康评估全国技术工作组，2010年10月）。

表1　南四湖健康评估指标体系表

目标层	准则层（权重）	指标层	指标层权重
湖泊健康	水文水资源（0.2）	最低生态水位满足状况	0.7
		入湖流量变异程度	0.3
	物理结构（0.2）	河湖连通状况	0.25
		湖泊萎缩状况	0.5
		湖滨带状况	0.25
	水质（0.2）	溶解氧水质状况	以三个指标的最小值作为水质准则层的赋分
		耗氧有机污染状况	
		富营养状况	

作者简介：张健（1988—），男，济宁市水文局，助理工程师。

续表1

目标层	准则层（权重）	指标层	指标层权重
湖泊健康	生物（0.4）	浮游植物数量	0.15
		浮游生物损失指数	0.15
		大型水生植物覆盖度	0.20
		大型底栖无脊柱动物生物完整性指数	0.25
		鱼类生物损失指数	0.25
	社会服务功能	水功能区达标指标	0.25
		水资源开发利用指标	0.25
		防洪指标	0.25
		公众满意度指标	0.25

2 南四湖水生态健康评估赋分

2.1 水文水资源准则层

2.1.1 湖泊最低生态水位满足状况

根据《湖泊健康评估指标、方法与标准》要求，分别采用天然水位资料法和湖泊形态法确定南四湖的最低生态水位。因 20 世纪 80 年代以后，南四湖湖区内除险加固工程及清淤工程较多，影响了最低生态水位的计算，为保证计算的合理性，同时考虑资料现状，选取南四湖 1970 ~ 1987 年最低水位资料。天然水位资料法适线结果，上级湖为 32.73m（淮委精高，下同），下级湖为 31.18m。湖泊形态法，上级湖为 32.75m，下级湖为 31.75m。根据相关规划，南四湖生态水位上级湖为 32.55m，下级湖为 31.05m。从湖泊生态安全的角度考虑，采用规划值确定的最低生态水位，上级湖为 32.55m，下级湖为 31.05m。

根据赋分准则，南四湖上级湖选取南阳湖站，下级湖选取微山站作为水位代表站，采用 2013 年实测水位资料统计不同时段（日均、3 日、7 日、14 日、30 日及 60 日平均水位）的最低水位分别与最低生态水位进行对比，经对比各时段平均水位最低值均大于最低生态水位，南四湖最低生态水位满足程度赋分为 90 分。

2.1.2 入湖流量变异程度

南四湖入湖河流主要有白马河、梁济运河、东鱼河、洸府河、泗河、新万福河和朱赵新河，本次还原计算采用分项调查法，对各河道 2013 年天然径流量进行还原计算。经计算，南四湖入湖河流各月平均天然径流 8509.67 万 m^3，各月平均实测径流 1909.08 万 m^3，入湖流量变异程度 IFD 值为 7.68。IFD 值大于 5，根标赋分标准进行差值计算得南四湖入湖流量变异程度赋分 0 分。根据水文资料分析，南四湖流域自 2012 年以后降雨量偏少，属枯水年，沿湖河流农业灌溉等需水量较大，导致入湖流量变异程度较大。

2.1.3 水文水资源指标赋分

根据赋分权重，南四湖水文水资源准则层赋分 =90×0.7+0×0.3=63.0。

2.2 物理结构准则层

2.2.1 河湖连通状况

河湖连通性状况评价指标有年内河流断流阻隔时间、年入湖水量占入湖河流多年平均实测年径流量比例、评价年内入湖河流水质达标频率。根据 2013 年水文资料和赋分标准，泗河河湖连通性最好，赋分为 43 分；白马河、洸府河河湖连通性最差，赋分为 0 分，南四湖的河湖连通状况综合赋分为 12.3 分。主要环湖河流连通性情况见表 2。

表 2　环湖河流河湖连通性情况

环湖河流	断流阻隔时间（月）	出入湖水量（万 m³）	多年平均实测径流（万 m³）	年入湖水量占入湖河流多年平均实测年径流量比例	评价年内入湖河流水质达标频率	环湖河流河湖连通性赋分
万福河	8	4516	3923	115.1%	33.3%	10
梁济运河	11	1827	22565	8.1%	100%	2.5
东鱼河	9	8085	14678	55.1%	41.7%	7.5
白马河	12	0	818	0.0%	83.4%	0
泗河	0	6960	16358	42.5%	95.8%	43
朱赵新河	1	1521	21418	7.1%	41.7%	14.2
洸府河	12	0	4215	0.0%	54.2%	0

2.2.2 湖泊萎缩状况

南四湖现状水面面积利用 TM/ETM 遥感影像解译，计算南四湖 2013 年湖区水面面积，2013 年南四湖上级湖水面面积为 524km²，下级湖水面面积为 578km²，历史水面面积的计算，采用根据上世纪 70 年代为率定的湖区水位～库容～水面面积曲线，确定相应湖区历史水面面积，上级湖 602km²，下级湖 664km²。经计算，南四湖湖泊萎缩比例 ASR 为 13%。根据赋分标准，湖泊面积萎缩状况评价赋分 51 分。南四湖现状湖泊面积与参考状况有中度差异。

2.2.3 湖岸带状况

湖岸带状况指标包括岸坡稳定性分指标、河岸植被覆盖度分指标和河岸带人类活动干扰程度。根据南四湖实际情况，在湖东堤选取石佛、二级坝、新薛河、韩庄 4 个站点，湖西堤选取郑庄、梁岗、王楼、高楼 4 个站点，依据监测结果对 3 个分指标进行赋分，监测点评估得分的算术平均值即为南四湖湖岸带状况赋分。根据各站点湖岸带状况赋分情况，南四湖湖岸带状况赋分为 75.6 分，湖岸带状况良好。

2.2.4 物理结构准则层赋分

依据技术方案中物理结构准则层各指标层的权重和赋分，得到南四湖物理结构准则层赋分 =75.6×0.3+12.3×0.4+51×0.3=42.9。

2.3 水质准则层

通过对南阳湖、独山湖、昭阳湖、微山湖 4 个湖区溶解氧、耗氧有机物、富营养状况资料分析，分别对相应指标赋分，得到南四湖水质指标层得分。

2.3.1 溶解氧水质状况

通过对南四湖四个湖区测定的溶解氧值比较显示南四湖汛期的溶解氧含量比非汛期低，各湖区非汛期溶解氧含量均大于 8mg/L，且差异性小；而汛期均低于 7.5mg/L。根据赋分标准给各断面分别赋分，南四湖四个湖区溶解氧指标赋分最高的为昭阳湖 95.1 分，最低的为独山湖 67.6 分。赋分结果见表 3。

表 3 溶解氧水质监测结果及指标赋分

断面名称	汛期平均（mg/L）	汛期赋分	非汛期平均（mg/L）	非汛期赋分	溶解氧指标赋分
南阳湖	6.97	92.9	8.22	100	92.9
独山湖	5.38	67.6	8.11	100	67.6
昭阳湖	7.13	95.1	8.92	100	95.1
微山湖	6.85	91.1	9.06	100	91.1

2.3.2 耗氧有机物

耗氧有机物评价指标有高锰酸盐指数、化学需氧量、五日生化需氧量和氨氮。根据评价结果和赋分标准，南四湖四个湖区耗氧有机物指标赋分最高的为微山湖 83.4 分，最低的为独山湖 78.5 分。

2.3.3 富营养状况

富营养状况评价指标有总磷、总氮、叶绿素 a 和透明度。根据评价结果和赋分标准，南四湖四个湖区富营养状况指标赋分最高的为微山湖、昭阳湖 64.6 分，最低的为南阳湖 59.5 分。

2.3.4 水质准则层赋分

南四湖水质准则层赋分为各湖区的指标赋分与评价湖区面积对评价湖泊中面积的加权平均的最小值。通过计算，南四湖化学完整性指标赋分为 63.3 分。

2.4 生物准则层

南四湖选取 5 个采样点，点位从上游到下游布设如下：南阳湖南阳岛、独山湖独山、昭阳湖二级湖（闸上）、微山湖微山岛和韩庄闸（闸上）。

2.4.1 浮游植物

通过 7 月至 10 月整个生长季的监测调查，南四湖共鉴定出浮游植物 5 门 24 属，其中蓝藻门有 1 属、绿藻门 12 属、硅藻门 8 属、裸藻门 2 属、金藻门 1 属。7 月至 10 月生长季期间浮游植物细胞密度平均值为 74.1×10^4 个 /L。根据赋分准则，南四湖生长季浮游植物赋分值为 84 分，其中独山湖得分 77，南阳湖、昭阳湖和微山湖得分均在 80 以上，昭阳湖最高为 87。

2.4.2 浮游动物

南四湖浮游动物数据采用调查统计结果。南四湖共调查统计到原生动物 34 属，轮虫 141 种，枝角类 44 种，桡足类 28 种，介形类 2 属。南四湖浮游动物历史数据采用《中国湖泊环境》（海洋出版社，1995 年）数据，南四湖历史浮游动物有 4 大类，92 种，其中原生动物 26 种，轮虫 41 种，枝角类 21 种，桡足类 4 种 [2]。根据赋分标准，南四湖浮游生物损失指数赋分为 100 分。

2.4.3 大型水生植物

南四湖大型水生植物覆盖度通过实地监测确定，分别在上级湖设立南阳、二级坝上，下级湖设立二级坝下、微山岛 4 处监测站点，根据统计结果，各监测站点平均覆盖度为 20%，南四湖大型水生植物评分采用直接评判赋分法，赋分结果为 33.3 分。

2.4.4 底栖动物

本次调查采得的底栖动物，隶属于软体动物门的 36 种，节肢动物门甲壳纲的 9 种。环节动物门的 8 种和昆虫纲的 15 个科。根据《湖泊健康评价标准、指标与方法》建立了评价南四湖底栖动物完整性指标最佳期望值 BIBIE，并根据调查数据赋分，南四湖底栖动物赋分为 67 分。

2.4.5 鱼类

根据相关资料南四湖历史统计鱼类 74 种，分别隶属于 8 目 16 科 53 属。南四湖现有鱼类数据通过调查监测和走访当地水产市场获得，本次共监测到鱼类 32 种，隶属 6 目 11 科 29 属。根据赋分标准南四湖鱼类生物损失指数为 0.43，赋分为 24.4 分。

2.4.6 生物准则层赋分

根据赋分标准和各项指标权重，南四湖生物准则层赋分为 57 分。

2.5 社会服务功能准则层

2.5.1 水功能区达标率

根据 2013 年监测数据，南四湖共有南四湖上级湖调水水源保护区和南四湖下级湖调水水源保护区两个水功能区，2013 年全年共监测 12 次，上级湖调水水源保护区年度达标 10 次，达标率为 83.3%，下级湖调水水源保护区年度达标 11 次，达标率为 91.7%，两个水功能区评估年达标率均大于 80%，为水质达标功能区。根据赋分标准，南四湖水功能区水质达标率指标赋分为 100 分。

2.5.2 水资源开发利用指标

本次评价范围为南四湖出湖口以上流域，流域面积 31680km^2，水资源总量 = 地表水资源量 + 地下水资源量 + 南水北调水量，水资源开发利用量包括生态需水和社会经济需水，根据《南四湖水资源承载力研究》，南四湖流域水资源总量为 268860 万 m^3，水资源开发利用量 47643.48 万 m^3[3]，水资源开发利用率为 17.7%。根据赋分标准，水资源开发利用指标赋分为 83 分。

2.5.3 公众满意度

公众满意度采用调查问卷的方法。在每个沿湖的县镇区域内随机发放南四湖健康评估公众调查表，合计发放 200 份，收回 176 份。经统计，被调查者年龄在 16 ~ 80 岁间，从事的职业有 13 种，本次调查人群较广泛，样本采集有效。在收回的有效调查表中，公众总体评估赋分最高分为 100 分，最低分为 40 分。平均赋分为 82.3 分。

2.5.4 防洪指标

南四湖湖东堤北起石佛老运河南至韩庄段，全长 124.86km，防洪标准，大型矿区段防御 "57 年型" 洪水，其余堤防段防御 50 年一遇洪水。南四湖湖西堤北起老运河河口，南至蔺家坝，全长 131.197km，湖西大堤防御标准为 1957 年洪水标准。根据水利普查资料，南四湖达标湖堤全长 174.391km，达标率为 68.1%。根据防洪工程赋分标准，南四湖防洪指标赋分为 43.3 分。

2.5.5 社会服务功能赋分

根据赋分标准中社会服务功能准则层各指标的权重，经加权平均，南四湖社会服务功能指标得分为 75.2 分。

2.6 南四湖生态完整性评估综合得分

2.6.1 南四湖生态完整性评估综合得分

根据技术方案中水文水资源、物理结构、水质和生物四个准则层的权重和综合得分，经加权平均，得到南四湖生态完整性评估综合得分为 56.6。

2.6.2 南四湖水生态健康指数得分

根据以上计算成果，综合社会服务功能与生态完整性的赋分结果和各自权重，计算南四湖健康目标层分值，即南四湖健康指数为 62.2 分。

3 南四湖水生态评价结论及保护对策

从生态完整性状况来看，各准则层综合得分顺序为水质＞水文水资源＞生物＞物理结构。南四湖健康目标层分值为 62.2 分，对比河湖健康评估分级表，目前南四湖处于健康状态。

南四湖的问题主要是水资源有限，开发利用强度大，南四湖水生态问题也主要是由此引起的，针对健康评估中每个准则层的突出问题，提出了南四湖健康保护目标为生态恢复，调水安全保障。针对南四湖水生态保护问题，可采取相应的对策。

水生植被恢复对策。南四湖水位较高水生植被的恢复仍存在一定难度，因此，保护具有较强的适应性和存活力的湖泊原生植被，是保护湖泊生态环境的根本措施之一。建立长期固定监测点，对水生植被时空变化进行定期监测，可为南四湖生态系统演化研究和保护水资源提供可靠的基础数据。要利用法律对刈割水生植物的船只进行管理，做到对鱼、禽、畜可直接食用的水生植物的刈割要适度。对于那些不能直接食用的水生植物，也应采取收割的方法加以限制。做到物尽其用，促进该类植被的良性发展以提高水生植被的经济效益和生态效益。

水产养殖的管理。目前南四湖在稳定渔获量、抑制藻类爆发等方面取得一定效果，网围整治则具有改善水质，促进水体交流，改善水生高等植物生存环境等作用。但由于捕捞强度居高不下，湖泊与其他水体的联系较少等因素仍然存在，故继续对南四湖开展因地制宜的渔业管理、资源养护工作显得非常重要。

参考文献：

[1] 河湖健康评估全国技术工作组.河流健康评估指标、标准与方法 [R].水利部水资源司，2010.

[2] 金相灿.中国湖泊环境 [M].青岛：海洋出版社，1995.

[3] 梁春玲.南四湖水资源承载力研究 [D].济南：山东师范大学，2007.

骆马湖区水量平衡分析

赵艳红，詹道强，王秀庆，李　斯

（沂沭泗水利管理局水文局（信息中心），江苏　徐州　221018）

摘　要： 骆马湖是江苏境内大型的人工调蓄湖泊之一，也是南水北调东线向北送水的蓄水工程。本文对2003～2008年骆马湖区进出湖水量、区间产流量、区间用水量等进行了计算，对区间水量平衡及影响原因进行了分析。

关键词： 骆马湖；水量平衡；分析

1　流域概况

骆马湖位于沂河末端，中运河东侧，原是沂河和中运河滞洪洼地，新中国成立后，逐步建成了湖泊控制工程，是以防洪、灌溉为主，结合航运、发电、水产养殖等综合利用的多功能湖泊（图1）。

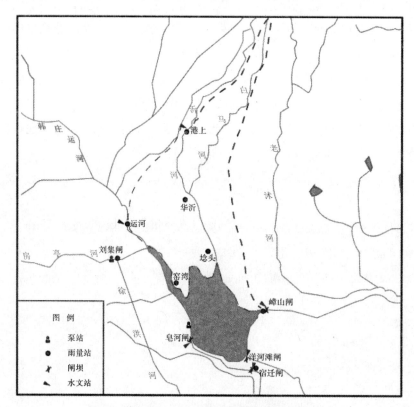

图1　骆马湖区间水系图及主要控制站点分布图

作者简介：赵艳红（1978—），女，高级工程师，主要从事水文水资源工作。

骆马湖承接南四湖、沂河干流、邳苍地区 5.1 万 km² 面积的来水，调蓄后主要由新沂河排入黄海。入湖主要河道有沂河、中运河、房亭河。出湖主要河道有新沂河、中运河、六塘河和徐洪河。骆马湖南北长 20km，东西宽 16km，周长 70km。一般湖底高程 20.0m。正常蓄水位 23.0m 时，湖面面积 375km²，容积 9.0 亿 m³。骆马湖也是南水北调东线重要调蓄水库之一。

2 水量平衡定义

在水文基本术语和符号标准中，水量平衡的定义为地球上任一区域或水体，在一定时段内，输入与输出的水量之差等于该区域或水体内的蓄水变量。显然水量平衡是针对水循环过程中的某一环节而言，将这个环节视为相对独立的水系统，在一定时段内和一定区域内可以给出水系统的水量平衡方程：

$$I-O=\Delta S$$

式中：I、O 分别为水系统的输入、输出总水量；ΔS 为水系统内部需水量的变化量。

3 平衡时段选择

选择 2003 ~ 2008 年期间以年为平衡时段，计算各项水量要素值，求出 6 年水量平衡差作为分析对象。主要原因有：① 2003 ~ 2008 年的历年降雨量涵盖了枯、平、丰水特征；②数据资料的统计口径较一致；③该时间段距今不远，有借鉴意义。

4 水量平衡分析

4.1 进出湖控制站水量计算

进湖流量资料为港上站、运河站、刘集闸逐日平均流量整编资料，皂河翻水站采用的是每日 8 时的报汛流量资料作为日平均流量资料估算；出湖流量资料为嶂山闸、皂河闸、洋河滩闸逐日平均流量资料，刘集地涵采用的是每日 8 时的报汛流量资料作为日平均流量资料估算。调蓄水量为年末与年初骆马湖蓄水量差值（数值为正时，蓄水量增加；数值为负时，蓄水量减少）。骆马湖 2003 ~ 2008 年进、出湖控制站水量统计成果见表 1。

表 1 骆马湖 2003 ~ 2008 年进、出湖控制站水量统计成果表 单位：亿 m³

年份	进湖控制站水量	出湖控制站水量	调蓄水量	水量差
2003	111.23	96.78	3.04	11.41
2004	90.89	72.23	−0.24	18.9
2005	137.82	133.83	−0.92	4.91
2006	55.82	50.06	−1.37	7.13
2007	90.13	94.83	0.18	−4.88
2008	77.60	72.11	1.33	4.16

4.2 骆马湖水面降雨产流

根据《淮河流域沂沭泗水系实用水文预报方案——骆马湖水文预报方案》，湖面上的产流，是将湖面时段平均降雨量折算成水量直接入湖。湖面平均降雨量根据皂河闸、嶂山闸、宿迁闸、窑湾、埝头五站降雨量用算术平均计算，见表2。

表2 2003～2008年骆马湖水面降雨径流成果表

年份	年降雨量 (mm)	逐月产水量（$10^8 m^3$）												年产水量（$10^8 m^3$）
		1	2	3	4	5	6	7	8	9	10	11	12	
2003	1320.6	0.061	0.131	0.356	0.295	0.107	1.023	1.768	1.090	0.243	0.171	0.148	0.060	5.454
2004	592.2	0.039	0.071	0.068	0.057	0.319	0.247	0.392	0.529	0.511	0.031	0.115	0.067	2.446
2005	909.9	0.035	0.195	0.133	0.069	0.119	0.368	1.292	0.856	0.447	0.027	0.161	0.055	3.758
2006	687.5	0.090	0.079	0.013	0.161	0.185	0.663	0.628	0.362	0.230	0.010	0.316	0.103	2.839
2007	1226.2	0.001	0.251	0.242	0.121	0.229	0.430	1.779	0.983	0.751	0.140	0.048	0.090	5.064
2008	1197.0	0.162	0.010	0.073	0.786	0.414	0.623	1.583	0.923	0.215	0.074	0.048	0.032	4.944

4.3 骆马湖水面蒸发损失

骆马湖水面蒸发损失量的估算，利用水面蒸发折算系数、蒸发量及骆马湖水位面积，推算得骆马湖湖面逐月蒸发损失水量，本次计算蒸发量借用宿迁闸的蒸发观测资料，成果见表3。

表3 2003～2008年湖水面蒸发损成果表　　　　　水量：亿 m^3

年份	1	2	3	4	5	6	7	8	9	10	11	12	水量
2003	0.133	0.140	0.207	0.236	0.380	0.459	0.216	0.238	0.297	0.205	0.152	0.069	2.732
2004	0.060	0.156	0.309	0.397	0.437	0.408	0.433	0.375	0.399	0.265	0.192	0.114	3.544
2005	0.121	0.116	0.268	0.414	0.510	0.604	0.411	0.291	0.253	0.257	0.176	0.151	3.570
2006	0.123	0.099	0.283	0.336	0.405	0.418	0.259	0.353	0.272	0.279	0.179	0.096	3.101
2007	0.100	0.145	0.275	0.352	0.435	0.355	0.272	0.360	0.309	0.246	0.159	0.089	3.096
2008	0.060	0.113	0.315	0.286	0.454	0.315	0.280	0.388	0.320	0.195	0.134	0.109	2.969

4.4 区间径流

骆马湖区间指沂河港上站以下、中运河运河站以下、房亭河刘集闸以下、骆马湖以上区域，集水面积1203km²。区间雨量计算采用港上、运河、刘集闸、华沂、窑湾、埝头6站算术平均值，产流借用相邻的运河站降雨径流关系，推算得出骆马湖区间2003～2008年的降雨径流成果，见表4。

表4 骆马湖区间降雨径流成果表

年份	年降雨量 (mm)	逐月产水量（$10^8 m^3$）												年径流量（$10^8 m^3$）
		1	2	3	4	5	6	7	8	9	10	11	12	
2003	1263.6	0.00	0.00	0.00	0.01	0.00	0.47	2.16	0.95	0.25	0.00	0.00	0.00	3.83
2004	630.5	0.00	0.00	0.00	0.00	0.00	0.15	0.17	0.17	0.00	0.00	0.00	0.00	0.49
2005	1017.9	0.00	0.00	0.00	0.00	0.00	0.04	0.97	0.76	0.15	0.01	0.00	0.00	1.94
2006	652.0	0.00	0.00	0.00	0.00	0.00	0.22	0.54	0.01	0.02	0.00	0.02	0.00	0.81
2007	1174.8	0.00	0.00	0.03	0.00	0.00	0.19	1.53	0.68	0.28	0.00	0.00	0.00	2.70
2008	1087.6	0.00	0.00	0.00	0.17	0.03	0.21	1.30	0.54	0.04	0.00	0.00	0.00	2.27

4.5 区间用水及其他

区间及其他用水主要有农业灌溉用水、工业用水、皂河船闸用水、骆马湖渗漏损失量等。而其中农业灌溉用水、工业用水中，农业灌溉用水占主要部分，约90%以上。

（1）农业用水。骆马湖区域实际灌溉面积约 201.2 万亩，其中水田 77.7 万亩，旱田 123.5 万亩；湖东片主要有嶂山灌区用水，嶂山灌区实际灌溉面积 2.5 万亩。枯水年农业灌溉定额水田 800m³/亩，旱田 300m³/亩。经估算，骆马湖周边枯水年农业灌溉用水量为 10.12 亿 m³。根据《苏北地区区域供水规划（2004 ~ 2020 年）》中分析成果，正常情况下，枯水年、平水年、丰水年、洪水年用水量的比例大概为 3∶2∶1.5∶1。

（2）皂河船闸用水。根据调查，皂河船闸损耗用水日平均流量 8 ~ 9m³/s，可估算出年用水量约 2.5 亿 m³。

（3）渗漏损失水量。根据南四湖湖泊湿地生态环境需水量初步研究，南四湖月渗漏损失量为月平均蓄水量的 0.00143 倍，骆马湖渗漏损失量可借用南四湖的分析成果，根据骆马湖的月平均蓄水量估算得月渗漏损失量，因损失量较小，本次计算未予考虑。

（4）工业用水在区间总用水量中所占份额较少，且缺乏统计资料，本次计算也未予考虑。

4.6 水量平衡计算成果

骆马湖入湖水量分别由沂河、中运河、房亭河水量，皂河翻水站向骆马湖补水、骆马湖区间降雨径流、湖面产流等部分组成。

骆马湖出湖水量由嶂山闸泄洪、皂河闸放水、洋河滩闸放水、皂河船闸用水、湖面蒸发损失水量及骆马湖周边其他取水工程取用水量（主要是农业用水）组成。

简化后的水量平衡计算公式：$\Delta W = \sum W_{出} - \sum W_{入}$

其中：

$\sum W_{入}$ 为流入区间的总水量，包括港上站、运河站、刘集闸、皂河翻水站等有流量控制断面的站点流入区间的水量、区间产流量及湖面产流量。

$\sum W_{出}$ 为流出区间的总水量，包括嶂山闸泄洪、皂河闸放水、洋河滩闸放水、皂河船闸用水、湖面蒸发损失水量及骆马湖周边其他取水工程取用水量（主要是农业用水）。

ΔW 为湖泊蓄变量以及因其他未知原因引起的水量不平衡所导致的差值。

2003 ~ 2008 年骆马湖水量平衡计算成果见表 5。

表 5 2003 ~ 2008 年骆马湖水量平衡计算成果表　　　　　　　水量：亿 m³

年份	进湖控制站水量	区间产流	湖面产流	总入湖	湖面蒸发	出湖控制站水量	农业用水	皂河船闸	总出湖	调蓄	水量平衡差值	占总进湖水量（%）
	（1）	（2）	（3）	（4）	（5）	（6）	（7）	（8）	（9）	（10）	（12）	（13）
2003	111.23	3.83	5.45	120.51	2.73	96.78	3.37	2.5	105.38	3.05	12.08	10.02
2004	90.89	0.49	2.45	93.83	3.54	72.23	10.12	2.5	88.39	-0.24	5.68	6.05
2005	137.82	1.94	3.76	143.52	3.57	133.83	6.75	2.5	146.65	-0.94	-2.19	-1.53
2006	55.82	0.81	2.84	59.47	3.1	50.06	10.12	2.5	65.78	-1.37	-4.94	-8.31
2007	90.13	2.7	5.06	97.89	3.1	94.83	5.06	2.5	105.49	0.18	-7.78	-7.95
2008	78.3	2.27	4.94	85.51	2.97	72.11	5.06	2.5	82.64	1.34	1.53	1.79
平均	94.03	2.01	4.08	100.12	3.17	86.64	6.75	2.50	99.06	0.34	0.73	0.01

注：进湖控制站水量包括港上站、运河站、刘集闸、皂河翻水站水量；出湖控制站包括嶂山闸、皂河闸、洋河滩闸、刘集地涵水量。

5 成果及误差原因分析

（1）计算成果中 2003～2008 年骆马湖每年水量平衡差分别是 12.08 亿 m^3、5.68 亿 m^3、–2.19 亿 m^3、–4.94 亿 m^3、–7.78 亿 m^3、1.53 亿 m^3，分别占当年总进湖水量的 10.02%、6.05%、–1.53%、–8.31%、–7.95%、1.79%。6 年平均水量平衡差为 0.73 亿 m^3。除了 2003 年的水量平衡差值较大，2004、2005、2006、2007、2008 年计算结果基本合理。

（2）2003 年水量平衡误差原因分析。通过对 2003 年逐日进出湖日平均流量分析，发现 2003 年 1 月 1 日至 2003 年 6 月 15 日，骆马湖出湖流量均为 0，在此期间，皂河翻水站向骆马湖补水，2003 年 1～6 月份总进湖水量为 9.84 亿 m^3，总出湖水量为 0.27 亿 m^3，2003 年 1 月 1 日 8 时水位 22.18m，7 月 1 日 8 时水位 22.39m，仅调蓄了 0.62 亿 m^3。1～6 月份进湖水量主要用于区间用水和向上游补水，补水期间，运河站和刘集站流量资料为负，而资料整编时作 0 处理了，不能在水量平衡计算中反映出来，根据报汛日平均流量计算，运河站和刘集闸 2003 年逆流水量为 3.86 亿 m^3。另外 2003 年为旱涝急转年，前期干旱严重，区间实际用水量比根据农业灌溉定额和《苏北地区区域供水规划（2004～2020 年）》推出的计算分析值偏大也可能是造成全年总出湖水量偏少的原因。

6 结语

通过对骆马湖区 2003～2008 年的水量平衡分析可知，平均水量平衡差为 0.73 亿 m^3，2004～2008 年各年区间总的进出水量差值在许可范围之内，2003 年进出总水量相差较大，主要原因是整编资料中运河运河站和房亭河刘集闸负流量作为 0 处理，以及区间用水量、工程的运行情况未能全部掌握等。为了能够全面掌握骆马湖区的水量关系，为骆马湖区的洪水预报和水资源的科学管理和合理配置提供准确的技术支撑，建议加强对骆马湖区间进出口门的控制，并对骆马湖区间的取水用户进行调查，将各用水户的取用水量纳入水量平衡计算。

参考文献：

[1] 沂沭泗水利管理局 . 沂沭泗河道志 [M]. 北京：中国水利水电出版社，1996

[2] 郑大鹏，等 . 沂沭泗防汛手册 [M]. 徐州：中国矿业大学出版社，2003

[3] 辛良杰，南四湖湖泊湿地生态需水量研究 [D]. 济南：山东师范大学，2005.

南四湖面源污染情况分析及防治建议初探

孔 舒，李 伟，张 健，胡 星，齐云婷

（济宁市水文局，山东 济宁 272000）

摘 要： 本文根据《济宁市统计年鉴》，使用面源污染物排放量的计算方法，计算出南四湖周边村落生活污水与固体废弃物的排放、农田化肥农药的使用、畜禽养殖和地表径流等污染排放量，统计出南四湖周边村庄每年的污染物排放量，并计算出南四湖周边村落污染物的入河量，从而得到南四湖的面源污染负荷量，通过计算了解了南四湖面源污染的主要来源，理清了南四湖面源污染的污染规律。并针对南四湖的面源污染特点，提出了防治南四湖面源污染所采取的对策和建议。

关键词： 南四湖；面源污染；治理措施

面源污染，也称非点源污染，是指溶解性固体的污染物从非特定地点，在降水或融雪的冲刷作用下，通过径流过程而汇入受纳水体（包括河流、湖泊、水库和海湾等）并引起有机污染、水体富营养化或有毒有害等其他形式的污染。面源污染是最为重要且分布最为广泛的污染，农业生产活动中的氮素和磷素等营养物、农药以及其他有机或无机污染物，通过农田地表径流和农田渗漏形成地表和地下水环境污染。土壤中未被作物吸收或土壤固定的氮和磷通过人为或自然途径进入水体，是引起水体污染的一个重要因素。近年来面源污染对水体污染所占比重呈上升趋势，开展相关研究寻求解决面源污染治理的方法尤为必要。

1 南四湖概况

南四湖地处山东省西南部，是我国十大淡水湖泊之一。南四湖由南阳、独山、昭阳、微山四个湖泊连接而成，统称南四湖。总面积 1266km^2。平均水深 1.5m。年平均蓄水量 16.06 亿 m^3，总流域面积为 31700km^2。南四湖流域河道众多，流域面积在 50km^2 以上的河道 91 条，总长度 1516km，是淮河流域重要的组成部分。

根据《山东省水功能区划》的要求，入湖河流水质均应符合地表水Ⅲ类标准（《地表水环境质量标准》（GB 3838—2002）），所以认为入湖河流对南四湖水质没有明显的影响。南四湖面源污染主要来自于沿湖村庄。

作者简介：孔舒，女，山东济宁，就职于济宁市水文局，助理工程师，从事水资源监测与保护工作。

2 面源污染调查方法

本次面源污染调查的对象包括农村生活污水与固体废弃物的排放、化肥农药的使用、畜禽养殖和地表径流四项。本次以《济宁市统计年鉴》为基础，结合补充调研，估算南四湖面源污染负荷量。

2.1 农村生活污染源估算

农村生活污染源调查分析主要包括农村生活污水及生活垃圾产污两部分。根据文献《全国水资源综合规划地表水水质评价及污染物排放量调查估算工作补充技术细则》（简称《细则》）可得生活污水中污染物排放系数。农村生活垃圾产污的计算是根据人均生活垃圾系数以及垃圾污染物含量求得。参考《细则》可得生活垃圾和固体废弃物总磷和总氮取值。根据《济宁市统计年鉴》得到计算区域农村人口统计数，最终计算出农村生活污水及生活垃圾污染物产生量（表1）。

表1 农村生活污染源污染物产生量调查表

COD（t/a）	氨氮（t/a）	TP（t/a）	TN（t/a）
9962	638	259	1275

2.2 农药化肥污染估算

根据《济宁市统计年鉴》，概算出南四湖沿岸不同农作物的种植面积，进而根据种植面积估算出相应不同化肥量，同理可求得农药使用量。根据调查统计化肥、农药施用量，折算成有效成分（化肥以 N、P 计，农药以有机氯、有机磷计）。再计算化肥和农药流失量。

参考文献的研究计算化肥流失量，公式如下：

总氮 =（氮肥 + 复合肥 ×0.3+ 磷肥 ×0.185）×20%；

总磷 =（磷肥 + 复合肥 ×0.3）×15%；

氨氮 =（氮肥 + 复合肥 ×0.3+ 磷肥 ×0.185）×20% ×10%

农药污染负荷量则根据有机磷和氨基甲酸酯类进行估算，其中 COD 估算量根据 NH_3-N 的 0.3 倍取值。

南四湖沿岸农药、化肥污染估算成果表见表2。

表2 农药、化肥污染调查成果表

农药施用量（t）	化肥施用量（t）	COD（t/a）	氨氮（t/a）	总磷（t/a）	总氮（t/a）
1201.3	646540.1	802.4	2674.5	20.6	3428.9

2.3 畜禽养殖污染估算

从《济宁市统计年鉴》得到畜禽的饲养数量。根据统计结果可知每年的畜禽养殖数量，再将畜禽数量乘以对应的粪便年排放量就可求得各个县市的每种畜禽的年粪便排放量。根据表3的畜禽粪便污染物含量进而可以计算得到畜禽污染物年排放量。根据《畜禽养殖业污染物排放标准》（GB 18596—2001）得畜禽粪便排泄系数和饲养周期。

表 3   畜禽粪便污染物含量计算表

项　目	猪	家禽	羊	大牲畜
总氮（%）	0.56	1.6	1.22	0.35
总磷（%）	1.68	0.54	0.26	0.04
COD_{Cr}（%）	3.9	3.9	3.9	2.4
NH_3-N（%）	0.021	0.015	0.046	0.014

通过计算，南四湖沿湖村庄畜禽养殖污染情况见表 4。

表 4   南四湖沿岸畜禽养殖污染现状调查表

COD（t/a）	氨氮（t/a）	TP（t/a）	TN（t/a）
12.81	4.68	0.37	6.08

2.4　地表径流负荷估算

降雨径流初期作用十分明显。特别是在暴雨初期，由于降雨径流将地表的、沉积在下水管网的污染物，在短时间内，突发性冲刷汇入受纳水体，而引起水体污染。具有突发性、高流量和重污染等特点。

地表径流的估算基于 SWAT 模型，根据 SCS 曲线数法计算城镇区域地表径流，USGS 回归方程估算暴雨径流负荷，最终算得年平均降雨 512mm 情况下年平均污染负荷：TN 为 $0.9133kg/hm^2$，TP 为 $0.1679kg/hm^2$，其中 TN 和 TP 分别为地表径流、壤中流和地下水回流中污染负荷之和。该平均负荷值与各县城镇面积的乘积得城镇地表径流负荷估算值（表 5）。其中，各县城镇面积通过 ArcGIS 工具，利用土地利用图层及县域边界图层，通过叠加、裁切等空间分析手段获得。

表 5   南四湖沿岸地表径流负荷现状调查表

COD（t/a）	氨氮（t/a）	TP（t/a）	TN（t/a）
880	95	45	350

3　面源污染现状评价

将各县农村生活污染源、农药化肥污染、畜禽养殖污染和城镇地表径流四部分污染负荷叠加得面源污染负荷产生总量。南四湖沿岸面源污染调查成果见表 6。

表 6   南四湖沿岸面源污染排放量估算表

COD（t/a）	氨氮（t/a）	总磷（t/a）	总氮（t/a）
11658	3412	325	5060

南四湖沿岸面源污染物中 COD、氨氮、TP 和 TN 分别为 11658t/a、3412t/a、325t/a 和 5060t/a，南四湖沿岸面源污染中各种污染物不同来源比例情况见图 1，由图 1 可见：面源污染负荷中的 COD 和总磷主要来自农村生活污染源，农村生活污染源分别占总量的 85.5% 和 79.7%；面源污染负荷中的氨氮和总氮主要来自农药化肥污染，农药化肥污染源的产生量占总量的 78.9% 和 67.8%。

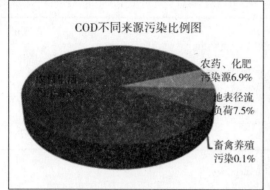
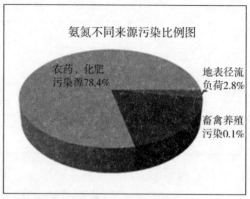
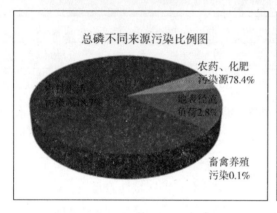
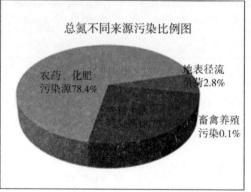

图1　南四湖湖面源污染物不同来源比例情况示意图

4　面源污染入河量计算

根据《农业非点源污染负荷估算与评价研究》的结论：地表径流污染物入河系数取0.7%，化肥农药使用污染物入河系数取7%（其中氨氮入河系数取3%），农村生活污水及固体废弃物污染物入河系数取0.15%，畜禽养殖污水中污染物入河系数取7%。通过计算南四湖沿岸入河量见表7。典型区域面源污染物中COD、氨氮、TP和TN入河量共计分别为78.1t/a、82.2t/a、2.17t/a和245t/a。

表7　南四湖沿岸面源污染入河量估算表

COD（t/a）	氨氮（t/a）	总磷（t/a）	总氮（t/a）
78.1	82.2	2.17	245

5　面源污染治理措施

面源污染涉及面广，影响因素多，只有运用系统的方法对面源污染的全过程进行控制，才能使得面源污染得到遏制。

在河流的两岸适当增加湿地面积，有效削减农业面源污染负荷。湿地系统作为陆生系统和水生系统的过渡带，通过土壤吸附、植被吸附、生物降解等一系列作用，能有效减少进入水体的氮、磷含量。加强湿地建设还能丰富生态环境与景观多样性。

利用农村多水塘的特点，削减径流量，降低污染源、污染物的输出浓度。多水塘系统是以水塘为点，沟渠为线的流域系统，能有效截留氮、磷污染物和水体中的悬浮物。

利用植被对土壤养分的吸收能力和对农业面源污染的截流、过滤能力，在农田与水体之间建立合理的缓冲带，将农田和水体隔开，有效地减少农田地表和地下径流带来的污染。缓冲带是与受纳水体邻近、具有一定宽度的植被或林地、在管理上与农田分割的地带，能避免污染源与河流、湖泊贯通，减少侵蚀迁移的土壤进入水体，截持土壤侵蚀的养分污染物，改善水质。

农业面源污染对水环境的主要影响是由地表径流产生的。因而，有效治理水土流失是解决水体污染的根本。通过产业结构的调整，做好退耕还林、还草、还湿，能有效抑制水土流失、土地沙漠化。另外，在适当的区域构筑必要的拦水截沙槽、拦沙坝等工程设施，能有效减少泥沙冲刷，对防治水体污染有较好的效果。

调动农民的环境保护意识和自主参与污染控制工作的积极性。加强对农民的宣传和教育，让农民知道农业面源污染的危害和原因，认识到控制农业面源污染对于农业环境安全的重要性。

大力推广有机肥料资源高效利用技术。针对规模化畜禽养殖业的迅速发展和作物秸秆的过剩，利用应用信息和数据库等技术，构建数字化有机肥资源、分布管理和面源污染监测平台，形成有机肥科学施用决策系统和环境评估预警系统；推广规模化养殖场畜禽粪便无害化、资源化与产业化技术；综合利用农作物秸秆，实现有机养分再循环，实现有机废料资源的科学管理与合理高效使用，减轻对环境的压力。

参考文献：

[1] 同怀东，段英，郝红 . 水质标准分析方法汇编 [G]. 水利部水文司环资处，水利部水质试验研究中心，1995.

[2] 金传良，郑连生 . 水质技术工作手册 [M]. 北京：能源出版社，1989.

[3] 中国环境监测总站，《环境水质监测质保证手册》编写组 . 环境水质监测质量保证手册 [M]. 北京：化学工业出版社，1984.

[4] 朱梅 . 农业非点源污染负荷估算与评价研究 [D]. 北京：中国农业科学院，2011.

浅谈连云港市入河排污口布局与整治规划

郦息明，王德维，徐立燕，李 巍

（江苏省水文水资源勘测局连云港分局，江苏 连云港 222004）

摘 要： 针对连云港市49个规模以上入河排污口现状及入河污染物削减等问题，在入河排污口布局水域合理划分的基础上，采取入河排污口合并调整、污水集中处理与回用、生态净化等措施，达到优化入河排污口布局、削减入河污染的目的，为连云港市水资源管理与保护提供支撑。

关键词： 入河排污口；布局；整治；水资源保护；生态净化

1 区域概况

连云港市地处江苏省东北部，地处淮河流域、沂沭泗水系最下游，境内河网发达，地势由西北向东南倾斜，地形以低山丘陵和平原洼地为主。属暖温带南缘湿润性季风气候，兼有暖温带和北亚热带气候特征，连云港市降雨量年际分配不均，多年平均降雨量904mm。

2 入河排污口状况

2.1 入河排污口现状

重点统计评价规模以上（即日排水量大于300t或年排放量大于10万t）、排入水功能区的入河排污口（表1），直接排海或排入非功能区的口门由于缺乏详细调查监测资料未予纳入。全市水

表1 全市入河排污口现状统计表

行政区	工业废水排污口	生活污水排污口	混合式污废水排污口	口门合计	入河水量（万 m³）	入河 COD（万 t）	入河 NH₃-N（万 t）
灌南县	3	2	6	11	1973	0.422	0.0502
灌云县	2		4	6	1995	0.345	0.0211
市 区	1		9	10	6603	1.575	0.1996
东海县	1	1	12	14	2069	0.530	0.0395
赣榆区	3		5	8	3948	1.152	0.1016
全 市	10	3	36	49	16588	4.024	0.412

备注：市区不含赣榆区，下同。

作者简介：郦息明（1964—），男，江苏镇江，高级工程师，主要从事水文水资源管理与研究。

功能区范围内有工业废水排污口 10 个、生活污水排污口 3 个、混合式污废水排污口 36 个,共计 49 个,其中涉及饮用水水源区排污口 2 个(入善后河、新沭河)、城镇污水处理厂排污口 8 个、规模以上排污口 30 个,经过审批登记的排污口仅 9 个。

根据淮河流域 2014 年入河排污口监测工作成果进行分析统计:全市 49 个排污口入河污废水量共计 1.659 亿 m^3(其中污水处理厂尾水 0.522 亿 m^3,折污水处理率 31.4%),入河污染物量 COD 为 4.024 万 t、NH_3-N 为 0.412 万 t。从各行政区看,市区入河污染最严重,其余依次为赣榆、东海、灌南、灌云。

2.2 主要存在的问题

(1)部分入河排污口现状布局存在问题。河段禁止、限制及允许排污的区域不明确,部分饮用水水源地、自然保护区等水环境敏感区依然布设有入河排污口。

(2)入河排污口监督管理的具体执法职能在立法层面不够明确。流域管理机构及水资源保护机构的具体执法权限、执法职能、处罚职权没有明确规定,导致对入河排污口的监督管理力度不够。

(3)入河排污口的调查、监督涉及多部门,相关职能部门未形成有效的沟通协作机制和信息共享平台,实施入河排污口整治还面临许多实施难点。

(4)入河排污口废污水排放多次引起水污染事件,对水质造成了较大的影响,严重危害当地环境和人民群众健康。

3 入河排污口布局

3.1 分类布局原则

3.1.1 禁止设置入河排污口水域

根据《中华人民共和国水法》、水功能区划、水域纳污能力及限制排污总量控制等有关要求,禁止设置入河排污口水域主要包括:

(1)饮用水水源地保护区、供水水源及其输水通道、跨流域调水及其输水干线;

(2)自然保护区、风景名胜区、重要渔业区等具有重要生态功能、特殊经济文化价值的水域;

(3)新设入河排污口则使功能区水质不达标、直接影响合法取水户用水安全等其他禁止设置入河排污口的水域。

禁止在这些水域开展任何排污行为,目的是把区域发展、生态平衡等方面有重要影响的水域重点保护起来,避免受到污染,以保证区域经济社会健康发展、人民群众基本生活不受影响。

3.1.2 限制设置入河排污口水域

除了禁止设置入河排污口水域之外,其他水域均为限制设置入河排污口水域,根据具体情况及管理要求可细分为严格限制和一般限制 2 类。

(1)严格限制设置入河排污口水域。主要包括与禁止设置入河排污口水域联系比较密切的一级支流及部分二级支流、当前虽无城镇供水任务但从长远考虑仍具有保护意义的湖泊水库、省(市、县)界缓冲区、现状排污量超出限排总量(或功能区富余纳污能力较少)等水域。针对该类水域,若污染物入河量已经削减到纳污能力范围内或者现状污染物入河量小于纳污能力,原则上可在不新增污染物入河量的前提下,采取"以新带老、削老增新"等手段,严格限制设置新的入河排污口;

在现状污染物入河量未削减到水域纳污能力范围内之前，该水域原则上不得新建、扩建入河排污口。

（2）一般限制设置入河排污口水域对于其他水域，根据排污控制总量要求，对排污行为进行一般控制，划为一般限制设置入河排污口水域。针对该类水域，若现状污染物入河量在纳污能力范围内，原则上可在纳污能力容许的条件下，采取"以新带老、削老增新"等手段，有度地限制新设排污口；在现状污染物入河量未削减到水域纳污能力范围内之前，原则上不新设、扩建排污口。

从水资源保护的角度出发，所有的排污行为都应当受到严格限制。但是考虑到现阶段水污染比较普遍的事实，全面限制设置入河排污口不现实，当前重点仍是禁止设置入河排污口水域。

3.2 布局成果

根据分类布局原则和要求，综合考虑连云港市河道管理、水功能区划、水源地保护区划、生态红线区划等要求提出了入河排污口设置布局方案（表2、图1），其中：

禁止设置入河排污口水域共计34个，涉及15个饮用水源区及相关支流功能区、未进行水功能区划的5个水域（八条路、羽山、石埠、大圣湖4个水库及小潮河）。

严格限制设置入河排污口水域52个，涉及缓冲区5个、保留区2个、工业用水区4个、农业用水区29个、景观娱乐用水区1个、过渡区10个、排污控制区1个。

一般限制设置入河排污口水域6个，涉及排污控制区6个。

表2 全市入河排污口布局成果表

行政区	禁止设置入河排污口水域	限制设置入河排污口水域		合　计
		严格限制	一般限制	
灌南县	3	17	0	20
灌云县	9	7	2	18
市　区	5	7	1	13
东海县	14	9	1	24
赣榆区	3	12	2	17
全　市	34	52	6	92

4 入河排污口整治

4.1 整治原则

（1）统一规划、分类整治、分期实施。以入河排污口设置布局方案为基础，对不同水域范围的已设入河排污口进行整治，按照回用优先、入管网集中处理、搬迁、归并、调整入河方式等不同方案，制定阶段实施意见，实现水功能区规定的水质目标，保证区域供水安全，实施以水功能区为单元的排污总量控制。

（2）分清主次、逐步完善。按照先重点后一般、先粗后细、逐步完善的思路开展工作，首先完成禁止设置入河排污口水域的整治方案制定工作，再扩大至限制设置入河排污口水域，整治方案结合当地实际，先提出粗线条的意见，再征求相关部门意见，逐步细化完善。

（3）因地制宜、切合实际。各入河排污口应结合河流上下游水系状况、纳污能力和区域排水

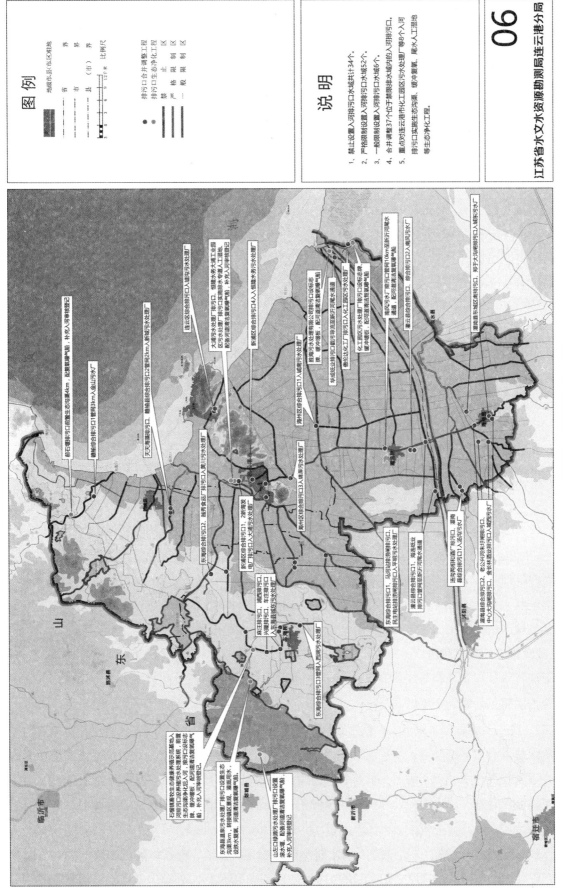

图 1 全市入河排污口设置及整治布局图

现状特点进行整治方案的制订，要充分听取地方相关部门的意见建议，结合各区域开发利用情况采取切合实际的整治措施。

4.2 整治措施

在入河排污口布局基础上，针对现状入河排污口类型、周边区域是否已经建有污水处理厂、是否可进行合并调整等因素进行综合分析，制定不同的入河排污口整治措施，提出入河排污口合并与调整、生态净化、污水集中处理与回用等综合整治方案，见表3。

表3　整治工程及措施一览表

工程名称	具体措施	适用情况
排污口合并与调整	截污导流	城区内禁止设置入河排污口的水域，重点考虑污水集中入管网，并与城市的污水截流系统相协调
	关闭搬迁	对于排污量大、污染严重的企业，若采取技术措施仍无法满足水功能区水质目标要求，应予以关闭搬迁
	排污口规范设置	对于拟保留的入河排污口，设置标志牌、入河缓冲堰板等口门规范化设施，未经审批的要开展限期报批登记工作
	重污染支流河道整治	对于长期纳污、污染严重的支流，可视同干流的入河排污口进行整治，开展清淤疏浚等整治工作
污水集中处理与回用	污水处理厂及管网配套	现状设施无法覆盖收集、污水量大的区域考虑建设分片集中处理设施
	再生回用	工业污水处理设施产生的达标尾水考虑企业内部循环回用，对于城镇污水处理厂处理达标的尾水主要考虑再生回用
生态净化	跌水复氧	针对经处理达到相应排放标准的废污水，或合流制截流式排水系统的排水，为进一步改善其水质、满足水功能区水质要求而采取的各种生态工程措施
	生态沟渠	
	稳定塘	
	人工湿地	

4.3 合并与调整

对现状工业企业及生活入河排污口，主要利用周边污水集中处理设施，采取截污导流措施整治灌南县东城区南排污口、汤沟两相和酒厂排污口等37个在禁限排水域的入河排污口。

4.4 污水集中处理与回用

根据污水处理厂现状与规划等建设运行实际问题，结合地方有关整改方案及工作计划，区域污水处理与回用工程规划主要如下：

（1）优先实施敏感水域汇水区截污管网。针对管网建设滞后问题，地方政府应积极采取措施，结合新区建设和老城区改造，争取国家资金和省、市以奖代补资金的支持，加快推进实施污水收集管网，逐步提高污水处理厂的运行负荷率。建议对清水通道等敏感水域、禁排水域沿线汇水区优先配套实施截污管网、污水集中处理设施并确保正常投运，主要区域为沭新河、蔷薇河、通榆河沿线等47个乡镇。

（2）尾水提标升级。据市政府工作计划如期完成建设较早、现状排放标准较低的连云港金兆水务有限公司大浦污水处理厂、灌云县南风污水处理厂等10座污水处理厂的尾水提标升级（一级A）

任务。本规划建议在 2020 年前全面实现上述敏感水域所涉 47 个集镇的尾水提标升级。

（3）中水回用。在区域污水集中处理设施推进建设、覆盖延伸服务范围的基础上，结合节水型城市创建活动，大力倡导再生水资源化利用，推动城市污水处理厂尾水深度处理和回用，加快中水管网建设。重点在所有开发区、沿海工业集中区、港口物流区推广实施，以市政绿化冲洗、码头、堆场等用水为主，考虑各片区条件差异，相关回用率按 10% ~ 40% 考虑，2020 年实现中水回用工程规模 5.1 万 m^3/d（全市总回用率为 7.7%），2030 年实现回用工程规模 15.1 万 m^3/d（全市总回用率为 22.8%）。

4.5 生态净化

考虑工程实施的必要性和可行性，规划重点对连云港市化工园区污水处理厂等 8 个入河排污口实施生态沟渠、缓冲复氧、尾水人工湿地等生态净化工程，以进一步减轻废水排放对水体污染。

5 结语

随着经济社会的发展，入河排污口的污染问题已经成为影响供水、制约水生态文明建设的重要因素。对连云港入河排污口布局与整治规划的研究，有利于连云港建立完善的水资源保护和河湖健康保障体系，保障水资源和水生态系统的良性循环，提高水功能区水质达标率，保证饮水安全，改善河湖水生态状况以及城乡人居环境，促进人水和谐发展和经济社会的可持续发展。

城市中水在电厂中的应用探讨

陈国浩[1]，孔庆英[2]，郑卫东[1]，宋秀真[1]，常　宏[1]，孟翠翠[1]

（1.济宁市水文局，山东 济宁 272000；

2.山东省邹城市华电邹县发电厂，山东 邹城 272000）

摘　要： 城市中水回用对于解决当前水资源短缺具有其他方法无法比拟的优势，其合理应用具有较好经济效益和社会效益。而城市中水经深度处理后回用于电厂循环冷却水，既能解决电厂用水紧缺的状况，又做到了污水资源化，环境效益显著。山东省邹城市华电邹县发电厂总装机容量4540MW，是全国最大、国内综合节能和环保水平最高的燃煤电厂之一，各项经济技术指标始终保持全国同类型机组先进水平。本文以华电邹县电厂四期2×1000MW 机组工程为例，探讨了城市中水在工程水源配置中的应用，可为类似工程的应用提供借鉴。

关键词： 城市中水；电厂；循环冷却水；中水回用

1　引言

中水主要是指城市污水或生活污水经处理后达到一定的水质标准、可在一定范围内重复使用的非饮用的杂用水，其水质介于自来水（上水）与排入管道内污水（下水）之间，故名为"中水"。中水是水资源有效利用的一种形式[1]。

电厂作为水资源消耗大户，其循环冷却水系统的耗水量占电厂总水量的60% ~ 80%[2]。城市中水经深度处理后作为电厂冷却补充水，既可有效缓解水资源短缺现状，又可实现污水资源化[3]，同时降低了电厂的运行成本，为电力发展拓展空间，具有较好的社会、经济、环境效益[4, 5]。

2　工程概况

山东省邹城市华电邹县发电厂总装机容量4540MW，是全国最大、国内综合节能和环保水平最高的燃煤电厂之一，各项经济技术指标始终保持全国同类型机组先进水平。以该电厂四期2×1000MW 机组工程为例，探讨城市中水在工程水源配置中的应用。本工程用水项目主要分为：机组凝汽器和辅机冷却等设备用循环水；锅炉补给水，输煤、除灰系统杂用水，生活用水，消防用水等。由邹城市污水处理厂中水和地表水作为取水水源，其中中水为主要水源。工程取用水原则：循环水可全部取用中水，并优先利用本厂中水，不足时取用地表水。经水量平衡计算，邹城市污水

作者简介： 陈国浩（1971—），男，高级工程师，研究方向：水文水资源。

处理厂中水年取水量占新水量比例为 57%。

3 城市中水应用

3.1 城市中水来源及规模

城市中水来源于邹城市污水处理厂,该厂位于城区西南部大沙河南侧,设计污水处理量8万 m³/d。该工程于 1997 年批准立项,设计采用奥贝尔氧化沟工艺,工程内容包括污水处理厂工程和污水处理厂配套管网两部分。2001 年 2 月开工建设,2002 年 5 月一期工程(4 万 m³/d)建成并投入运行,2003 年 5 月二期工程(4 万 m³/d)竣工并投入使用,2010 年 7 月实施一级 A 升级改造工程,2010 年底全部建成并通过验收。各项出水指标均优于设计标准。

通过统计分析,污水处理厂的日最小出水量在 6.3 万 m³/d 以上,日出水量比较稳定;逐时的最小出水量均在 1591m³/h 以上,连续最小 5h 平均出水量均在 2176m³/h 以上,深度处理工程建有 6000m³ 调节池,可保证连续向电厂供水。

3.2 城市中水水质

邹城污水处理厂设计出水水质可达到《城镇污水处理厂污染物排放标准》(GB 18918—2002)中一级标准的 A 标准[6],可满足再生水处理工程的进水水质要求。本工程用户为邹县电厂,再生水用作循环冷却补充水,根据用户的用水水质要求,出水水质需满足《污水再生利用工程设计规范》(GB 50335—2002)中水用作循环冷却系统补充水的水质控制指标要求。其工艺流程如图 1。

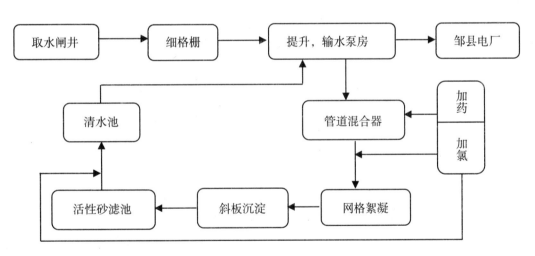

图 1 中水处理工艺流程图

4 中水深度处理

邹县电厂取用邹城市污水处理厂的中水,需要按照四期机组的用水要求进行深度处理后使用,为此电厂在兴建四期机组时同步建设污水深度处理站。

4.1 电厂污水深度处理站概况

邹县电厂深度处理站是四期工程配套项目,设计处理能力 4200m³/h(10.1 万 m³/d)。中水处理入水口调节水池容量为 2500m³,中水处理后清水池容量为 2500m³。本深度处理站对邹城市污水处理厂中水设计处理量为 3300t/h。经过深度处理后的中水可补充入四期工程循环冷却水系统。

4.2 电厂深度处理站处理工艺

电厂深度处理站的主要作用是：进一步去除残余的悬浮物和胶体；进一步去除残留的溶解性有机物；去除无机盐类（如氮、磷、重金属等）及微生物难以降解的有机物；去除色素，杀灭细菌及病毒；去除和降低污水碱度、硬度等。其深度处理站出水水质设计指标见表1，设计年平均补给水量见表2。

中水经过调节泵提升后进入4座机械加速澄清池，石灰乳、聚铁和助凝剂加至石灰处理澄清器混合室（一反），经混合、反应并澄清的澄清水，流入澄清水沟和过滤水沟。硫酸及二氧化氯投加在澄清水沟至过滤水沟转弯跌落处，此处便于药品和水的混合，以降低澄清水的pH值，防止过饱和碳酸钙在变孔隙滤池中沉淀并防止微生物在滤池表面滋生。加酸、加氯后的澄清水靠重力进入过滤池，过滤后的清水进入滤池出水沟，并在沟中再次投加二氧化氯，以维持成品水中的余氯，清水流入设在滤池底部的清水池，经循环水补水泵，把澄清水补入电厂循环冷却水系统。

表1 深度处理站出水水质设计指标表

	项 目	单 位	标 准
	pH	—	8.5 ~ 9.0
	浊 度	NTU	≤ 2
	游离性余氯	mg/L	≤ 0.1
处理水质标准	COD_{cr}	mg/L	≤ 30
	全碱度	mmol/L	≤ 2
	BOD_5	mg/L	≤ 5
	氨 氮	mg/L	≤ 3
	总 磷	mg/L	≤ 1

表2 设计年平均补给水量表

序号	项 目		用水量 （m^3/h）	再生水量 （m^3/h）	耗（取）水量 （m^3/h）	备 注
1	循环水系统	蒸发损失	2×1096	0	2192	占总循环水量的1.25%，由邹城市中水补给
		风吹损失	2×88	0	176	占总循环水量的0.1%，由邹城市中水补给
		排 污	2×743	0	1486	占总循环水量的0.847%
2	主厂房地面冲洗 及厂区绿化		20	10	10	污废水再生水
3	暖通除尘用水		55	0	55	污废水再生水

5 经济和社会效益分析

据当地工业用水水资源收费情况，采用地下水工业用水价格和中水价格的差值，计算出本工程利用中水资源可以节省 900 万元，同时，邹城市污水处理厂中水向电厂供水工程取水口位于邹城市污水处理厂中水出水泵房，直接与输水管道连接，不影响其他用户用水。管线部分铺设管径 800mm 的预应力混凝土管道 8.06km，避免了长距离输水问题，降低了基建投入。

更重要的是减少了排污，节约了地下水资源，控制了地下水超采区面积扩大，为当地水资源持续发展做出了贡献。

6 结论

城市中水水量大且稳定，经深度处理后，作为电厂循环冷却水补充水源切实可行，既体现了节能减排、清洁生产的环保理念，又符合发展循环经济、建设资源节约型社会的宗旨，同时为电力行业的可持续发展拓展了空间，具有重要的经济、社会、环境效益。

参考文献

[1] 张辉浅 . 谈中水及其利用 [J]. 科技情报开发与经济，2006，16（3）：150-152.

[2] 王艳凤 . 我国城市中水利用现状及发展对策 [J]. 科技传播，2012（1）：34.

[3] 顾祥红，张桂玲 . 城市中水在热电联产企业中的再利用 [J]. 制冷空调与电力机械，2009，30（5）：88-91.

[4] Wijesinghe Bandupa la, Kaye Ralph B, Fell Cristopher Joseph D. Reuse of treated sewage effluent for cooling water make up: a feasibility study and a pilot plant study [J]. Water Science and Technology，1996，33（10-11）：363- 369.

[5] Richard J Strittmatter. Reuse of Reclaimed Municipal Waste Water Cooling Power Make-up[Z]. IWC-93-7.

[6] 国家环境保护总局，国家质量监督检验检疫总局 . GB 18918—2002 城镇污水处理厂污染物排放标准 [S]. 2002.

南四湖浮游藻类群落结构的比较分析

张秀敏[1]，张 杨[2]，张 艳[3]

（1. 济宁市水文局，山东 济宁 272000；

2. 济宁市洙赵新河管理处，山东 济宁 272000；

3. 济南市水文局，山东 济南 250013）

摘 要： 本文依据 2008 年 5 月～2009 年 4 月南四湖（南阳湖、独山湖、昭阳湖、微山湖）浮游藻类群落的全年监测结果，进行了群落结构比较。结果表明，南四湖含藻类数量由多到少依次为：南阳湖、独山湖、昭阳湖、微山湖。南四湖浮游藻类的种类组成、季节性变化和优势种都比较明显，绿藻门、硅藻门占绝对优势，分析了各湖不同时期的不同藻类数量和发生时间。

关键词： 浮游藻类；叶绿素 a 含量；群落结构；南四湖

1 引言

南四湖流域属于淮河流域运河水系，它是由南阳湖、昭阳湖、独山湖和微山湖 4 个无明显分界的湖泊串联而成（由于微山湖面积比其他三湖较大，习惯上称微山湖），是我国四大淡水湖之一，它通过河流汇集苏、鲁、豫、皖等四个省三十二个县市区的来水。随着近几年国民经济的迅速发展，对水资源的需求越来越大，再加上大量的废污水未经任何处理，直接或间接排入河道，最后流入南四湖，造成湖泊的部分水质污染，特别是工农业生活污水的排放，使湖泊氮、磷等营养物质不断增加，造成整个南四湖流域的富营养化污染加重。本文对南四湖（南阳湖南阳、独山湖独山、昭阳湖二级湖闸上、微山湖微山岛、微山湖韩庄）五个监测站点分别进行了全年的浮游藻类群落监测。选择藻类数量和叶绿素 a 含量 2 个常用的评价参数，进行测定、比较和分析，并对其水质进行 TSIM 评价。

2 材料和方法

2.1 取样

2008 年 5 月～2009 年 4 月，每月 10 号南阳湖、独山湖、昭阳湖、微山湖定点取样 1 次，每次取样时间均在上午 08：30～12：30。由于南四湖水深一般在 5m 以内 2m 以上，故采样点在水表面以下 0.5m、1m、2m、3m、4m 等五个层次分别采样，然后混合均匀，从中取 10L 水样进行分析浓缩。

作者简介：张秀敏（1980—），女，济宁水文局。

2.2 浮游藻类数量测定

水样采集之后，立即加入 20～30mL 的福尔马林固定液进行固定保存。考虑到南四湖水体中藻类密度较小等因素，10L 的水样直接静止 48h 后，用医用输液管抽掉上清液，最后定容至 200mL，浓缩倍数为 50 倍。用 0.1mL 计数框在 xsp-2C 双筒显微镜下采用目镜视野法进行细胞计数，每一样品取样 2 次，取其平均值。

计数结果根据公式： $N=A/A_c \times V_s/V \times n$

式中：A——计数框面积；

A_c——计数面积；

V_s——1L 水样浓缩液体积；

V——计数框体积；

n——计数所得藻类数目。

根据以上公式计算出每升水中的浮游藻类数量。

2.3 叶绿素 a 含量的测定

叶绿素 a 含量的测定采用分光光度法（SL 88—2012），即水样抽滤，90% 丙酮提取、离心，上清液（提取液）用 721 分光光度计测定 750nm、663nm、645nm、630nm 波长的光密度值，然后根据公式 $C_a=(11.64D_{663}-2.16D_{645}+0.10D_{630}) \times V_1/V_2L$ 计算叶绿素 a 的含量。水质富营养化评价方法为：根据湖泊（水体）富营养状态评价标准及分级方法（见表 2），将参考浓度值转为评分值，监测值在两者中间可采用相邻点内插。

3 成果

3.1 浮游藻类的数量

南阳湖藻类数量的月均值为 5.02×10^5 个 /L，各门藻类按数量由多到少，依次为：绿藻（Chlorophyta）>蓝藻（Cyanophyta）>硅藻（Bacillariophyta）>裸藻（Euglenophyta）>隐藻（Cryptophyta），其中绿藻最多，月均值为 2.83×10^5 个 /L，占各门藻类月均值的 56.4%；其次为蓝藻和硅藻，月均值分别为 1.43×10^5 个 /L、0.55×10^5 个 /L，各占各门藻类月均值的 28.5%、11.0%，这 3 门藻类的月均值为 4.81×10^5 个 /L，共占各门藻类月均值的 95.8%。独山湖藻类数量的月均值为 3.68×10^5 个 /L，各门藻类按数量由多到少，依次为：绿藻（Chlorophyta）>蓝藻（Cyanophyta）>硅藻（Bacillariophyta）>裸藻（Euglenophyta）>隐藻（Cryptophyta），其中绿藻最多，月均值为 1.76×10^5 个 /L，占各门藻类月均值的 47.8%；其次为蓝藻，月均值分别为 1.45×10^5 个 /L，各占各门藻类月均值的 39.4%，这 2 门藻类的月均值为 3.21×10^5 个 /L，共占各门藻类月均值的 87.2%。昭阳湖藻类数量的月均值为 1.62×10^5 个 /L，各门藻类按数量由多到少，依次为：绿藻（Chlorophyta）>硅藻（Bacillariophyta）>裸藻（Euglenophyta）>蓝藻（Cyanophyta）>隐藻（Cryptophyta），其中绿藻最多，月均值为 0.89×10^5 个 /L，占各门藻类月均值的 54.9%；其次为硅藻和蓝藻，月均值分别为 0.29×10^5 个 /L、0.20×10^5 个 /L，各占各门藻类月均值的 17.9%、12.3%，这 3 门藻类的月均值为 1.38×10^5 个 /L，共占各门藻类月均值的 85.2%。微山湖藻类数量的月均值为 1.50×10^5 个 /L，各门藻类按数量由多到少，依次为：绿藻（Chlorophyta）>硅藻（Bacillariophyta）>蓝藻（Cyanophyta）>裸藻

（Euglenophyta）>隐藻（Cryptophyta），其中绿藻最多，月均值为 0.85×10^5 个 /L，占各门藻类月均值的 56.7%；其次为硅藻和蓝藻，月均值分别为 0.41×10^5 个 /L、0.21×10^5 个 /L，各占各门藻类月均值的 27.3%、14.0%，这 3 门藻类的月均值为 1.47×10^5 个 /L，共占各门藻类月均值的 98.0%。由此可见，南四湖含藻类种类和数量由多到少依次为：南阳湖、独山湖、昭阳湖、微山湖。

3.2 浮游藻类的季节性变化

各门藻类在南阳湖、独山湖、昭阳湖、微山湖中出现的季节不同，数量也不同。南阳湖 7 ~ 11 月的 5 个月中藻类最多，藻类数量分别为 9.32×10^5、19.4×10^5、6.11×10^5、5.97×10^5、8.45×10^5 个 /L，平均值 9.85×10^5 个 /L，是各门藻类月均值的 1.96 倍。绿藻主要出现在 7 ~ 11 月，藻类数量为 5.59×10^5、7.9×10^5、4.45×10^5、2.54×10^5、5.90×10^5 个 /L，平均值为 5.28×10^5 个 /L，是绿藻门月均值的 1.9 倍。蓝藻主要出现在 7 ~ 11 月，藻类数量分别为 1.17×10^5、1.06×10^6、1.12×10^5、2.34×10^5、1.30×10^5 个 /L，平均值为 3.31×10^5 个 /L，是蓝藻门月均值的 2.3 倍。硅藻主要出现在 7 月，藻类数量为 1.63×10^5 个 /L，是硅藻门月均值的 3.0 倍。独山湖 7 ~ 10 月的 4 个月中藻类最多，藻类数量分别为 13.5×10^5、14.6×10^5、2.51×10^5、7.54×10^5 个 /L，平均值 9.54×10^5 个 /L，是各门藻类月均值的 2.6 倍。绿藻主要出现在 7 ~ 10 月，藻类数量为 5.66×10^5、4.44×10^5、1.90×10^5、5.31×10^5 个 /L，平均值 4.33×10^5 个 /L，是绿藻门月均值的 2.5 倍。蓝藻主要出现在 7 ~ 8 月，藻类数量分别为 5.86×10^5、9.44×10^5 个 /L，平均值为 7.65×10^5 个 /L，是蓝藻门月均值的 5.3 倍。昭阳湖 5 ~ 8 月的 4 个月中藻类最多，藻类数量分别为 2.24×10^5、2.40×10^5、3.66×10^5、2.07×10^5 个 /L，平均值 2.59×10^5 个 /L，是各门藻类月均值的 1.6 倍。绿藻主要出现在 5 ~ 8 月，藻类数量为 2.23×10^5、1.60×10^5、3.03×10^5、9.45×10^4 个 /L，平均值为 1.95×10^5 个 /L，是绿藻门月均值的 2.2 倍。硅藻主要出现在 6 ~ 8 月，藻类数量分别为 5.64×10^4、3.86×10^4、6.03×10^4 个 /L，平均值为 0.52×10^5 个 /L，是硅藻门月均值的 1.8 倍。微山湖藻类季节性变化不大，相比之下 8 ~ 10 月藻类数量较多，分别为 4.21×10^5、5.04×10^5、2.25×10^5 个 /L，平均值为 3.83×10^5 个 /L，占各门藻类月均值的 2.6 倍。

3.3 浮游藻类的优势种

优势种在南阳湖、独山湖、昭阳湖、微山湖中的组成不同，出现的季节也不同。南阳湖中，绿藻门的优势种为衣藻、胶丝藻、浮球藻，出现在 5、6、7、11、12、1、2、3 月；硅藻门的优势种为星杆藻，出现在 4 月；蓝藻门的优势种为星杆藻，出现在 8 ~ 10 月。独山湖中，绿藻门的优势种为浮球藻，出现在 5、6、8、10 月；硅藻门的优势种为针杆藻，出现在 1 ~ 3 月；昭阳湖中，绿藻门的优势种为浮球藻，出现在 7、9、10 月；硅藻门的优势种为针杆藻，出现在 12 ~ 4 月。微山湖中，藻类种类和数量均较少，硅藻门数量相对较多，主要是针杆藻，出现在 7 ~ 9、12 ~ 3 月。

3.4 叶绿素 a 含量

南阳湖、独山湖叶绿素 a 含量各月起伏较大，月平均含量分别为 18.5μg/L、15.8μg/L，8 月叶绿素含量最高，分别为 45.0μg/L、40.0μg/L。独山湖叶绿素 a 含量的月均值 15.8μg/L，各月起伏较大，其中 8 月最高，为 40.0μg/L。昭阳湖、微山湖叶绿素 a 含量各月比较平缓，月平均含量分别为 10.5μg/L、5.8μg/L，8 月叶绿素含量最高，分别为 27.0μg/L、12.0μg/L。由此可见，南阳湖叶绿素含量最大，微山湖叶绿素含量最小。

3.5 南四湖水质评价

根据湖泊（水体）富营养状态评价标准及分级方法（见表1），将参考浓度值转为评分值，监测值在两者中间可采用相邻点内插。

表 1　南四湖 TSIM（Chla）比较

日期（年 – 月）	南阳湖	独山湖	昭阳湖	微山湖
2008–05	53.4	52.4	59.4	49.5
2008–06	65.2	59.0	59.7	49.8
2008–07	54.5	52.6	50.7	43.1
2008–08	59.1	57.9	50.4	49.1
2008–09	54.5	57.3	50.6	54.0
2008–10	57.3	59.7	58.0	49.9
2008–11	49.4	47.7	49.8	41.5
2008–12	49.2	49.9	49.8	48.0
2009–01	49.1	49.9	49.1	48.1
2009–02	50.6	58.5	50.5	49.8
2009–03	52.2	54.2	52.7	49.9
2009–04	50.9	50.7	52.4	49.7

南阳湖、独山湖和昭阳湖 2008 年 11 月 ~ 2009 年 1 月份处于中营养状态，其他月份都处于轻度富营养状态，南阳湖 6 月份处于中度富营养状态；微山湖除了 9 月份为轻度富营养状态外，其他月份均处于中营养状态。

表 2　湖泊（水体）富营养状态评价标准及分级方法

富营养状态分级（EI—营养状态指数）		评价项目赋分值 En	总磷（mg/L）	总氮（mg/L）	叶绿素 a（mg/L）	高锰酸盐指数（mg/L）	透明度（m）
贫营养（0 ≤ EI ≤ 20）		10	0.001	0.02	0.0005	0.15	10.00
		20	0.004	0.05	0.0010	0.4	5.00
中营养（20 ≤ EI ≤ 50）		30	0.010	0.10	0.0020	1.0	3.00
		40	0.025	0.30	0.0040	2.0	1.50
		50	0.050	0.50	0.0100	4.0	1.00
富营养	轻度富营养（50 ≤ EI ≤ 60）	60	0.100	1.00	0.0260	8.0	0.50
	中度富营养（60 ≤ EI ≤ 80）	70	0.200	2.00	0.0640	10.0	0.40
		80	0.600	6.00	0.1600	25.0	0.30
	重度富营养（80 ≤ EI ≤ 100）	90	0.900	9.00	0.4000	40.0	0.20
		100	1.300	16.00	1.0000	60.0	0.12

4 结论

综上所述，南阳湖藻类数量、叶绿素 a 含量、TSIM（Chla）的月均值最大，微山湖最小，独山湖、昭阳湖次之。南阳湖、独山湖、昭阳湖浮游藻类的种类组成、季节性变化和优势种均比较明显，这可能与地域环境及生物之间的相互作用有关。南阳湖、独山湖、昭阳湖面积较小，湖水中含有丰富的氮、磷等营养物质。微山湖面积较大，与外界河流相通，湖水流动，盛产鱼、虾、苇、莲等多种水生动植物。植物一方面与藻类竞争光和营养，还分泌某些物质抑制藻类生长，鱼类摄取一部分藻类，所以藻类数量少，水体透明度大，水质较好。

参考文献：

[1] 国家环境保护总局《水和废水监测分析方法》编委会 . 水和废水监测分析方法，（第四版）[M]. 北京：中国环境科学出版社，2002.

[2] 赵文 . 水生生物学 [M]. 北京：中国农业出版社，2005.

[3] 章宗涉，黄祥飞 . 淡水浮游生物研究方法 [M]. 北京：科学出版社，1991.

[4] 王明翠，刘雪芹，张建辉 . 湖泊富营养化评价方法及分级标准 [J]. 中国环境监测，2002，18（5）：47–49.

水利管理

淮委水利信息化顶层设计综述

徐静保，邱梦凌

（淮河水利委员会水文局（信息中心），安徽 蚌埠 233001）

摘　要： 信息化是当今世界经济和社会发展的大趋势，水利信息化是实现水利现代化的重要驱动，目前，淮委水利信息化已经从基础设施建设阶段逐步进入了全方位、多层次推进的新阶段，为协调各种水利信息系统间的相互关系，保障资源共享与业务协同，需要在新时期、新常态下对水利信息化发展的总体架构进行顶层设计，本文在分析淮委水利信息化现状的基础上，提出了淮委水利信息化顶层设计的思路和总体构架。

关键词： 顶层设计；资源共享；信息保障

1　引言

信息化是当今世界经济和社会发展的大趋势，也是我国产业优化升级和实现工业化、现代化的关键环节。水利信息化是充分利用现代信息技术实现水利信息的采集、传输、存储、处理和服务，深入开发和广泛利用水利信息资源，全面提升水利事业活动效率和效能的过程。为全面推动水利信息化工作，水利部提出"以水利信息化带动水利现代化"的发展思路，在此发展思路的指导下，以水利信息化建设推动水利现代化建设已成为行业内的共识。

水利信息化存在于水利现代化的各个环节，是水利现代化的基础和重要标志，是提升洪涝干旱灾害防治能力、提高水资源管理水平的需要，是实现新的治水思路、保障国民经济协调发展的需要，是提高水利工程建设、运行管理科技水平的需要，是水利政府部门改革转变职能的重要手段。为适应国家信息化建设、信息技术发展趋势、流域和区域管理的要求，大力推进水利信息化的进程，全面提高水利工作科技含量，是保障水利与国民经济发展相适应的必然选择。水利信息化的目的是提高水利为国民经济和社会发展提供服务的水平与能力。

开展水利信息化顶层设计有利于统筹信息化涉及的各方面要素，统一信息化技术构架，增强水利信息化的全局性和系统性。为解决制约淮委水利信息化科学发展的全局性、系统性问题，实现淮委水利信息化发展目标，需要开展淮委水利信息化顶层设计，统筹淮委水利信息化工作，以指导和规范淮委水利信息化建设管理，确保信息化建设管理的思路统一、目标合理、架构标准、工作规范等。

作者简介： 徐静保（1969—），男，云南昆明，高级工程师，从事淮委信息化建设与管理工作。

2 现状和需求

"十一五""十二五"期间，随着信息技术的不断发展，淮委相继完成了防汛抗旱指挥系统（一期）工程、水资源监控能力建设（2012～2014年）以及治淮工程信息化等项目的建设，形成了信息采集、运行环境、数据资源、应用服务等多种类的信息化资源，为淮委水利事业的发展提供了有力的支撑。尽管淮委水利信息化发展遵循了规划为先导的原则不断得到推进，但随着信息化的发展和资源的积累，面对新形势、新要求，淮委水利信息化的短板和不足逐渐显现，表现为：

（1）信息化建设与管理机制不健全

目前淮委水利信息化缺乏全面、健全的建设管理规章制度约束，部分建设项目没有遵循整体性的统筹规划，采用了各自为政、独立封闭的建设模式，存在低水平或不合理的建设现象，项目建设投资未能得到合理配置和充分整合利用。

（2）基础设施水平层次参差不齐，存在安全隐患

由于存在分散建设，投入标准不同，也缺乏具有指导作用的技术体系规范，造成基础环境建设水平参差不齐，个别独立机房没有达到规范标准，存在物理安全隐患和保障能力不足的缺陷；硬件资源相对分散，计算和应用服务负载不均衡。资源利用率不够高，存在局限性；基础设施及软硬件分布分散，造成网络信息安全漏洞多，安全保障措施不足，管理成本较高。流域内通信信道带宽普遍较窄，部分区域尚未覆盖，不能满足流域管理需求。

（3）数据孤岛及涉密数据使用无法统一

数据资源方面存在着完整性不够、内容不一致和现势性较差等问题。由于历史原因和管理机制的约束，造成存在"信息孤岛"现象，交互共享能力不足，限制了数据的有效使用和内在价值的充分发挥。因基础空间数据为涉密数据，数据更新维护也得不到保证，导致数据应用不方便、不灵活、范围小。

（4）应用系统综合性和协同性不够

长期以来，淮委信息化建设工作大多数从各部门内部单一的业务和事务需求出发，缺乏横向协调统一，这种"纵强横弱"的项目申报和建设方式，导致专业应用系统相对独立且封闭，在本业务领域应用效果良好，而应用系统之间的信息交互和协同不够，无法形成有效合力，难以满足未来流域的综合管理和决策支持的需要。

（5）保障能力不足，影响信息化发展

保障能力不足，建设资金难以有效保障，信息化管理维护水平亟需加强。淮委及沂沭泗局所在地不具地缘优势，难以引进高级人才，人才短缺现象较为严重，周边外部可利用的技术支撑力量也较为薄弱，对信息技术的应用服务水平亟待提高。水利信息化知识普及程度不高，既熟悉水利业务、又精通信息化技术的复合型人才仍然偏少，水利信息化人才队伍引进及培养不足，信息化人才短缺问题依然困扰我们。

新的历史时期，水利信息化工作面临着机遇与挑战并存的新常态。机遇在于国家层面高度重视网络安全与信息化工作，要实现工业化、信息化的高度融合，以信息化带动工业化。挑战在于流域机构水利职能的转变，以工程建设带动水利信息化建设的时期已经过去，水利信息化规划与立项都

要围绕国家信息化发展的大方向和新要求。目前淮委的水利信息化建设已经取得初步成效，为流域综合管理提供了较好的技术支撑。但是由于信息技术的发展，水利信息化的不断推进，淮委水利信息化资源的管理和应用水平已显现不足，亟需进行整合完善，从数据资源、业务应用和运行支撑环境等多个方面，加强水利信息资源的管理、共享和开发利用，从而提升信息化管理和服务的能力。因此，需要转变思路，通过水利信息化顶层设计，指出未来水利信息化发展的模式和原则，解决过去水利信息化建设模式带来资源分散、信息孤岛、标准不统一等问题，加强流域管理信息化的建设，通过信息化建设提高流域管理水平，让信息技术在流域管理中充分发挥作用和效能。

3 思路和目标

在水利部"统一技术标准、统一运行环境、统一安全保障、统一数据中心和统一门户"（简称信息化"五统一"）建设原则的框架下，以有序推进、资源共享、先进创新、深化应用、统一标准为指导思想，构建淮委水利信息化发展体系。

（1）统筹规划，有序推进

从发展全局出发，遵循水利信息化"五统一"框架统一规划各类水利信息化资源，准确把握各部门的具体需求，面对现有问题和未来发展要求，统筹规划好已建、在建与新建等方面资源，合理布局，抓住重点，构建淮委信息化技术框架。按照"统一规划、规范管理、急用先建、有序推进"的原则推进信息化工作。

（2）服务大局，资源共享

以水利部《水利信息化资源整合共享顶层设计》为指南，从淮委信息化"一盘棋"的角度，在项目前期设计中就充分考虑基础运行环境资源、数据资源、应用资源、安全保障资源的共享机制，通过整合共享加强信息化资源利用效率，提高信息化服务的能力与水平，为淮河流域节水、治水、管水、兴水等实际工作提供支撑和保障。

（3）充分利旧，先进创新

淮委水利信息化经过近20多年的建设，已取得可喜成效。建设了较为完善的基础运行环境设施，积累了大量的水利数据，开发了防汛抗旱、水资源管理、电子政务等业务应用系统。因此在设计时要充分利用现有资源，采用先进的信息技术，在其基础上对已有资源进行整合共享，设计技术先进、资源共享的信息化服务体系。

（4）需求引领，深化应用

在新的形势下，抓住水利改革发展重大机遇，坚持水利信息化带动水利现代化的发展方向，紧密围绕淮委的中心工作任务以及职能需求，以提升流域综合管理能力为导向，以流域防汛抗旱减灾、水资源管理为中心，实现政务管理、防汛抗旱指挥、水资源监控管理、水利工程管理等方面全面信息化，构建应用系统的"统一门户集成、统一用户管理、统一应用支撑、统一地图服务、统一数据交换"体系（简称应用"五统一"）。

（5）健全制度，统一标准

在管理上要制定配套的制度保障体系，加强组织体系建设。建立淮委信息化发展应遵循的标准规范体系，在统一标准的前提下，从技术上设计先进、合理、具有可操作性的信息化框架体系；通过组织、制度保障和技术层面对信息化的立项、设计、审批以及实施进行有效的约束，将淮委信息化推上新的台阶。

为推进和规范淮委信息化进程，按照水利部信息化"五统一"的建设原则，以"统一技术架构、强化资源共享、促进信息应用、保障良性运行"为抓手，实现淮委水利信息化"五统一"和应用"五统一"的发展目标，有效解决存在的突出问题。根据水利部《水利信息化顶层设计》，结合淮委水利信息化建设以及管理的实际，从避免重复建设、促进资源共享和强化业务协同的角度，将水利信息化综合体系中的"信息化保障环境、信息化基础设施和水利业务应用体系"三大组成部分进一步细化为"信息采集与工程监控、数据资源管理、综合业务应用、信息化运行环境、网络信息安全和信息化保障"六个管理体系分类，提出建设淮委水利信息化"五统一"总体构架。

淮委水利信息化总体设计思路是：坚持"统一规划、规范管理、急用先建、有序推进"的原则，统一技术架构，强化资源整合，促进信息共享，完善体制机制，保障安全运行；采用统一的技术标准规范，整合共享水利信息资源，建立起比较完善的信息化基础设施、功能比较完备的水利业务应用系统和安全可靠的保障体系，构建与水利改革发展相适应的水利信息化综合体系，按照新时期流域经济可持续发展对水利工作的总体要求，提供与之相适应的水利信息化支撑，逐步实现流域管理数字化，向实现"智慧淮河"方向迈进。

淮委水利信息化发展的总体目标是：充分利用现代信息技术，以提升水治理和水管理能力为核心，从水利信息采集体系的互补完善、信息化资源的共享服务、业务数据资源的深入开发和综合利用、水利管理的全面信息化和业务协同以及综合决策支撑等关键点入手，深入开发和广泛利用水利信息资源，强化资源整合与信息共享，构建淮委水利信息化"五统一"和应用"五统一"发展体系，促进传统水利向现代水利的转型，提升流域管理服务的能力和水平，实现"数字淮河"，全面建设"智慧淮河"。

4 总体架构

根据水利部《水利信息化顶层设计》规定，淮委水利信息化架构体系总体上由信息化保障环境、信息化基础设施和综合业务应用体系构成。但随着信息技术的发展，为适应新形势下信息化建设工作的新要求和信息化发展新趋势，需要对水利信息化架构体系进行进一步的分类与细化。根据淮委水利信息系统建设的实际情况和未来发展方向，将淮委水利信息化综合体系的三大组成部分进一步细化，淮委水利信息化架构划分为信息采集与工程监控、数据资源管理、综合业务应用、运行环境、网络信息安全和信息化保障六个体系，如图1所示。

遵循水利信息化"五统一"的要求，淮委信息化发展也以此为目标，构建"1个信息汇集平台 +3个数据库 +2个平台 +3类应用 +1个运行环境 +2个信息安全 +1个保障"的淮委水利信息化综合体系。

信息采集与监控体系：由业务类信息、事务类信息和基础类信息采集三部分组成，构成1个信息汇集平台。其分布面广、硬件与软件耦合度高，其功能定位处于水利信息系统的信息获取端和工程管理决策执行端，是水利信息工程与水利实体工程间的接口，技术相对复杂，运行维护与应用均不同于其他系统，是水利信息的主要来源之一，并形成不可代替和不应重复建设的共享资源。

数据资源管理体系：由数据库群、数据资源共享管理平台组成，构成生产数据库、前置数据库、

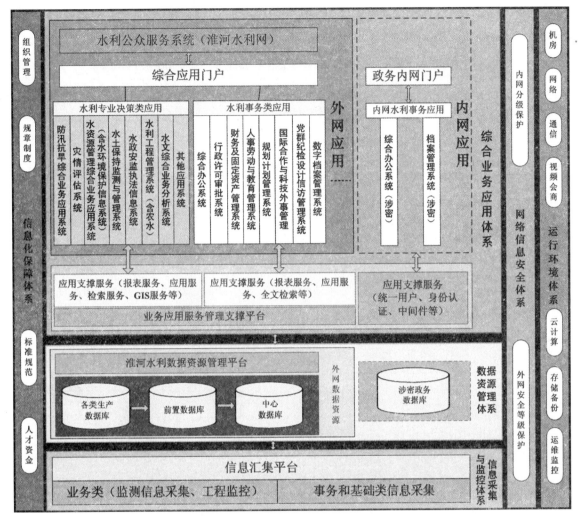

图1 淮委水利信息化体系架构图

中心数据库组成的3个数据库和1个数据资源共享管理平台。依托水利信息化保障环境、安全环境、运行环境、信息采集与工程监控，为用户提供信息系统运行支撑、信息资源的安全有效共享和信息服务，实现基于统一门户的信息发布与用户访问控制，并预留与行业外部的互连互通接口，是流域最权威可信、最全面集中的信息存储和共享管理中心，是水利信息化资源共享的核心部分。

综合业务应用体系：由公众服务（淮河水利网）、水利专业决策和水利事务3类应用和1个业务应用支撑服务平台组成。在淮委政务外网以淮河水利网站和综合应用门户（整合水利专业决策应用和水利事务应用）的形式实现；在政务内网以政务内网门户形式实现，主要部署水利事务应用。综合应用依托资源共享服务和应用服务支撑平台实现资源共享、业务协同和功能个性化。

运行环境体系：由水利信息网络、通信传输系统、视频会商、计算资源、存储资源、机房环境等组成，构成淮委水利信息化1个统一运行环境，是淮委水利信息化建设中不应重复建设并实施资源共享的主要部分之一。

网络信息安全体系：包括政务内网分级保护以及政务外网的安全等级保护体系，构成内网保密安全与外网信息安全2个安全体系。分级保护体系覆盖政务内网；安全等级保护体系以重要信息系统三级等级保护为重点，覆盖委政务外网蚌埠节点、徐州节点和合肥节点三个节点。

信息化保障体系：由水利信息化组织管理机制、规章制度、标准体系、政策、投资和人才队伍等要素构成 1 个信息化保障体系，是支撑淮委水利信息化不断发展的基础保障。

淮委水利信息化建设以"1 个信息采集平台 +3 个数据库 +2 个平台 +3 类应用 +1 个运行环境 +2 个信息安全 +1 个保障"的综合体系框架为标准，着力加强基础数据建设，突出业务应用和资源整合。在完善信息化保障体系和水利信息基础设施建设的基础上，逐步将业务应用中的应用与可共享的数据资源分离，推进信息资源的整合与共享，并将数据资源集中到数据中心统一管理。开发整合覆盖不同层次的应用系统，强化推广协同应用，避免重复建设。据此，提出淮委信息化体系逻辑架构体系，分为资源层、平台层、服务层、应用层和用户层。淮委信息化体系逻辑架构如图 2 所示。

资源层：是信息化支撑与信息系统稳定运行的基础，需要全委统一建设管理。主要包括信息采集与工程监控、通信网络、机房、服务器、数据资源和基础软件等基础设施。

平台层：分为淮河水利数据中心资源管理平台和业务应用支撑服务平台。业务应用支撑服务平台提供组件和服务的注册与发布，业务系统通过服务的调用和组合达到综合集成运用的目的。淮河

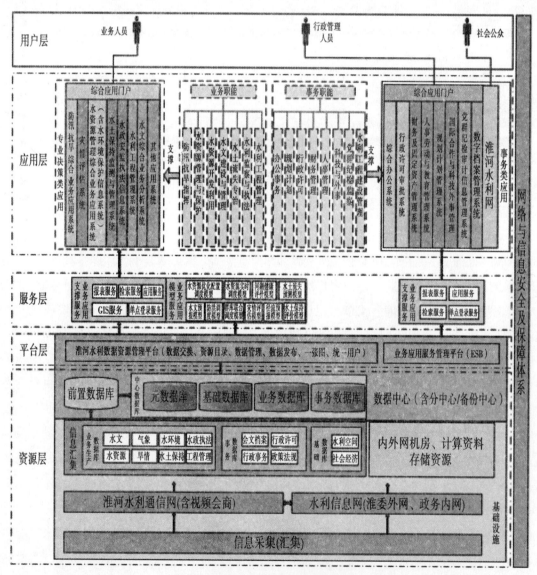

图 2　淮委信息化体系逻辑架构图

水利数据资源管理平台是数据信息资源的统一管理平台，对资源层数据资源进行管理。

服务层：是信息系统的业务逻辑处理模块，包括业务模型组件服务、知识服务、流程服务、主题服务和数据集成服务，统一存储于数据中心，由业务应用支撑服务平台统一管理，为各类业务应用提供共享服务。

应用层：从淮委职能结构出发，分为公众服务应用、事务应用和水利专业决策应用模块。其中事务应用和水利专业决策应用通过构建综合应用门户实现整合共享；在业务应用模块基础上，构建一个业务应用集成门户模块；在事务应用模块基础上，构建一个事务应用集成门户模块。已建的业/事务信息系统按照面向服务架构进行资源整合。

用户层：根据使用对象分为业务人员、行政管理人员和社会公众人员。

5 结语

2010 年 3 月，水利部水文局（水利信息中心）以《关于印发水利信息化顶层设计的通知》（水文 [2010]100 号）指出水利信息化建设进入了全方位、多层次的新阶段，为有效解决水利信息化建设过程中出现的各自为政、低水平重复建设、整合共享不足和开发利用效率低等问题，水利信息化顶层设计明确了近期信息化建设工作中应坚持的"五统一"建设原则，即"统一技术标准、统一运行环境、统一安全保障、统一数据中心和统一门户集成"。

2015 年 4 月，水利部颁布了《水利信息化资源整合共享顶层设计》（水信息 [2015]169 号），提出了"以创新为动力，以需求为导向，以整合为手段，以应用为核心，通过机制体制创新和信息技术深入应用，实现水利信息化资源共享，促进业务应用协同"的指导思想，进一步强调了水利信息化发展必须坚持"五统一"建设原则。

《水利信息化顶层设计》，尤其是《水利信息化资源整合共享顶层设计》出台后，淮委高度重视，结合实际情况，组织开展淮委水利信息化顶层设计。淮委水利信息化顶层设计以强化淮委信息化发展的"五统一"为主要目标，从水利信息采集体系的互补完善、信息化资源的共享服务、业务数据资源的深入开发和综合利用、水利管理的全面信息化和业务协同以及综合决策支撑等关键点入手，深入开发和广泛利用水利信息资源，促进信息交流和资源共享，构建淮委水利信息化"五统一"和应用"五统一"发展体系，促进传统水利向现代水利的转型，提升流域管理服务的能力和水平，实现"数字淮河"，全面建设"智慧淮河"。

参考文献：

[1] 蒋东兴 . 信息化顶层设计 [M]. 北京：清华大学出版社，2015.

[2] 水利部水利信息中心 . 水利信息化顶层设计 [R].2010.

[3] 水利部水利信息中心 . 水利信息化资源整合共享顶层设计 [R].2015.

[4] 肖幼 . 与时俱进，加快发展，着力推进淮委网络安全与信息化工作 [J]. 治淮，2016（9）：4-6.

临沂市水文行业在社会化服务中的作用

邵秀丽

（临沂市水文局，山东 临沂 276000）

摘　要： 水文是水利的尖兵，是防汛抗旱、减灾兴利的耳目，水利是农业的命脉。水文工作通过对水情、雨情、墒情、水质等监测与预测，在防灾减灾、用水安全、水土保持等方面发挥着巨大作用，为农业持续发展提供可靠的技术支撑，文章对此进行了深入探讨。

关键词： 水文；"三农"；发展

1　水文工作与农业发展的关系

水文工作以研究自然界水中的各种变化和运动规律为基础，通过对水文水资源的监测与调查评价，为防汛抗旱、防灾减灾、水环境保护、水资源开发利用与管理以及与水有关的工程建设规划、设计和施工提供基础资料和研究成果。

水文是防汛抗旱、减灾兴利的耳目，是水利的尖兵。农村的基础在农业，农业的命脉在水利，水利在农业稳定发展、农民持续增收中起着举足轻重的作用。水文工作通过对水情、雨情、墒情、水质等监测与预测，提升了水利在防汛抗旱、防灾减灾、节水灌溉的综合能力，为解决发展现代农业、提高农业综合生产能力所面临的"旱涝灾害、水资源短缺、水环境恶化和水土流失"四大水问题，为水资源可持续利用和农业持续发展提供可靠的技术支撑。

2　临沂水文基本情况

临沂市水文局自建立以来，在全市建立了分布合理的长期监测站点，设有18个水文站、77个雨量站、5个水位站、13个辅助站（渠首站）、42个地下水观测站、6个蒸发站、6个泥沙站、18处土壤墒情站，9处水土保持监测站。

在充分发挥现有水文站网作用的基础上，临沂水文进一步优化调整水文站网，补充完善未控区水文站网。2011年以来，临沂市新建水文站34处，新建水位站26处，改造水文（位）站12处，新建、改造雨量站132处，配备先进的雨水情自动测报系统，安装现代化雨量数据采集系统，及时进行降雨量、水位、流速、流量、蒸发量等多种参数的分析，进一步提高了报讯的时效性，增加洪水预报的有效预见期和预报精度。

作者简介： 邵秀丽（1982—），女，山东临沂，学士，工程师，从事水文勘测工作。

3 临沂水文服务农业建设的内容

3.1 以水文预报服务为着力点，为农业抗灾减灾提供技术支撑

水文情报预报是防汛抗旱的耳目和参谋，是合理调度、利用和保护水资源，兴建水利工程及其运行管理的科学依据，对防洪减灾、保护人民生命财产安全、改善生态环境、充分发挥水利工程效益起着极其重要的作用。

3.1.1 提高水文预报精度，为新农村建设保驾护航

临沂市是洪涝旱灾频发的地区，及时预防自然灾害、减轻灾害影响对于建设社会主义新农村、发展现代农业极其重要。1993年8月和2012年7月，临沂地区普降大暴雨，沂河支流祊河水位暴涨，严重威胁周边农田及沿河人民群众生命财产安全。暴雨发生后，水文部门充分发挥参谋和尖兵作用，为各级防汛指挥机构提供大量的水情预报，及时避免了堤防决口，降低了下游洪涝危害，保护了沿河周边大量农田。2010年、2011年以及2014年，临沂市遭遇严重干旱，面对旱情，临沂市水文局启动抗旱水文测报应急预案，加大农田灌溉区域的土壤墒情、地下水位、途径河流的数据检测，制作监测数据曲线，及时向上级提供旱情情报。精准的水情预报，为临沂市委、市政府做出科学决策提供了翔实的数据支撑，使洪涝旱灾损失减少到最低限度，为提高农业综合生产能力保驾护航。

3.1.2 实施土壤水分监测，合理利用有限水资源

临沂市现有18处土壤墒情站，全部为中央墒情站。国家防汛抗旱指挥系统二期工程规划在临沂建设墒情站点66处。其中固定站11处，移动站55处。基本为每县区1处固定站，5处移动站。

通过土壤墒情监测，进行土壤墒情预报，及时掌握全市土壤含水量变化情况，给市防指提供有效的基础数据与信息，为市防指指导农民适时灌溉、农田蓄水保墒和科学灌溉提供科学依据。

3.1.3 配合水利部门做好全市统配水工作

统配水工作是临沂市一项重要的地表水资源优化配置工作。每年在农业需要灌溉的季节，市里成立全市统配水领导小组，统一协调沂沭河上游大中型水库的放水及下游引河灌渠的引水，最大程度地保证用水效益和灌溉效益。多年来，临沂市水文局全力支持和服务于统配水工作，全面做好统配水期间的水文测报、水量计量、水情简报工作，为供需水双方提供了优质服务，受到市统配水领导小组和供、需水各方的好评。

经统计，每年统配水期间，临沂市水文局有12个水文、水位站40余人参加，出动工日1200余个，测流200余次，拍发水情电报400余份，提供水情简报25期。在兼顾上下游关系的前提下，科学分析灌区需水量，协助水利部门优化配水，抗旱排涝，提高灌溉水资源的经济效益，提高灌区的总体产量，为农业发展搞好服务。

3.1.4 发挥技术优势，积极开展科技服务工作

充分发挥在水文水资源调查评价、建设项目水资源论证及水文水利计算等方面的技术优势，积极开展科技服务工作，为临沂市的水利建设和经济社会发展提供技术支撑。其中，《临沂市塘坝除险加固工程洪水核算办法》被临沂市水利局纳入《临沂市千塘整治规划典型设计》，对消除塘坝安全隐患，确保防洪、灌溉、生态效益的发挥，促进农村经济的发展具有十分重要的作用。

3.2 以水环境监测评价服务为着力点，为用水安全提供技术支撑

作为水量水质监测的权威部门，临沂市水文局水环境监测中心是通过国家级计量认证的监测单位，主要负责全市地表水、地下水的水质监测；参与水功能区的划分、审定水域纳污能力和编制水资源保护规划；承担全市河流、湖泊、水库、入河排污口、取水许可、重点水功能区及主要供水水源地的水质监测；承担水资源论证的水质调查、监测及评价等工作；承担水文站水质采送样质量管理与评定；负责编制临沂市重点水功能区水质通报，负责编制临沂市年度区域水功能区水质监测报告，为最严格水资源管理提供技术支撑和管理依据。具体完成以下几方面的工作：

3.2.1 水功能区监测

积极开展水功能区水质监测工作。从 2010 年开始，临沂市水文局为山东省最严格水资源管理制度"三条红线"水功能区试点监测单位。目前对 55 处水质监测断面实施监测，监测频次为每月一次，覆盖 44 处国家和省级水功能区。为编制《临沂市年度区域水功能区水质监测报告》，为最严格水资源考核制度水质达标率考核提供翔实的基础数据。

自 2007 年 10 月份，每月编制印刷《临沂市重点水功能区水质通报》，逐级上报市水利局及市政府有关部门，为保护水资源、防治水污染以及保障城乡居民饮水、用水提供依据和支撑。

3.2.2 临沂市水功能区划

2014 年，由临沂市水文局编制的《临沂市水功能区划》顺利通过临沂市水利局组织的评审验收。《区划》是国家和省水功能区划体系的进一步延伸和细化，具有较强的可操作性，区划成果对临沂市水资源开发、利用、保护及水污染防治具有重要指导意义，对农业发展提供了区划保障。2015 年3 月，该《区划》经临沂市人民政府批复实施，作为今后临沂市水资源开发利用、节约保护和监督管理的依据（临政字〔2015〕25 号）。临沂市一级水功能区 67 个，二级区 60 个，水功能区单元94 个。

3.2.3 入河排污口监测

自 1997 年，根据淮河流域水资源保护局、省水利厅开展全省入河排污口核查与监测工作要求，每年对全市入河排污口进行核查和监测。按照监测工作实施方案，落实工作任务，组织人员对临沂市辖 80 余处入河排污口水质和水量进行同步监测，均顺利完成监测任务。流量按《水文测验规范》实测，水质监测方法按淮委和省厅工作方案要求进行。按期上报监测成果，为区域水功能区限制纳污控制指标考核提供依据。

3.3 以水保监测为着力点，为水土保持提供技术支撑

临沂水土保持监测工作处在起步阶段，还未形成长系列资料，但水和土是人类赖以生存的基本物质，是发展农业生产的基本因素，因此水土保持监测是不可或缺的基本国土资料。

径流场监测点监测内容有降水、径流泥沙、土壤水分、植被覆盖度、小区产量以及气象数据等；利用水文站监测内容有降水、径流泥沙等。运用多种技术对水土流失成因、数量、强度、影响范围、危害及其防治成效进行动态监测与评价。掌握水土流失动态，认识水土流失规律，评价水土保持防治成效，建立土壤侵蚀模型，预报土壤流失量。

水土保持监测的效益主要有查清水土流失现状，解答水土保持生态建设的状况与效益，跟踪开发建设项目水土保持动态，为政策法规制定和科学管理提供服务，为社会公众特别是农业提供水土

保持生态服务。

4 当前制约发展的主要问题

过去的几十年中，临沂水文为解决"三农"问题作出了一些努力和贡献，但是，随着党和国家加大推进社会主义新农村建设力度，对水文服务"三农"的需求更多，要求更高，相比之下，临沂水文还存在着不足。主要体现在以下几个方面：

（1）基层的农业水文服务体系不健全。目前临沂市水文局实行的是省局、市局管理体系，各县域内仅布设 1～2 处水文站点，针对农业灌溉、开发的监测站点偏少，没有形成完整的农业水文观测站网，无法满足县域乃至乡镇农业发展对水文服务的需求。

（2）农业监测项目不全面。灌区监测项目只对渠首站水位、流量进行监测，没有对灌渠退水量进行监测。另外，农田土壤墒情数据系统性、普遍性、代表性不足，农业取用水源地监测缺乏针对性，对有效控制全市各县区旱涝变化趋势，缺乏翔实的数据支撑。

面对新发展、新需求，要解决当前工作的问题和欠缺，不断完善水文服务体系，应着力改进如下几个方面的工作：

（1）构建以县级水文局为主体，以中心站为依托，以各类监测站点为支撑的水文管理服务体系。建立县乡（镇）两级乃至村级的农业水文服务体系，配备乡村水文兼职人员，为发展"精细"农业、特色农业提供水文信息，全面提升水文服务能力与水平。

（2）进一步优化站网，不断健全农业用水的水文特征分析。对灌区管理进行调查研究，有针对性的增加监测项目，为农业研究提供数据支持；加强墒情站网建设，加强旱情分析评价方法及预测预报技术研究，为农业防灾、抗旱、减灾提供技术支撑。

参考文献：

[1] 临沂市水资源评价 [M]. 青岛：山东省地图出版社，2006.

[2] 水利部淮河水利委员会 . 2012 年沂沭河暴雨洪水 [M]. 北京：中国水利水电出版社，2014.

淮安市饮用水水源地达标建设存在问题及对策措施

杨翠翠，颜 庆，陈 梅

（江苏省水文水资源勘测局淮安分局，江苏 淮安 223005）

摘 要：饮水安全关系人民群众的生命健康，饮用水水源地的安全保障程度是一个地区发展水平和生活质量的重要标志之一。根据江苏省水利厅的相关规定和达标建设要求，淮安市从2013年起陆续对县级以上的集中式饮用水水源地开展了达标建设工作。建设后的水源地水量和水质保障程度显著提高、管理状况明显好转，同时在水源地达标建设中也存在一些问题。本文就水源地达标建设中发现的问题进行分析并探讨其对策。

关键词：饮用水水源地；达标建设；存在问题；措施

1 淮安市水源地概况

淮安市地处淮河流域中下游，水资源条件较好，境内河湖众多，水网密布，水利工程较多。淮安市辖四区三县（清江浦区、淮阴区、淮安区、洪泽区、涟水县、盱眙县和金湖县），现状共有10个集中式饮用水水源地，8个水源地为河道型水源地，盱眙县龙王山水库水源地为湖库型水源地，洪泽湖洪泽县水源地上游为湖库型、下游为河道型。淮安市10个水源地所涉及的河流、湖库共7个。城南水厂取水水源为二河；北京路水厂、淮阴区水厂、市经济开发区水厂和涟水县第二水厂取水水源均为废黄河；金湖县第二水厂取水水源为淮河入江水道三河段；淮沭河水厂取水水源为淮沭河；白马湖水厂取水水源为里运河；盱眙县两座水厂取水水源为龙王山水库；洪泽区水厂取水水源为洪泽湖。淮安市10个水源地基本情况见表1。

2 水源地达标建设内容及成效

根据江苏省政府发布的《关于开展全省集中式饮用水源地达标建设的意见》要求，淮安市从2013年开始对全市8个水源地开展了水源地达标建设工作，2015年8个水源地达标建设工作已经基本完成。淮阴区淮沭河水源地和里运河淮安水源地是新建水源地，达标工作从2016年开始实施。达标建设工作内容主要按照"水量保证、水质达标、管理规范、运行可靠、监控到位、信息共享、应急保障"的要求[1]，通过资料收集与分析、现场查勘与调查，采取工程措施和非工程措施相结合，落实最严格的饮用水源地保护措施，提出水源地达标建设的内容和方法，包括饮用水水源地的正常供水和保护工程、应急备用供水工程和水量保障工程、安全保障体系建设工程，资金筹措和保障措

作者简介：杨翠翠（1984—），女，工程师，主要从事水资源评价方面工作。

表1　淮安市现状集中式饮用水源地概况表

序号	水源地名称	取水水源	水厂名称	建设时间	设计规模
1	二河淮安武墩水源地	二河	城南水厂	1992年	45
2	废黄河淮安水源地	废黄河	北京路水厂	1979年	9
3	废黄河开发区水源地	废黄河	开发区水厂	2012年	20
4	废黄河淮阴水源地	废黄河	淮阴区水厂	1983年	5.5
5	淮阴区淮沭河水源地	淮沭河	淮沭河水厂	2014年	10
6	里运河淮安水源地	里运河	白马湖水厂	2016年	10
7	废黄河涟水水源地	废黄河	涟水县第二水厂	2011年	20
8	入江水道金湖水源地	淮河入江水道	金湖县第二水厂	2013年	10
9	龙王山水库水源地	龙王山水库	盱眙县水厂	1996年	15
10	洪泽湖洪泽县水源地	洪泽湖	洪泽县水厂	2012年	16

施等，全面提高淮安市饮水安全保障水平，实现"一个保障、两个达标、三个没有、四个到位"的水源地管理目标[2]。通过达标建设工作与验收评估，水源地达标建设工作取得了明显的成效，水量和水质保障程度、水源地监控设施、管理制度和水平这三个方面相比达标建设前均有了显著的改善。

2.1　水量、水质保障程度显著提高

为了保障全市集中式饮用水水源地的供水安全，提高水量的保障程度，淮安市批准实施了《淮安市抗旱预案》《突发水源事件应急响应》等一系列保障措施，确保在各级不同程度干旱预警响应原则中，保障城乡生活用水均为第一重点，根据干旱程度不同提出相应的流域调度方案，优先满足饮用水供水要求，建立水量、水位双控制指标。当因供水水源短缺或被破坏时，采取应急措施，及时通过闸坝调度控制污染源，并利用水利工程调水补充新鲜水源，确保了在突发情况下饮用水源地的供水安全。通过制定合理的水利工程调度方案，缺水时期采取及时的补水措施，可保障淮安市集中式饮用水水源地的供水保证率达97%以上。

为保证淮安市集中式饮用水水源地水质安全，淮安市由水利、环保和水厂等部门联合进行水质采样监测，并将监测结果形成报告定期发布。目前，已建设完成的8个饮用水源地监测的站点为24个。饮用水源地水质监测频次为每月3次，监测项目为水温、pH值、氯化物、氟化物、溶解氧、高锰酸盐指数、氨氮、总磷等8个。针对饮用水源地所在水功能区的监测频次为每月一次，监测项目为水温、pH、氯化物、溶解氧、高锰酸盐指数等29个项目。并且针对湖库型水源地进行每月一次的富营养化指数评价。根据2006～2014年水质监测结果评价，8个水源地水质状况总体较好，除个别月份外，基本达到地表水Ⅲ类标准，达标率大于80%。

通过对水源地保护区污染源的治理整顿，一级保护区内基本无与供水设施和保护水源无关的建设项目和设施，二级保护区内没有排放污染物的建设项目和设施，准保护区内没有对水体污染严重的建设项目和设施。在各级保护区边界设立了警示标志并明确保护区地理界线和管理要求。一级保护区通过种植防护林、架设隔离网等措施基本可以实现全封闭管理。通过2016年前半年水质监测结果分析，8个饮用水水源地水质均达到国家《地表水环境质量标准》Ⅲ类标准及以上。

2.2 监控设施趋于完善

自动监测站设站的主要目的是保障饮用水源地水质预警、预报需求，出现污染事故时能够及时采取调度处置措施。随着现代化仪器的广泛使用，自动化监测技术迅速发展，水质监测的频次和质量不断提高，水质监测数据的传输手段更加快捷方便。经过达标建设，淮安市各水源地在取水口或其上游均建设了在线水质监测系统，检测项目一般为7项，分别是氨氮、高锰酸盐指数、pH值、溶解氧、浊度、电导率和温度。监测数据可以实现水厂、水利部门、环保部门等有关部门共享，起到预报预警的作用。

视频在线监控系统已经在水源地保护区广泛使用，对破坏取水设施、违反水源保护规定的行为可以及时取证，及时处理。淮安市各水源地经过达标建设已在水源地取水口、上下游保护区边界等重要位置安装了视频监控。通过监控，可随时观察水源地一级保护区和取水口实时动态情况并存储监控录像，能够及时发现问题，并为事件调查处理提供依据。

2.3 管理制度和水平有所提升

淮安市区、淮阴区、淮安区及其他四个县均成立了饮用水源地保护工作领导小组，作为实施集中式饮用水源地达标建设的责任部门，组织和开展集中式饮用水源地达标建设工作，抓好水源地保护与管理工作。各成员单位在领导小组的统一领导指挥下，各司其责，协调做好饮用水源地管理和保护工作。主要管理和保护工作包括三个方面：①统筹地表水、地下水的开发利用，进一步完善各县区区域供水规划，保证居民饮水安全；②建立日常巡查制度。水厂开始供水后，建立水源地巡查组织网络体系，落实巡查人员，明确巡查责任。实行一级保护区逐日巡查制度，二级保护区、准保护区范围不定期巡查制度，密切跟踪水源地的状况，并做好水源地巡查记录工作。巡查中发现可能影响饮用水源地安全的行为时，及时制止，并由相关部门依法予以处理。发现饮用水源地水量、水质异常，及时向各级政府报告，并向有关部门和可能受到影响的供水单位通报；③加强水量、水质监测信息的发布和共享，制订公众参与与社会监督方案，包括饮用水源地核准及公布，接受社会监督的计划等。

3 达标建设中存在的问题

3.1 农业面源污染控制难度大

淮安市是鱼米之乡，农业较为发达。水源地选取一般远离城市，水源地集水区域存在大范围农业种植。农业面源污染是水源地水质的重要安全隐患。农业面源污染源主要包括农药、化肥、无序排放的人畜粪便等。这些污染源直接随着地表径流进入水体，造成地表水污染，湖泊、池塘、河流生态系统营养化。水体微量有毒污染物增加，造成水源地水质的严重破坏。此外，淮安市部分地区存在水土流失现象，大量的化肥、农药随表层土流入江河湖库，加剧了水源地的面源污染[3]。

3.2 备用水源地建设滞后

根据达标建设要求，县级以上城市应具备2个以上水系相对独立的饮用水源地，并通过供水管网建设，实现互为备用。淮安市现状各县区地表备用水源地基本均在设计或者正在建设中，无法做到即时启用。应急地下水源已选取了条件较好的地下水井并做了相应的保护措施，但与地表水管网衔接难度较大，无法做到应急时接管使用，一旦发生重大水污染事件，将会直接影响到供水安全。

3.3 水源地保护力度不够

在水源地达标建设工程实施过程中，受到不少周围居民的阻拦和骚扰。已设置好的隔离网时常受到周边群众的破坏，在水源地范围内游泳、垂钓等事件时有发生。保护区边界警示标牌时常丢失，管理难度较大。水源地周边居民对保护水源的意识不强，水源地保护力度明显不够。

4 对策措施

4.1 重视农业面源污染治理

各级政府应重视农业面源污染，指导农业种植。在集水区域内推广配方施肥、病虫害综合防治等先进的农业生产技术，减少农田化肥和农药使用量。严格禁止高毒、高残留农药的使用，推广高效、低毒、低残留农药，加快建设农作物病虫害防治专业化组织，加强病虫害预报，减少用药频次。

4.2 加快备用水源地建设进度

淮安市现状备用水源地建设均未完成，一旦发生重大水污染事件，无备用水源作应急之用将会对社会产生不可估量的不良影响，备用水源建设进度亟待加强。建议将备用水源地建设纳入政府年底考核，成立备用水源地建设领导小组，保证备用水源地资金投入，加快建设进度，使备用水源地各项工程尽快落实，并完善供水应急预案，确保在发生突发性供水事故时，能够即刻启动备用水源，确保城乡供水安全。

4.3 加大水源地保护力度

政府统一领导下水利、环保、城建、农业等多部门分工负责、联动、协作机制和重大事项会商机制。加大资金投入，强化设施保障，尽快建立水源地水质、水量安全监控信息系统，实现资源共享，信息公开。完善监管机制及时向群众宣传相关政策和信息并接受公众监督。加大水源地宣传力度，借鉴节水宣传，让保护水源地宣传进校园、进社区，争取做到全民参与、全民监督。整合各部门间的资源和力量，在饮用水水源监测预警、执法监管、应急管理等方面相互支持、相互配合，提高水源保护和水污染联防联治水平。

5 结束语

集中式饮用水水源地供水安全，关系到社会安稳和人民群众生命健康，是构建和谐社会的重要因素。水源地达标建设工作明显地改善了水源地水量和水质保障程度，完善各项管理制度，使水源地保护更加规范、更加有效。针对各水源地存在的问题应积极寻找解决办法，确保水源地水量、水质达标，保护措施落实到位，将保护水源地放在水资源管理工作的首要位置。

参考文献：

[1] 王孟，吴国平，邱凉. 长江流域（片）重要饮用水水源地安全保障达标建设对策研究 [J]. 中国水利，2014（3）：43-45.

[2] 佚名. 江苏省开展集中式饮用水水源地达标建设工作 [J]. 给水排水，2012（1）：141.

[3] 颜世杰，梅亚东，张文杰. 我国饮用水水源地保护存在的主要问题及其研究展望 [J]. 江西水利科技，2011，37（2）：79-82.

沂沭泗水行政执法信息化建设的几点思考

仇小霖

（淮委沂沭泗水利管理局，江苏 徐州 221018）

摘 要： 面对新形势的挑战，如何通过信息化建设提高执法能力和水平，强化全过程监督管理，拓宽社会公众的参与是各个行政执法机关面临的重大课题。本文结合沂沭泗局水行政执法信息化建设现状，分析存在的问题和困难，从依法行政对水行政执法的要求出发，探讨沂沭泗水行政执法信息化建设。

关键词： 水行政执法；信息化；"互联网＋行政执法"；沂沭泗

水行政管理是社会管理的重要组成部分，维系河势稳定、防洪安全、航运安全、供水安全、生态安全、重要基础设施安全和社会稳定。水行政执法是水行政管理的重要组成部分，是践行新的治水思路的重要保障，新的治水思路赋予了水政监察工作新的使命。做好水行政执法工作，事关水利系统落实依法治国基本方略，事关依法治水、依法管水目标的实现，事关社会稳定，事关水利事业长远发展。水行政执法是促进水行政管理工作健康、快速发展的核心力量。水行政执法信息化建设是落实国务院《关于积极推进"互联网＋"行动的指导意见》，对促进水利法制体系建设和推动水利改革与发展都具有重要意义。

1 信息化建设发展历程

沂沭泗水利管理局（以下简称沂沭泗局）水政监察队伍的发展是符合沂沭泗流域统一管理的必然条件。从沂沭泗局成立到现在，沂沭泗局的水政监察队伍经历了从无到有，在摸索中稳步发展。随着信息技术的不断发展，沂沭泗局水行政执法信息化建设也形成了信息采集、运行环境、数据资源、应用服务等多种类的信息化资源，为沂沭泗水行政执法提供了有力的支撑。沂沭泗水行政执法信息化建设大致经历三个发展阶段：

第一阶段（2000～2008 年）：水行政执法信息化准备阶段，硬件为主的阶段。在执法装备经费的支持下，沂沭泗水政监察总队、支队、大队配置调查取证设备、执法信息处理等设备，基本达到执法信息采集数字化。

第二阶段（2009～2012 年）：水行政执法信息化萌芽起步阶段，局域网监控系统以主的阶段。建成了收费站监控管理系统、砂场采砂计量监控系统等，实现了局部监控和部门业务数字化处理，有效提高管理水平和效率。

第三阶段（2013～2017 年）：水行政执法信息化快速发展阶段，水行政执法网上运行和监管为主阶段。随着淮委水政监察基础设施建设项目（一期）的实施完成，借助沂沭泗直管重点工程监控项目，建成连接全局的三级广域网络，开发推广全局水行政执法统一的移动执法巡查系统、远程监控系统和采砂管理系统，拓展网上执法监督管理系统，推出基于因特网的水行政执法 APP 系统。

2 信息化建设存在的问题

随着信息化的不断发展和资源的积累，面对新形势、新要求，沂沭泗水行政执法信息化的短板和不足逐渐显现，根据业务发展需要分析，主要表现为：

2.1 水行政执法信息化建设程度不高

近年来，沂沭泗水行政执法工作逐步推进信息化建设，2000 ～ 2016 年通过"水政监察基础设施建设项目"加强各级水政监察队伍调查取证执法装备，并实施了水行政执法巡查监控工程和重点区域远程监控工程等项目，但建设的区域少、覆盖面少。

2.2 信息化建设与管理机制不健全

目前沂沭泗水行政执法水利信息化缺乏全面、健全的建设管理规章制度约束，部分建设项目没有遵循整体性的统筹规划，采用了各自为政、独立封闭的建设模式，存在低水平或不合理的建设现象，建设投资未能得到合理配置和充分有效利用。

2.3 后期运行维修养护经费短缺，降低系统作用的有效发挥

水政监察基础设施建设项目在上级的大力支持下顺利建设完成，国家前期投入大，但后期的运行和维护管养却相对缺位，后期投入不足，设施设备的维修养护跟不上，降低系统作用的有效发挥。

2.4 个别基层执法人员的法治思维和服务意识不强

"互联网 +"时代公众对于信息的知悉速度、传播速度和程度都非常惊人。当"互联网 +"成为国策时，"互联网 +"水行政执法是水行政管理服务社会的必然要求。然而，在水行政执法信息化建设过程中，一些一线水政监察人员却对水行政执法信息化建设存在抵触情绪，怕信息、流程的公开，怕被拍照、被录像，充分说明有的水政监察人员法治意识、为民服务意识不强。

2.5 水行政执法信息公开、共享不足，监督机制不够完善

信息的开放性、观念的多元化给水行政执法工作带来了前所未有的挑战。法律法规、规章制度，处罚程序等信息可以百度一下"信手拈来"，但沂沭泗各级执法机构公开的执法主体、执法依据、执法程序等信息不全面，行政执法信息公开中缺少互动，满足不了"微时代"信息服务，同时信息公开中监督主体、救济措施不明等。

2.6 "信息"服务程度不高

目前，以微博、微信、PC 端、APP 端开发服务平台为代表的电子化公共服务工具正成为网络信息传播的核心力量，政府信息发布和公众沟通进入到"微时代"，政务微信、政务 APP 成为了市民指尖上的"家常菜"。目前的沂沭泗水行政执法信息建设中，执法依据的索引、执法裁量权的判定、执法过程的监督等自我利用的信息化应用程度不高，信息查询、案件查询、服务指南等服务管理对象的信息程度也较低。

3 几点思考

国务院《关于积极推进"互联网 +"行动的指导意见》出台后，提出各行业要加强和互联网的

融合和创新发展。这就要求将互联网与沂沭泗水行政执法工作融合，实现实体服务与网络服务的有效衔接，建设标准统一、资源共享、业务协同的互联网＋水行政执法管理体系，实现水行政执法运行数据电子化、流程标准化、办理网络化、信息公开化、监督实时化，提高行政效能，打造符合互联网时代特点的融合性水行政执法服务新模式。这里重点从依法行政对水行政执法信息化业务角度出发，提出沂沭泗水行政执法信息化建设设想。

3.1 沂沭泗水行政执法信息化建设设想

随着沂沭泗局水利信息化整合优化和持续提升，水行政执法信息化建设以"互联网＋水行政管理"为主阶段。在全面改造水行政执法业务管理系统，实现和防汛抗旱管理系统、水资源管理系统等业务系统的有效整合和流程优化，必将提升水行政执法监控能力、管理精细化和智能化水平，进而深入推动水行政执法现代化进程。

沂沭泗水行政执法实行四级管理模式，水行政执法信息化建设要依托沂沭泗防汛抗旱指挥系统工程、水资源监控能力建设工程、淮委水政监察基础设施建设项目（一期）、沂沭泗重点工程监控工程等为基础，建设互联网＋水行政执法管理系统，由沂沭泗统一建设、管理和维护，沂沭泗局、直属局、基层局分阶段建成、多级使用。利用计算机互联网技术适时记录现场执法取证图片和文字信息，以及现场证据视频、音频信息、实现动态管理和巡查监督、监控管理，并实现以立案受理、调查取证、案件审批、执法文书打印、处罚处理、强制执行、结案归档全过程的流程化办理。建设重点包含了基础设施、执法信息平台、执法监督平台和基础支撑系统。

3.2 建立和健全信息化执法平台

3.2.1 配置和完善水行政执法基础设施

强化硬件设施建设和维护，配置现场执法、文书签署、信息报告、取证上传、地理定位等多种信息化功能的执法终端设备，包括单兵装备和车（船）载装备，确保同步执法信息数据运行工作的全面开展。配置远程监控执法体系，对直管区范围实行全覆盖、实时监控工程，确保违法行为信息的实时收集。

3.2.2 建设水行政执法信息平台

按照"政府公开"的标准和模式，建设水行政执法网上运行平台，满足行政许可、行政处罚、行政征收、行政强制、行政确认、行政监督及其他水行政执法权网上运行的需要，实现网上办理、流程定制等功能，保证网上规范运行。平台运行中，做到水行政执法活动"全程留痕"。具体建设内容包括：

（1）水行政执法权力目录库。根据水行政执法行政权力事项，建设行政执法数据库和动态管理系统，提供总队、支队、大队三级行政权力清单动态管理和水行政权力基础信息服务。沂沭泗本级和直属局、基层局分级负责政府权力清单事项信息、办事指南信息梳理、入库和日常管理工作。

（2）水政监察人员基本信息库。加强行政执法人员动态管理，完善行政执法主体资格、行政执法人员资格和行政执法人员管理工作，包括地方政府颁发的行政执法证件和水利部颁发的水政监察证件，和地方法制机构的行政执法人员信息公开对接，实现执法人员信息公开化、透明化、公正化，便于社会各界对行政执法人员的执法监督，建成方便、快捷、准确的水政监察人员信息库。

（3）水行政执法依据库。根据 2016 年中共中央办公厅、国务院办公厅印发《关于全面推进政务公开工作的意见》提出的推进管理公开，全面推行权力清单、责任清单、负面清单公开工作，推行行政执法公示制度的要求，以各级行政执法梳理所执行的法律、行政法规、地方性法规、部门规章、省政府规章、市政府规章和所执行的行政自由裁量权基准制度，全面实行公开公示。

（4）水行政执法流程规范化、信息化。根据不同的行政权力运行特点，根据有关法律法规和规章的规定，科学设定权力运行流程，建立前后相连、环环相扣的办案流程，科学管理业务工作，完善各业务部门的执法责任、错案范围、追究程序。通过建立案件处理的标准和流程，规范执法行为。

3.2.3 建设水行政执法监督平台

执法监督是实施执法管理，确保执法良性运转的必要手段。行政执法监督平台包括行政执法人员资格认证管理系统、行政执法行为监督系统、行政执法和刑事司法衔接系统、行政复议和行政诉讼案件统计系统、群众网上评议系统等，在线监督行政执法权运行的合法性、适当性，适时进行预警和提示，发挥大数据对行政执法活动的指导作用，实现对行政权力网上运行的实时监督、预警纠错、投诉处理、统计分析、绩效评估、督查督办和风险防控等功能，实现对行政权力的事前、事中和事后的多方位监督。

3.2.4 建设基础支撑系统

建设跨平台的数据交换系统，实现资源共享和计算、存储资源的虚拟化和动态资源调配；建设安全保障体系，为平台安全可靠运行提供基础支撑。

3.3 健全制度，统一标准

从管理上要制定配套的制度保障体系，加强组织体系建设。建立沂沭泗水行政管理信息化发展应遵循的规范体系，在统一标准的前提下，从技术上设计先进、合理、具有可操作性的信息化框架体系；通过组织、制度保障和技术层面对信息化的立项、设计、审批以及实施进行有效的约束，将沂沭泗水行政执法信息化推上新的台阶。

3.4 加强人才队伍建设

首先要建立切实的人才培养计划，以岗位培训和继续教育为重点，开展具有针对性的信息化技术培训和技术交流学习，确保水政监察人员更好地胜任本职工作，满足信息化不断发展的需要；其次要加强专业人才培养，保障水行政执法信息化管理系统的正常运行和维护。

3.5 完善资金投入保障机制

加大水行政执法信息化建设资金投入力度，完善资金投入机制，优化资金使用范围，确保资金使用效益的最大化。同时要改革完善信息化运行管理机制，进一步落实和保障运行维护经费，以保证已建信息系统的稳定、可靠、安全运行，有效发挥已建系统的效益和作用。

4 结语

当前，无论是从推进法治政府建设的宏观层面，还是在规范行政执法的操作方面，都亟需以"互联网＋"推进行政执法精准化，规范行政权力透明运行，有效保障人民权益，提高依法行政能力。在"互联网＋"大背景下，我们必须按照国务院《关于加快推进"互联网＋政务服务"工作的指导意见》的统一部署，切实提高运用互联网思维和现代信息技术的意识和能力，深入推进水行政执法信息化建设，为依法治水、管水提供强大动力。

沂沭泗局水文自动测报系统运行管理探讨

詹道强，王秀庆，李　斯

（沂沭泗水利管理局水文局（信息中心），江苏 徐州 221018）

摘　要： 沂沭泗局水文自动测报系统始建于 1991 年，经过二十多年的建设及升级换代，系统不断壮大和完善，在工程管理、防洪调度、水资源管理等方面都发挥了很好的作用，现已经成为流域防汛调度重要信息来源之一。本文对沂沭泗局水文自动测报系统的现状、运行管理以及基层单位的需求进行了分析，并对今后水文自动测报系统的发展方向进行了探讨。

关键词： 水文自动测报；发展方向；沂沭泗流域

1　水文自动测报系统发展概况

沂沭泗河发源于沂蒙山区，上游的山洪性河道使得洪水来去迅猛，对洪水调度的时效性要求较高。中下游地区河网交错，洪水多系人为调度组合的结果，及时准确的实时水情信息是做好防汛调度不可缺少的重要依据。

1990 年沂沭泗地区发生了沂沭泗管理局建局以来的第一次较大洪水，由于洪水来势凶猛，沂河、沭河、新沂河等部分堤段多处出现险情，各水闸的调度需要及时准确的水情信息，而常规报汛信息的时效性和信息量远不能满足沂沭泗防洪调度对水情信息的需求。沂沭泗局领导下决心从有限的防汛岁修经费中安排一部分经费，先解决防洪关键部位骆马湖及周边控制站的水文自动测报系统的建设问题。1991 年汛前建成的骆马湖洋河滩站和新沂河沭阳站 2 个水文自动测报站，在当年汛期发生洪水时即发挥了重要作用。汛后又建设了骆马湖周边的其他控制站。

由于缺少专项经费，沂沭泗局通过多渠道筹集经费，分别从特大防洪费、岁修经费以及水文测报费里筹集资金，分步建设并逐步完善沂沭泗水文自动测报系统。2007 年以后，沂沭泗东调南下续建工程开始实施，采用工程带水文项目又陆续增建了部分站点。

在 2012 年以前，沂沭泗水文测报系统信息传输主要采用超短波方式。随着地方经济的快速发展，城市建设的发展步伐也越来越快，新建高楼越来越多。到 2012 年底，水文自动测报系统陆续出现传输信道被新建楼房阻挡的情况。最先出现在骆马湖分中心，之后，沂沭河、南四湖分中心也相继出现类似的情况。水文局 2012 年、2013 年分两批对测站传输信道进行了改造。改造后的所有测站全部使用公网 3G 信道进行信息传输，解决了传输通道阻挡的问题。

作者简介： 詹道强（1963—），男，教授级高级工程师，主要从事水文情报、洪水预报及防汛调度工作。

通过站点布局调整和信道改造后，截至 2016 年底，沂沭泗局水文自动测报系统有测站 47 个，分中心站 3 个，中心站 1 个。

经过二十多年的系统建设及升级换代，沂沭泗局水文自动测报系统不断壮大和完善，在沂沭泗局工程管理、防洪调度、水资源管理等方面都发挥了很好的作用，现在已经成为流域防汛调度不可缺少的重要信息来源之一。

2 运行管理中存在的问题分析

2.1 设备老化，需要进行设备更新

沂沭泗局水文自动测报系统当前使用的设备，最早一批是 2004 年底安装启用的，2005～2007 年又陆续对系统的其他测站进行了设备更新，2008 年以后又陆续建设了部分测站。目前，最早一批测站设备运行已超过 10 年，其他大部分测站设备也运行了 7～9 年。由于野外环境恶劣，设备老化的问题已经开始出现，测站故障率开始增加，系统稳定性有所降低，也增加了系统运行维护成本。考虑到电子产品的使用寿命，要保证沂沭泗水文自动测报系统的稳定运行，需要有计划地对系统进行设备更新。

2.2 基层单位专业技术人员缺乏，维修力量薄弱

沂沭泗水文自动测报系统目前采用水文局、直属局、基层局三级管理模式，通过共同努力来保障自动测报系统的正常运行。根据职责分工，测站的看管及日常维护主要由直属局以及相关基层局的技术人员负责。由于直属局及基层局缺乏专业的维护队伍，常常是水管科和水管股的技术人员在兼职负责水文自动测报系统的运行，兼职管理人员数量少，系统维护水平也不能满足管理要求。由于测站分布比较散，测站就近的基层单位管理人员只能对测站进行简单的复位处理，一旦系统出现故障，往往无法及时进行有效处理，影响了系统的正常运行。目前，测站的系统维护任务主要还是由水文局提供技术支持，因此，测报系统的运行管理，虽然采用的是分级管理模式，但是目前尚不能完全落实每级的管理职责，管理效果与期望目标尚有不小的距离。

2.3 专项经费缺乏，维护经费无保障

水文自动测报站多数位于偏僻的河口地区，部分测站位于湖内，远离城镇和村庄，交通不便；巡查、监管、设备维护及测站清淤等都需要经费支持，目前由于自动测报系统专项运行维护经费不足，基层单位经费渠道不畅，系统的运行维护也给基层单位带来了管理难题。

水文自动测报系统的运行维护，在没有实行部门预算化管理之前，每年可以通过防汛岁修经费等各种渠道拨付部分经费以进行水文自动测报系统的运行维护，直属局、基层局在系统维护方面的费用可以从防汛费中列支。而在实行部门经费预算化管理后，水文自动测报站的运行维护没有纳入预算管理，测报系统的运行维护费用无相应的支出科目，影响了测报系统的正常运行。

2.4 自设水尺人工报汛精度低，无法做到实时监测，需要建设成自动测报站

沂沭泗局水文自动测报系统目前尚不能覆盖所有基层局的水位观测断面，每年汛期防汛值班期间，仍有部分站采用人工报汛。人工报汛无法做到实时监测，需要耗费大量的人力、物力。由于基层管理单位人员严重不足，委托观测报汛人员水平不高，部分人员责任心不强，漏报、错报现象时有发生。水尺设立位置一般位于河口，远离村庄，交通不便，降水期间路面泥泞，人员安

全无法得到保障，也增加了基层单位的运行费用支出。基层单位建议今后要逐步采用自动报汛代替人工报汛，减轻基层单位工作人员的劳动强度，落实科学发展观，体现以人为本的理念。

2.5 水文自动测报建设形式多样，需要进行系统整合

沂沭泗局直管工程中部分水闸通过东调南下续建工程等建设的自动控制系统是相对独立的系统，水位遥测信息仅传输到控制系统的局域网，不能传输到办公自动化系统，不能实现水位遥测信息的全局数据共享。2015年对刘家道口节制闸的自动测报站进行了遥测数据整合，实现了遥测数据进入水情信息服务系统。目前，南四湖二级坝二闸、韩庄闸、骆马湖嶂山闸等都有类似的情况，今后也需要进行系统整合，把水闸工程改造建设的测报站统一纳入到沂沭泗局水文自动测报系统中来，实现水文遥测信息的全局共享。

2.6 流量在线监测需求

重沟水文站是淮委建设、沂沭河局管理的唯一水文站。目前该站采用传统的缆道流速仪或走航式 ADCP 进行流量测验，与先进的在线式流量测验系统相比存在着时效性不足的问题。在重沟水文站建设流量在线监测系统，可以实时获得重沟站流量监测数据，更好地为下游大官庄枢纽洪水调度提供信息支持。

目前沂沭泗局管理的18座大中型水闸中，大部分都没有建设流量监测设施，报汛常常只能依靠泄流曲线查线报汛。在重要控制性水闸适时建设流量在线监测设施，可以更好地为流域防汛抗旱、工程管理和水资源调度等提供实时流量在线信息支持。

3 建议

3.1 控制系统规模，拾遗补缺，对水文自动测报系统进行升级改造

沂沭泗局水文自动测报系统主要是对地方水文报汛信息进行有益补充，满足防汛抗旱、工程管理和水资源管理等对主要控制站水文信息的需求，系统规模应控制在适当的范围和规模，避免在管理和维护中增加更多的负担。

测报系统中最早的一批测站，设备运行已超过10年，系统稳定性有所降低，今后应有计划地对系统进行设备升级改造。

江苏省水文系统采用遥测1小时报汛一次水情信息后，2009年沂沭泗局水文自动测报系统也进行了相应调整，港上、运河、新安、蔺家坝闸、宿迁闸等测站常规报汛已基本能够满足防汛要求，沂沭泗局遥测系统不再进行设站，减轻了测站管理与维护负担。

3.2 培训系统维护人员，提高基层人员的系统维护水平

对基层人员定期进行技术培训，丰富维护人员的专业知识，掌握基本运行维护技能，培养一支具有较高维护水平的系统运行维护队伍，服务于水文自动测报系统，保证系统稳定运行。

3.3 优化报汛站网，对全局的自动测报系统进行系统整合，开展流量在线监测研究

优化站网结构，充实地处偏远、位置重要的水文报汛站。对于地方水文部分采用遥测报汛的测站采用逐步退出的办法，将其设备安装在其他需要建站的监测断面。对全局的水文自动测报站进行系统整合，建立沂沭泗局水文自动测报系统统一平台。在重沟水文站及一些测流条件较差的水闸开展流量在线监测研究。

3.4 争取资金渠道，保障系统正常运行

畅通维护及管理经费渠道，积极申请专项运行维护管理资金，使老化设备能够得到及时更新，故障设备能够得到及时维护，测站委托看管人员的劳务费能够有固定支出科目，为系统长期稳定运行提供经费保障。

3.5 落实管理责任，规范管理制度，将水文自动测报系统的管理维护纳入日常化管理

随着水利现代化的发展，水文遥测系统对水利事业的辅助作用日趋明显，对水文遥测系统的要求也日益提高。下一步的工作思路是，落实管理责任，进行规范化制度管理，将水文自动测报系统的管理维护纳入到基层单位的日常化管理，落实责任到人，加强汛前、汛中和汛后对遥测终端站的定期巡查和维护，强化考核，进一步提高系统的运行质量。

淮河省界断面水资源监测项目施工质量管理探讨

于文祥，唐伟霄

（江苏省水文水资源勘测局淮安分局，江苏 淮安 223005）

摘 要： 近年来，国家不断加大水文投入力度，江苏水文工程建设取得了显著成效，水文事业得到了持续快速发展。随着经济社会快速发展和新时期水利工作不断推进，水文不仅要为防汛抗旱减灾、水资源开发利用管理、水生态环境保护以及涉水工程建设管理等提供全面服务，还要为生态文明建设、经济社会发展格局调整、人民生产生活用水安全等提供可靠基础支撑。鉴于此，本文主要针对淮河省界断面水资源监测项目（江苏淮安部分）施工质量管理进行探讨。

关键词： 水文工程；省界断面；水资源监测；施工质量；管理

1 引言

水文工程主要包括水位观测平台、缆道、缆道房、站房、水准点、断面标志、定位标志、水尺桩、观测道路踏步以及水文仪器设备等，一般地域偏远、交通不便、规模小、项目分散、涉及面广、专业性强。水文工程（如淮河省界断面水资源监测项目）属于社会公益性项目，如何控制和管理好水文工程质量，是参建各方工作的首要任务和共同职责。淮河省界断面水资源监测项目的建设单位牢固树立"百年大计、安全第一、质量第一"的理念，以质量控制为中心，从工程前期准备，到站址查勘、设计、施工、验收，特别是施工阶段的质量过程管理，自觉接受行业主管部门和流域机构或地方质量监督机构的监督、监管，处理好设计、监理和施工单位的关系，这些都是该项目工程质量管理工作的重点。

2 水文工程施工的特点

水文是一种比较特殊的行业，水文工程一般都较分散，点多面广，因而施工队进行施工时，将会加大施工的难度和成本。水文工程对设备的要求也比较特殊，一般工程项目的建设是以一个水文站或水位站为基点，然后征地、添置监测仪器以及水文生产办公设施等。在建设过程中，水文工程不会占用大面积土地，一般尽量选择水利用地，占地面积小，缆道房建筑面积一般不超过60平方米，小的只有十几平方米，工程建设地的选址较偏僻，建设成本相对较高。随着水文现代化程度的提高，国内外的水文仪器设备在江苏省内运用的越来越多，如SL时差法超声波流量计、ADCP声学多普

作者简介：于文祥（1982—），男，江苏南京，工程师，从事工程建设管理工作，研究方向：水土保持与荒漠化。

勒流速剖面仪，尤其是 H–ADCP 在江苏省徐州、扬州等市运行效果良好。

3 质量管理过程中常存在的问题

3.1 建筑企业行为不规范

首先，工程质量管理意识薄弱。有些建筑企业为提高工程规模，扩大企业影响，无形中增大了投入，而忽略了质量。有的则是一味追求企业利润最大化，将工程质量的好坏置于脑后。其次，违反建设操作流程，施工不按程序进行，如不作调查分析，未清楚施工环境仓促开工；无证设计，不按图纸施工；工程竣工不经验收就交付使用等不规范的行为致使不少工程项目留有严重隐患，导致重大事故发生。第三，有些建筑企业存在偷工减料的现象，施工队伍的素质、技术水平比较低、施工经验不足。

3.2 施工质量管理常存在的问题

相关的法律、法规不健全，缺乏有效的检测手段，质量评定缺乏权威性。质量管理职能交叉，权责不明。一些监理人员态度不端正，责任心不强，按章行事，使监理工作的很多工作重点都不能落实到实际工作中，另一些监理人员不熟悉工作流程，或者没有相应资质，导致监理人员整体素质不高，质量监督工作不到位，建筑质量管理缺乏有效的方法和手段。很多施工企业事先不预防，事后才花大量的人力、物力去善后。

3.3 自然条件影响

施工项目周期长，施工多数都在白天进行。水位、温度、日照、风雨、雷电等都会影响工程的质量，甚至造成重大事故。在盱眙水文站改造工程块石护坡施工中，水位高低直接影响着工程的施工质量、安全、进度，由于河道属于通航河道，船行波影响较大，水位过高时，土袋围堰受船行波影响极不安全，不可行；而水位较低时，仅筑土子堰即可。

3.4 施工材料问题

建筑原材料的质量直接影响到工程质量，如选取不合格的建筑原材料，很容易留下隐患，如水泥受潮、过期、结块、砂石级配不合理，混凝土配合比不准，均会影响混凝土强度、密实性，导致混凝土结构强度不足、裂缝等问题。如附属设施观测道路施工时，施工单位认为工程量小，不够重视，混凝土配合比不对，往往会造成观测道路的混凝土强度不够，达不到设计要求，造成返工现象。有的施工单位在施工过程中采取降低成本的方法，选择价格较低的劣质材料，这些材料很可能不满足建筑质量规范标准，为工程施工质量带来不利影响。再加上有的施工单位为了减少施工步骤，钢筋、水泥、碎石等建筑材料未经过抽样检查就进入施工场地，如果材料与施工设计的要求不符，会对工程的质量造成极大的影响。

4 施工质量控制管理措施探讨

4.1 强化项目的监管队伍

从淮河省界断面水资源监测项目（江苏淮安部分）实施的完整性和连贯性考虑，工程应当建设一支专业人才队伍和监管队伍，汇集人才资源，很好地满足市场化和专业化的需求。人才队伍需要专业人士和富有工作经验的人员相配合，监管队伍需要监管（监理）员、监管（监理）工程师及总

（监理）工程师的协作。每个员工各司其职，确保工程项目的高效运转。

4.2 强化工程材料选择和施工工序管理

水文工程专业性很强，虽区别于水利工程，但要遵循水利行业的规章制度。在淮河省界断面水资源监测项目施工期间，确保已经做好前期的材料检测和图纸审查的准备工作，系统的施工工序、工艺操控标准和施工流程技术人员应熟练牢记，做好施工班组技术交底。施工时，对已经实现的工艺实现检测追踪，对于存在施工问题的部分及时反馈给质检员，质检员处理之后经监理工程师验收合格后继续进行下一工作。施工单位检测工程时要特别注意隐蔽工程项目，先对隐蔽工程施工质量进行自检，自检完毕后还应配合监理单位、建设单位工程师检查，确保隐蔽工程施工质量满足施工的技术要求。

4.3 做好项目建设的施工组织工作

淮河省界断面水资源监测项目（江苏淮安部分）施工开始前，参建单位均要进行相应的准备工作。图纸的会审要慎重，图纸会审由建设单位组织并记录，监理单位代为组织，设计单位进行图纸交底，施工和监理单位代表提问题，逐条研究，形成会审记录文件，签字、盖章后生效。对于图纸的问题尽快修改，以免耽误工期。其次是图纸的设计和现场的施工相结合。在施工时，图纸的变化随着施工形式的变化而动，施工阶段设计部门需要派专员进行现场的勘测和交涉，建设单位工程师、总监理工程师及施工项目技术负责人及时提出自己的新见解，几方讨论确定没有太大的问题时方可修改图纸，使得淮河省界断面水资源监测项目（江苏淮安部分）盱眙水文站改造工程的建设更加契合实际，提高工程质量。

4.4 强化项目建设质量的检验

检验淮河省界断面水资源监测项目（江苏淮安部分）质量需要三步骤的协同。其一是施工单位的自检，选用一些自控仪器，经过质检工程师的操作找出问题进行解决；其二是监理单位的跟踪检测、平行检测；其三是建设法人委托的第三方检测单位的检验，专业人员、专业检测仪器对工程主体进行质量检测，对整个水文工程项目进行监控，该项目中淮委水文局委托流域质监机构进行质量检测。

4.5 强化工程人员素质

目前水文工程建筑队中施工人员的技术水平良莠不齐，鉴于当前人才市场水文、水利工程专才的匮乏，水文工程的施工项目可能难以完成。所以，在工程的申报阶段，便可以进行人员培训、技术考核，这对提高水文工程项目施工管理以及作业人员的能力水平有着很重要的作用。其次，大部分的施工单位对于水文工程那块还是比较陌生，加上水文工程的项目零碎、工程量小，合适的施工单位选择也存在着困难，大单位不愿意参加，小单位资源匮乏，技术不高，难以做好。于是，培养了解国家针对水文设施专项工程指定的相关规范和技术标准，并且精通图纸和会审的项目人员对于水文工程施工队伍的壮大和发展是至关重要的。

4.6 工程施工前期准备工作控制管理

工程施工前期准备工作是整个工程质量控制管理的关键，其不仅能对项目设计、施工及监理进行相应指导，同时也能对设备材料采购、竣工验收工作进行相应指导。而要想更好的对水文工程施工质量进行相应控制，在施工前工作中就应建立管理责任制、质量规划书和进行结果咨询评价。淮河省界断面水资源监测项目（江苏淮安部分）要想达到既定质量目标，必须建立管理责任制，加强对质量管理人员责任意识培养，并将相应责任落实到个人，实现分工管理，这样一旦出现相应问题，可以及时处理，该工程中建设单位专门成立了建设项目领导小组，工程技术、综合财务专人负责，落实责任分工；工程质量规划对质量管理有重要作用，其不仅能更好的体现管理目的性，同时也能使项目施工技术人员达到共识并减少相应矛盾，使相应质量工作持续有序进行；而在淮河省界断面水资源监测项目施工前是需要对工程成果质量评价的，尤其是进行内部评价。毕竟评价中能发现相应阶段中的质量问题，以便及时发现和解决相应问题。

5 结束语

综上所述，在淮河省界断面水资源监测项目（江苏淮安部分）实施过程中，建设单位通过加强自身管理，扎实做好工程前期准备工作，落实好建设项目"四制"与建设管理机构和制度，建立起质量监控体系，认真接受职能部门监督和社会监督，切实加强工程质量管理和控制，使淮河省界断面水资源监测项目建设工程质量得以保障，为社会作贡献，为民谋福祉。

参考文献：

[1] 余敏 . 水文自动测报系统在红河流域大东勇水文站的应用 [J]. 珠江现代建设，2010（2）：26-27.

[2] 杨玉春，刘其龙，汤满兴，等 . 试论水文基础设施工程质量控制的措施 [J]. 黑龙江科技信息，2010（28）：295.

[3] 顾长宽，范留明 . 关于水文工程建设管理的几点思考 [J]. 河南水利与南水北调，2012（16）：118-119.

[4] 张欣天 . 工程施工项目质量管理 [M]. 北京：中国标准出版社，2006.

[5] 于文祥 . 浅析江苏水文基础设施工程施工质量管理 [J]. 工程技术：引文版，2016（4）：00125.

浅谈水工混凝土碳化机理与防碳化处理技术

辛京伟，王伯龙，李光森，郭 兴

（淮委沂沭泗水利管理局，江苏 徐州 221018）

摘 要： 水工建筑物多以钢筋混凝土结构组成，水工钢筋混凝土常见的破坏方式之一就是混凝土碳化。混凝土碳化是影响混凝土结构耐久性的主要原因之一，严重时可使钢筋锈蚀、混凝土开裂、剥落、保护层遭受破坏，最终导致结构物破坏。现结合人民胜利堰节制闸和嶂山闸的混凝土防碳化处理案例，阐述混凝土碳化机理、危害及处理措施。

关键词： 水工混凝土；碳化机理；防碳化处理

混凝土的碳化是一种常见的老化现象，受混凝土自身特点相关的内部因素和与环境特点相关的外界因素的影响，几乎所有混凝土表面都处在碳化过程中。沂沭泗流域水闸建设时间早，运行时间长，受所在区域的温度、湿度、冻融等环境因素影响，混凝土抗碳化能力差，碳化现象明显。

1 混凝土的碳化机理

普通硅酸盐水泥的水化反应主要是组成水泥的四种主要矿物硅酸三钙（C_3S）、硅酸二钙（C_2S）、铝酸三钙（C_3A）、铁铝酸四钙（C_4AF）与水发生化学反应生成一系列新化合物的过程。水化后的混凝土由水泥石组成，水泥石使混凝土成为整体，是影响混凝土性能的关键部分。

水泥石中水化硅酸钙约占60%，氢氧化钙约占20%，它在水中的溶解度低，除少量溶于孔隙液中，使孔隙液成为饱和碱性溶液，pH值为12.5～13.5。在水泥水化反应过程中，一部分水参与化学反应，另一部分水蒸发掉，其余的水作为自由水滞留在混凝土中。蒸发水外出的过程中会使混凝土形成孔隙。大气中的CO_2便通过这些孔隙向混凝土内部扩散，并在水的参与下形成碳酸。碳酸与水泥水化过程中产生的可碳化物质发生反应，生成碳酸钙和其他物质。由于碳化作用，氢氧化钙变成了碳酸钙，水泥石的原有强碱性逐渐降低，使混凝土的碱性降低，pH值降为8.5～9.0，故混凝土碳化广义地称为"中性化"。混凝土表层碳化后，大气中的CO_2继续沿混凝土中未完全充水的毛细孔道向混凝土深处气相扩散，更深入的进行碳化反应。

2 混凝土碳化的危害

2.1 碳化形成收缩裂缝

碳化反应水泥石部分密度增加，同时产生收缩。由于混凝土骨料的限制，碳化的水泥石内将产

作者简介：辛京伟（1987— ），女，河北藁城，工程师，沂沭泗水利管理局基建处。

生拉应力，从而产生裂缝。碳化裂缝影响结构的耐久性，使裂缝处的混凝土进一步碳化，特别是裂缝较深和宽度较大时，危害更大。

2.2 碳化引发钢筋锈蚀

混凝土碳化使混凝土碱性降低，使钢筋表面在高碱环境下形成的对钢筋起保护作用的致密氧化膜（钝化膜）遭到破坏，钢筋失去保护而锈蚀。锈蚀使钢筋的体积膨胀 2 ~ 4 倍，从而对钢筋周围的混凝土产生相应的膨胀应力，膨胀应力达到和超过混凝土极限强度时就导致混凝土开裂并沿钢筋形成裂缝。裂缝的产生使水和二氧化碳沿缝进入混凝土内，从而又加速了碳化和钢筋的锈蚀。如此恶性循环，其结果将带来建筑物承载能力与稳定性降低，影响结构物的安全。

2.3 碳化影响混凝土的稳定

混凝土中的水化产物能否稳定存在与 pH 值的大小有很大关系。当 pH 值小于其稳定状态所对应的最低 pH 值时，某些水化物会发生分解，从而改变混凝土的物理力学性质。因此，由于碳化对混凝土 pH 值的降低作用，将破坏混凝土的稳定结构。

3 混凝土防碳化处理技术

3.1 混凝土防碳化处理的基本原则

混凝土防碳化处理的目的是阻止或尽可能减缓二氧化碳向其内部侵蚀扩散，尽可能减缓混凝土的碳化速度，使混凝土保持良好的强度特性，使其内部钢筋能处于高碱性环境中。混凝土碳化程度不同，部位不同，处理方法也不同。混凝土碳化处理基本原则：

（1）对碳化深度较大，钢筋锈蚀明显，危及结构安全的构件应拆除重建；

（2）对碳化深度较小并小于钢筋保护层厚度，碳化层比较坚硬的，可用优质涂料封闭；

（3）对碳化深度大于钢筋保护层厚度或碳化深度虽然较小但碳化层疏松剥落的，均应凿除碳化层，粉刷高强砂浆或浇筑高强混凝土，全面封闭防护；

（4）对钢筋锈蚀严重的，应在修补前除锈，并应根据锈蚀情况和结构需要加补钢筋。

本文的人民胜利堰节制闸和嶂山闸案例主要针对第二种情况，防碳化处理采用优质涂料对表面进行封闭，其封闭材料主要分为有机材料、无机材料以及结合两者特点的聚合物水泥基材料三类。无机修补材料虽与基底混凝土物理性能基本一致，但其粘结力及力学特性不如有机修补材料，修补效果不佳。有机修补材料不能从根本上达到对混凝土碳化破坏进行修补的目的，在环境温度变化范围较大时易开裂脱落，且有机材料修补施工工艺要求高，价格昂贵，耐久性差。目前应用较多的是聚合物水泥基修补材料。

3.2 人民胜利堰节制闸混凝土防碳化处理

人民胜利堰节制闸进行混凝土防碳化处理施工前，对上下游及闸墩混凝土碳化深度现场检测结果见表1。

本工程混凝土碳化深度较小，为堵塞混凝土内部细微裂缝，防止进一步扩展，起到良好的防碳化效果，其处理涂料采用聚合物水泥基修补材料——AL9608 防渗防碳化涂料。

表1　人民胜利堰节制闸上下游及闸墩混凝土碳化深度检测记录表

序号	检测部位名称		碳化深度（mm）	平均值（mm）
1	西侧圆弧挡墙		6.3、11.5、10.8	9.6
2	东侧圆弧挡墙		10.2、13.6、11.3	11.7
3	闸　墩	6 号闸墩	7.6、9.7	9.2
		7 号闸墩	8.3、11.2	
		8 号闸墩	7.6、10.8	

3.2.1 涂料性能

聚合物水泥基修补材料—AL9608 防渗防碳化涂料是双组分水泥基高分子聚合物改性防渗防碳化涂料。可直接应用于混凝土表面，其生成物可渗入混凝土内部微孔，堵塞孔隙通道，同时粘结强度与粘结能力强，具有优良的柔韧性，既可封闭微细裂缝的进一步扩展，又可抵抗由于混凝土基体膨胀、收缩而引起的新的开裂的产生；能抵抗大气侵蚀，抗紫外线照射、耐磨损，正常使用条件下，使用寿命可以达 20 年以上；其为水性材料，无毒、无味、无污染。

3.2.2 施工工艺

（1）基面处理

表面清污与刷糙清除构件表面的浮灰、锈斑，人工清污后用压缩空气或高压水将表面清洗干净。

收缩缝及有裂缝部位，按设计要求处理凿除钢筋锈蚀缝处混凝土保护层，成 V 型槽，如棱角处钢筋在构件两侧面有裂缝，可将棱角处混凝土凿除，钢筋背后应有 2 ~ 3cm 间距，钢筋除锈，混凝土凿除面清理后，在钢筋表面涂一层环氧厚浆涂料，混凝土凿除面涂刷一遍环氧厚浆涂料基液，再用环氧砂浆修补平整，对缝宽大于 0.3mm 的深层受力裂缝，采用环氧压力灌浆。

混凝土基面采用喷砂处理，涂刷防碳化涂层之前，混凝土基面预先喷水清理和湿润处理，稍晾一段时间后无潮湿感时再施刷涂料。

（2）涂料拌制

每次涂料配制前，应先将液料组分搅拌均匀。涂料的质量配比为：A 组分∶B 组分∶水 =1∶3∶（0 ~ 0.2）。涂刷底层时，加水量可取高限值。液料与粉料的配比应准确计量，采用搅拌器充分搅拌均匀，搅拌时间在 5min 左右，拌制好的涂料应色泽均匀，无粉团、沉淀。涂料搅拌完毕静置 3min 后方可涂刷。

（3）涂料涂刷

涂层应分层多道涂刷完成，按界面剂、底涂找平、面涂成型顺序施工，面涂涂刷方向相互垂直，间隔时间以表面不粘手为准，特殊部位可增加涂层次数。

采用刮涂、喷涂或刷涂施工，确保涂层密实且薄厚均匀。

对于立面、斜面和底部，一次涂层厚度不要太厚，防止流淌或出现裂纹。后道涂刷必须待前道涂层表干不粘手后方可进行，闸墩涂刷部位与金属结构及闸门交界处，应对金属结构及闸门做好防护处理，在闸门上覆盖毛毡或塑料膜，以免喷涂到闸门上造成交叉喷涂。当前道涂刷施工完毕后，应检查涂层是否薄厚均匀，严禁漏涂，合格后方可进行后道涂刷施工。

（4）养护

最后一道涂层施工完 12h 不宜淋雨。若涂层要接触流水，则需自然干燥养护 7d 以上才可。密闭潮湿环境施工时，应加强通风排湿。

3.3 嶂山闸混凝土防碳化处理

淮河流域水工程质量检测中心对嶂山闸混凝土碳化深度采用酚酞试剂方法检测。各部位混凝土碳化深度检测结果见表 2。

表 2 嶂山闸混凝土碳化深度检测结果表

测试部位	测点数	变化范围 (mm)	平均值 (mm)
平衡砣	40	10.0 ~ 99	47.1
工作桥大梁	40	35 ~ 88	65.0
工作便桥梁	40	3.0 ~ 20.0	8.70
排架柱	10	4.0 ~ 11.0	5.90
加劲梁	55	8.0 ~ 32.0	17.7
交通桥	10	56.5 ~ 100	81.0
胸墙	60	4.5 ~ 28.5	13.4

根据施工现场条件，防碳化处理采用两种防碳化方式，嶂山闸闸室段以弧门侧轨为界，下游闸墩混凝土外露面为使水流平顺通过，其碳化处理采用能嵌入混凝土表面凹凸不平，具有良好的延伸性、弹性的上海森泰 ST-9608 聚合物防水防腐涂料；上游闸墩、下游底板混凝土外露面及弧门侧轨下游 2m 范围内闸墩混凝土，处于易冲刷、易磨损的部位，碳化处理采用具有较强耐磨性、抗冲击性、耐久性和抗渗性的苏州科利源 KLY- 改性水泥砂浆。

首先介绍下游闸墩混凝土外露面碳化处理采用上海森泰 ST-9608 聚合物防水防腐涂料。

3.3.1 涂料性能

上海森泰 ST-9608 聚合物防水防腐涂料采用高分子复合乳液与无机材料经改性、添加助剂等材料而形成的复合聚合物厚浆涂料。聚合物乳液在混凝土表面通过钙离子交换而形成单离子膜，起到保护混凝土的作用；与混凝土基层粘结强度高，能嵌入混凝土表面凹凸不平及细微裂缝，具有良好的延伸性、弹性和防腐性；涂料既有有机材料的柔性和防水防腐性，又有无机材料良好的力学性能；其使用寿命达 20 年以上。

3.3.2 施工工艺

（1）基础面处理

将闸墩、底板老混凝土表面用风砂枪喷砂→暴露出新鲜混凝土表面→人工凿除松动剥落砂浆→清水清洗表面→分层涂抹 KLY- 改性水泥砂浆。

（2）涂料搅拌

上海森泰防水防腐底层涂料分 A、B 两种型号，A 型为白色乳液，B 型为灰色粉末状，底层涂料配合比为 A：B = 1：2，两种材料混合后用电动工具搅拌，搅拌至涂料均匀、无粉粒状为止。

（3）底层涂料施工

底层涂料分两次用胶板批刮，厚度均为 0.2mm，批刮均匀，不得多次来回批刮，以免影响涂料质量。第一遍涂层充分干燥后再进行第二遍涂层批刮，第二遍批刮后的涂层不得有气泡、漏批现象，特殊情况可酌情增加涂层遍数，拌好的涂料均在 2h 内用完。

（4）面层涂料施工

面层滚涂两道森泰防水防腐涂料，每道工序间隔时间大于 2h，保证最终涂层厚度大于 0.4mm。

（5）养护

一般在面层抹面 2 ～ 3h 后使用喷雾器喷水湿润养护，连续养护 3 ～ 5d，再自然养护 1 ～ 2 周。

下面介绍嶂山闸上游闸墩、下游底板混凝土外露面及弧门侧轨下游 2m 范围内闸墩混凝土碳化处理采用苏州科利源 KLY- 改性水泥砂浆。

3.3.3 涂料性能

苏州科利源 KLY- 改性水泥砂浆是将以丙烯酸乳液为主料的多种水性聚合物改性剂按比例掺入水泥砂浆，可在建筑物混凝土表面形成具有优越的粘结强度、抗折强度、耐磨性、抗冲击性、耐久性和抗渗性的保护层，达到防碳化效果。

3.3.4 施工工艺

（1）原混凝土基面凿毛处理

老混凝土表面人工凿除 1 ～ 2cm →暴露新鲜混凝土表面→钢丝刷刷除松动剥落石子→清水清洗表面。

在凿毛检验合格的部位，每隔 1.5 ～ 2m 距离冲一道纵向抹灰筋，并挂线进一步检查墙面的平顺度，人工剔除局部高出部位，保证防碳化抹灰厚度不小于设计值。

（2）材料配比

界面处理剂：水泥：KLY- 水泥改性剂：水 =1：0.8：0.2（重量比）；

砂浆层：水泥：KLY- 水泥改性剂：UEA- 膨胀剂：砂：水 =1：0.25：0.08：2.8：0.2（重量比）；

砂浆面层：水泥：KLY- 水泥改性剂：UEA- 膨胀剂：砂：水 =1：0.25：0.08：2.5：0.25（重量比）。

（3）丙乳砂浆施工

①将检查合格的混凝土基面提前用清水湿润，保持表面饱和面干状态→刮刀刮刷界面处理剂一遍（涂刮薄而均匀）→随刮刷随填抹丙乳砂浆打底→待到底层砂浆达到一定的强度后（一般以表面结硬成膜不脱粉为准），填抹面层防碳化砂浆罩面→抹平压光。

②界面处理：采用界面处理剂处理。界面层要做到薄而均匀。

③砂浆层：采用改性砂浆在界面层上做一层 0.8 ～ 1cm 厚的砂浆，厚度超过 1cm 时分层进行。

④砂浆面层：采用改性砂浆在砂浆基层上做一层 0.8 ～ 1cm 厚的砂浆罩面，厚度不超过 1cm。

（4）养护

一般在面层抹面 2 ～ 3h 后使用喷雾器喷水湿润养护，连续养护 3 ～ 5d，再自然养护 1 ～ 2 周即可。

4 结语

混凝土抗碳化能力是衡量混凝土结构耐久性的一项非常重要的指标，对混凝土结构进行防碳化处理具有重要意义，而根据不同的碳化特点和施工条件选用有针对性、效果佳的防碳化材料也至关重要。沂沭泗水闸要定期检查、加强维护，检查裂缝情况和碳化深度，并作好详细记录。若发现混凝土表面有开裂、剥落现象时，则应及时利用相应有效的防护涂料对混凝土表面进行封闭或采取使混凝土表面与大气隔离措施，控制裂缝继续扩大，必要时可作混凝土补强处理。

参考文献：

[1] 刘德 . 水工钢筋混凝土的碳化机理与防碳化处理 [J]. 现代农业科技，2012（22）：205-205.

[2] 李建清，王秘学，杨光 . 水工混凝土防碳化处理方法及施工工艺 [J]. 人民长江，2011，42（12）：50-52.

[3] 沂沭泗水利管理局 . 沂沭泗直管水闸除险加固工程抗震和混凝土碳化处理关键技术应用研究 [M]. 黄河水利出版社，2014.

沂沭泗防汛通信现状与发展

马 佳[1]，王 颖[2]

（1. 沂沭泗水利管理局水文局（信息中心），江苏 徐州 221018；

2. 沂沭泗水利管理局防汛机动抢险队，江苏 徐州 221018）

摘 要： 沂沭泗防汛通信系统承担着水情测报、视频监控、计算机网络等数据传输任务，在沂沭泗防汛抗旱、水政执法、水资源管理等工作中发挥重要的技术支撑作用，随着近年来沂沭泗信息化建设的不断发展，防汛通信系统面临信道容量不足，应急通信手段缺乏等问题，建设应急保障体系，利用无线网络拓展业务能力，探索多电路融合传输方式将成为通信系统发展方向。

关键词： 防汛通信；应急保障；监控系统

沂沭泗局防汛通信系统是淮河水利通信网的重要组成部分，由宽带数字微波（光纤）通信主干网络、无线接入通信系统、有线通信系统和沂沭泗流域防汛调度设施通信系统组成。该通信系统解决了沂沭泗局三级水利工程管理单位的通信联络，保证了流域内省界及偏远地区的信息通信联络，为防洪减灾、水资源管理、水环境监测提供传输通道，使各级防汛指挥部门及时掌握水情、雨情、工情实况，作出洪水预报，下达调度指令，指挥抢险救灾。

1 防汛通信系统现状

1.1 宽带数字微波（光纤）通信主干网络

数字微波接力总长度 308km，共有站点 23 个。徐州至邳州租用 155M 数字光纤电路，邳州至新沂主干微波电路容量为 155Mbit/s；邳州—韩庄—薛城，二级坝—鱼台、大屯，新沂—郯城，道口—大官庄、江风口，临沂—临沭，新沂—宿迁等电路容量为 34Mbit/s。主干电路选用 NEC 公司 SDH（155M）NEO 型和 PDH（34M）PASLINK 型微波设备，使用 7.442～7.708GHZ 工作频率，为用户提供 2Mb/s 接口。为提高系统可靠性，采用 1+1 信道、频率分集方式。在中心站徐州设有网管主控中心，对各微波站设备、通信机房动力设备及机房环境进行实时监控。

数字微波干线不仅提供语音通道，还为移动通信、防汛指挥系统信息传输、计算机联网、水情自动测报信息传输、枢纽工程远程监视（控）图像传输等提供传输通道。

1.2 无线接入通信系统

无线接入通信系统是沂沭泗防汛通信干线网络的延伸，无线传输距离总计 500 多千米，14 个接入站设置在基层堤防管理局，并与数字微波通信干线联接，46 外围站设置在堤防管理所。无线

作者简介：马佳（1978—），男（回族），辽宁铁岭，工程师，主要从事通信技术工作。

接入通信系统采用宽带无线接入 Motorola Canopy 20M BH 点对点系统作为传输通道，配合 PCM 复用系统，其中宽带无线接入系统工作于 5.8G 频段。该设备提供网络接口，实际传输总带宽 14M。接入 PCM 复用设备。基层管理所的小型局域网通过 10/100BASE 以太网接口接入基层管理局，纳入到沂沭泗局——直属局虚拟专网之中。无线接入通信系统为数字通信主干网络以及光纤电路没有到达范围内的基层管理单位的防洪调度提供通信保障。

1.3 有线通信系统

沂沭泗局设置中心数字程控交换机，通过数字微波电路与直属局数字程控交换机级联，实现电话等位拨号。基层局通过微波将 PCM 复用设备或程控交换机与直属局连接。有线通信系统内共有程控交换机 18 台，沂沭泗局及三个直属局程控交换机与当地电信公网实现了 DID 联网。沂沭泗流域防汛调度设施系统由防汛调度中心数字程控交换中心和通信设备供电系统及机房配套设施组成。数字程控交换系统是沂沭泗防汛通信系统交换中心，实现与公网、水利专网的互联。

以上几个系统形成了一个以程控交换为中心，数字微波为主要传输电路，辅以光纤电路、无线接入、智能复用设备、计算机网络等多种通信手段相结合的水利通信专用网，该网络覆盖了沂沭泗局全部水利管理单位。沂沭泗局防汛通信系统通过徐州至蚌埠光纤电路接入淮委及水利通信网。

2 防汛通信系统存在的问题

2.1 微波传输通道容量严重不足

沂沭泗局现有防汛通信系统主干微波通道，仅有 1 条 155M 微波和 2 条 100M 光纤电路，其余微波通道为 34M，微波干支线电路容量不足。

微波通信干线传输系统带宽的不足已成为制约全流域水利信息化建设的"瓶颈"，更无法满足今后各级防汛信息传输的宽带化、数字化、智能化的需求。以视频传输为例，一路 1080P 高清视频传输需 16M 带宽，720P 需 8M 带宽。目前沂沭泗局已实现主要水闸运行图像实时采集与传输，沂沭河水行政执法监控系统，采砂智能监管系统等项目，其中重点水闸监视监控项目采用高清摄像设备，在 17 个基层局建设 76 个高清视频监视点，各项目采集数据信息均需通过微波干线传输至沂沭泗局。每个直属局通过现有微波系统只能传输一路高清视频至沂沭泗局，远远不能满足要求。

2.2 急需提高应急抢险通信能力

由于江河湖泊出险的不可预测性、突发性和抢救人民生命财产的急迫性，在灾害性事件下，常规通信手段在抗毁性、机动性以及通信容量方面，不足以应付突发情况下的大量机动通信。

3 防汛通信系统发展

3.1 建立应急通信保障体系，提高应急通信保障能力

传统应急通信利用临时的通信设备组网缓慢，往往贻误了防汛抢险的最佳时机，已不适合当前流域内应急通信的需要。针对这种状况需设置更加健全、稳定、安全、高效的应急通信网络。应急通信保障体系，要在平时充分准备的基础上，利用现有的防汛通信系统，运用现代的各种先进通信手段，组网快速、准确和稳定[1]。

沂沭泗局、直属局应建立固定卫星站，基层局建立固定卫星通信小站，作为应急备份电路，在

突发事件导致通信中断情况下立即投入使用，保障通信畅通。卫星地面站具 GPS 定位、自动对星等特殊功能，通过程序控制、数据引导、伺服电机驱动等方式实现快速自动对星。

在沂沭泗局建立应急通信调度中心，组织系统内通信资源动态管理、配置、维护。由移动卫星通信车组成应急移动通信系统。移动通信车辆在行驶中通过卫星系统随时随地的与沂沭泗局进行异地会商及传递各种信息。移动卫星车辆适应沂沭泗流域复杂地理条件，满足防汛抢险救灾现场通行道路的恶劣环境和气候多变的特殊需求，具备在特殊气候及环境中的使用。

3.2 应用 4G 通信技术与通信专网相结合，建设无线网络监控系统

4G 无线技术，其监控点的布置有效摆脱了常规有线基础设施建设困难且费用高等问题的束缚，具有监控点布置范围广、灵活性和机动性较强等特点，与水利防汛专网相结合，在水利工程远程集中视频监控中具有非常大的优势。沂沭泗局目前建设的 4G 网络，采用第四代移动通信国际标准之一的 TD-LTE 技术标准，遵循国内无线宽带多媒体集群（BWT）标准。该系统即具有 4G 共网业务功能；又具有集群业务特性，同时还可同国内其他集群系统互通，如：McWill 集群系统、PDT 集群系统，实现应急联动、统一调度指挥。

基于 4G 的无线网络监控系统还拥有高质量的视频图像传输，强大的用户管理功能，系统的兼容性，方便的可扩展性等众多优点，代表了最先进的网络监控系统。视频图像数据通过防汛通信网络传输至各级水利管理单位，提高各级水利单位的防汛，水资源调度等工作的信息化水平。

3.3 探索多种电路融合，满足通信系统传输要求

现阶段，沂沭泗局电路传输以数字微波为主，随着微波电路传输通道阻挡日益严重，同时光纤电路已逐渐成为主流传输电路，主干电路传输微波系统会逐步退出市场，支线且较为偏僻地方的微波电路仍继续保留使用。自建光纤电路、租用公网光纤电路，或者建、租结合作为干线传输电路这一现实问题，已摆在我们眼前[2]。

借鉴南水北调光纤建设经验，可自建光纤电路。光纤电路虽然有容量不受限制，运行安全、稳定、可靠，维护简易、费用低，但一次性投资较大，立项较难。公网通信是国家重要的基础性设施，资源丰富，普及广泛，电话用户、互联网互联和网络规模已居世界第一。但公网在快速发展的同时，其普遍服务的本质没有变，提供的服务功能考虑特殊性较少，其追求经济效益的本质没有变，一些人烟稀少的地方网络还没有覆盖到。同时，高带宽的公网租用费用，特别是跨区、跨省光纤租用费用更是天文数字。

以自建的微波与租用公网电路相结合，未来还会保持很长一段时间，希望自建光纤电路能够成为沂沭泗局主要通信传输网络。

当前，沂沭泗通信系统的发展，应立足于保障防汛抗旱、保障水资源统一管理和保护，结合现代通信技术的发展和水利事业发展对通信的需求，充分发挥现有水利通信资源的效益，加强和完善水利通信建设，全面提高通信系统的保障水平和技术水平，为水利现代化提供强有力的技术支持，促进流域经济社会健康发展。

参考文献：

[1] 刘念龙 . 防汛应急通信体系建设 [J]. 河南科技，2008，9：52-53.

[2] 秦超杰 . 新形势下水利防汛通信体系建设实践与思考 [C]// 中国水利学会 2013 学术年会论文集——S4 水利信息化建设与管理 . 2013.

浅析 QPQ-2×160kN 移动门式
启闭机自动挂脱梁改造

董 超，沈亚楠

（刘家道口水利枢纽管理局，山东 临沂 276000）

摘 要：近年来，随着我国水利事业的飞速发展，自动抓梁在水闸工程中的应用也越来越广泛。在采用移动式启闭机操作闸门过程中，运用门机吊起检修门时，均存在不自如、卡住等问题。通过对导向桩、机械定位等方面进行改造，有效的避免了检修门在启闭时出现的卡死现象，且不会造成挂梁体变形、闸门损坏和轨道损坏等问题。

关键词：自动抓梁；移动式启闭机；检修门

移动门式启闭机是水闸工程的重要组成部分，是在闸门检修时，用来开启和闭合闸门达到控制水的流动和截止的一种专用起重设备，移动门式启闭机挂脱梁的使用必须安全可靠。

近年来，通过了解多家移动门式启闭机的管理现状，我们发现一些水管单位在运用门机吊起检修门时，均存在不自如、卡住等问题。需要多次尝试，才能顺利吊起，下放检修门时，也存在类似问题，导致吊抓困难。严重影响了水闸管理水平的提高，同时也增加了日常维修养护成本。为切实解决上述问题，提高管理现代化水平，需在移动门式启闭机自动抓脱梁的设计上进行创新。

从移动门式启闭机自动抓脱梁的实际应用需求并结合当前的科学管理发展前沿来看，研究如何将先进的管理经验、科学的运用方法与传统的管理模式进行有机整合，实现基于不同门式移动启闭机自动抓脱梁的操作，提供给水闸工程管理者一个可视的、具有互交滑动能力并满足自适应需求的管理样式，是当今水利工程精细化管理的一个发展方向。

技术人员自 2012 年初开始研究移动门式启闭机挂脱梁装置，根据门式启闭机的构造结构、工作环境及运行特点，仔细设计和选材，通过对挂脱梁的设计、实践操作和改进，不断探索，克服技术瓶颈，推出移动门式启闭机自动挂脱梁的改造工程，从而实现门式启闭机运行方便自如，检修闸门吊起、放落自如，方便水闸的日常检查和维修，减少日常维护成本，提高管理水平。

1 研发过程

通过观察、查阅资料、对比及多次分析论证，移动门式启闭机既要有启闭灵活的要求，又要具有良好密封性、可调性等特点。选择合适的运行方法，延长门式启闭机的使用寿命，便于安装维护，

作者简介：董超（1978—），男，江苏省东海县，工学学士，高级工程师，主要从事工程建设管理工作。

外观美观，能够保证启闭机启闭运行更加自如，节约日常维修养护成本，切实提高工程管理现代化水平。

据此研发思路，仔细分析研究门式启闭机抓脱梁的结构组成和实际工作环境、设计原理和选材需要，通过软件模拟和模型试验，对设计方案、材料选取和可行性进行反复分析和试验，经过多次应用实践，我局利用自筹经费，大胆创新，在前期分析演示的基础上，通过不断摸索，完成了门式启闭机自动挂脱梁的维修改造，该装置能够很好地解决目前存在的技术及管理难题。

1.1 试验过程

设计初期，提出自动定位高效抓脱梁的设计理念。在确立了初步的设计思路后，立即开展相关试验；因经费所限，试验场所选在刘家道口节制闸门式启闭机停放的房间内。试验之前首先明确了两大攻坚点：定位性、准确性。

2012年1月上旬试验正式开始。通过和生产厂家技术人员、专业技师现场多次分析，演示，考虑到门式启闭机的参数要求和管理需要，我们决定增加机械定位装置、增加自动挂脱梁和检修门吊耳的距离。

经过一段时间的试运行，发现此方案存在以下缺陷：

（1）在安装机械定位装置之后，增加了导向功能，然后门式启闭机原来就有锥形导向桩，双向定位会使得导向桩卡住障碍，引起双向限制。

（2）机械式梁轴由于环境影响经常锈蚀，自动挂脱梁的挡体运转迟钝，自动挂脱梁的吊抓缓慢。

鉴于以上设计缺陷，自2012年7月中旬，开始研究改造自动挂脱梁设置。根据门式启闭机的构造和实际工作环境，仔细设计和选材，通过对设计、材料和可行性进行反复试验、改进和论证，首次提出将导向桩去掉并把梁轴换为注油式梁轴的方法。该方法既可以避免双向限制，又增加了自动挂脱梁的吊抓灵敏度和准确性，并且具有密封性好、无损伤等特点。

1.2 技术方案

自动式挂脱梁增加机械定位装置，该装置配有双向设置把手，当准备起抓和落放时，将把手分别设置在高处和低处，通过高度限制保证自动挂脱梁始终平衡，自动挂脱梁两侧能够及时抓住和松开检修门的双吊耳，避免出现仅抓住或松开一个吊耳，造成起吊时检修门卡住现象。为了方便操作，可将机械定位装置涂上醒目颜色，确保吊抓工作准备到位。并且增加自动挂脱梁和检修门吊耳的间隙，在不减少吊耳受力情况下，将每扇检修门的两个吊耳打坡口，每个方向上打出1cm高的45°坡口并修整，坡口要平滑，边缘要圆滑，各个方向上增加自动挂脱梁和检修门吊耳的间隙，减小自动挂脱梁的吊抓阻力。

1.3 设计参数确定及制作过程

移动式启闭机带自动挂脱梁是在多孔门槽内操作闸门，故对各门槽土建施工和埋件安装的精度要求较高，如果达不到一定的安装精度，会直接影响自动挂脱梁抓放闸门的准确性。过去对多孔口闸门共用移动式启闭机带自动挂脱梁的安装偏差，没有提出具体规定，根据查阅多个资料，其自动挂脱梁安装后的起吊中心线与各门槽相应设计起吊中心的实测误差，最大达120mm，最小达30mm，造成自动挂脱梁工作时有失误，经改造调整其误差控制在±5.0mm内能正常运行。根据上述经验总结，并参照启闭机单吊点起吊中心及双吊点吊距的安装允许偏差 ±3.0mm，在增加自动挂脱梁安装条件下，其安装偏差应略低于启闭机起吊中心安装的允许偏差，故本条确定自动挂脱梁起吊中心，安装后的纵、横向误差不应超过 ±5.0mm 是可行的。

卡体机构是挂脱自如式自动抓梁的心脏，卡体的灵活转动是挂脱自如式自动抓梁可靠性的保障。为保证卡体能够灵活翻转，在进行卡体设计时应注意设计的技巧性，认为卡体偏心距 e 可以尽可能取大一些，这样重心距就较大，卡体翻转较容易。

2 成果论证

完成以上安装任务后，对改造后的移动式门式启闭机运行了一年，每月定期到现场进行观察、启闭检修闸门、吊运检修闸门，评估门式启闭机性能，包括是否能运用自如，是否顺利吊运检修闸门，是否利于管理，是否安全、可靠等。

2013 年 1 月下旬，对试运行情况进行了总结、评估，得出的结论是：移动式门式启闭机自动挂脱梁装置改造良好，结构简单，控制方便可靠，操作容易，有效的避免了检修门在启闭时出现的卡死现象，且不会造成挂梁体变形、闸门损坏和轨道损坏等问题。是一个方便实用、安全可靠、经济实惠的技术方案。

3 技术难点及解决和实现方法

如前所述，移动门式启闭机自动挂脱梁的维修和改造遇到了不少技术难点，但均被研发组一一解决，现将各类技术难点及解决和实现方法总结如下。

3.1 机械定位装置的选择

技术难点：除了需要给门机增加机械定位装置，还要增加 40 个检修门锁定梁定位销及定位销链子。而销轴在运行时与缸体之间间隙小，而销轴在运行过程中，由于受河水中的泥沙侵入和销轴的镀铬工艺质量差的原因，镀铬层脱落，销轴和缸体被严重划伤。

实现方法：增加机械定位装置配有双向设置把手，当准备起抓和落放时，将把手分别设置在高处和低处，通过高度限制保证自动挂脱梁始终平衡，自动挂脱梁两侧能够及时抓住和松开检修门的双吊耳，避免出现仅抓住或松开一个吊耳，造成起吊时检修门卡住现象。为了方便操作，可将机械定位装置涂上醒目颜色，确保吊抓工作准备到位。我们在比较多个生产厂家之后，发现除了选择镀铬工艺质量好的之外还要加强检查维护，发现销轴和缸体之间的密封件损坏要及时更换。

3.2 如何使检修门灵活提升到任意高度

技术难点：既要安全可靠、运用自如，又要满足检修门的任意高度。

实现方法：增加自动挂脱梁和检修门吊耳的间隙，在不减少吊耳受力情况下，将每扇检修门的两个吊耳打坡口，每个方向上打出 1cm 高的 45° 坡口并修整，坡口要平滑，边缘要圆滑，各个方向上增加自动挂脱梁和检修门吊耳的间隙，减小自动挂脱梁的吊抓阻力。检修闸门就可以安全灵活的提升到任意高度了。

4 技术特征及主要创新点

4.1 技术特征

4.1.1 适应性强

采用移动启闭机在操作多孔闸门过程中，采用吊杆则装拆过于繁琐，此时采用自动抓梁具有较大优越性。挂脱自如式的抓梁又是近几年水利工程使用最成熟、最常见的一种自动抓梁方式。通过改造之后的自动挂脱梁结构简单、操作方便，可靠性高，可以适用于多种门式移动启闭机。

4.1.2 安全可靠

自动挂脱梁水下挂脱容易，挂脱动作容易作出判断。挂梁体与闸门对位、挂钩、脱钩操作方便，有效地避免检修门在启闭时出现卡死现象，同时不会造成挂梁体变形、闸门损坏和闸门轨道损坏。

4.1.3 实用性强

本装置改造技术具有结构简单、操作方便、运行平稳可靠、安装维修方便等优点。可以克服传统挂脱梁挂脱不自如，易卡住，吊抓困难等缺点，最大限度减小检修闸门和闸门轨道的损坏，大大促进了移动门式启闭机规范化、科学化、现代化运行管理和维护。

4.1.4 性价比高

本装置造价相对较低，改造费用很少，后续维护经费无需投入太多，故障率低，维修简单方便。

4.2 主要创新点

移动门式启闭机通过对自动抓脱梁的改造，用较少的经费解决了启闭机水上吊抓检修闸门时吊抓困难，检修门易卡住等问题。从安装机械定位装置到去掉导向桩，最后更换梁轴和给检修门的两个吊耳打坡口，每一步都完善了抓脱梁的准确性、灵敏性和牢固性。

此次对移动门式启闭机自动抓脱梁的改造，结构简单，造价低廉，运行平稳，安装维修方便，可适用于多种门式启闭机，适用性广，为水利工程科学化、现代化管理提供了有力保障。

参考文献：

[1] 王既民．闸门与启闭机 [M]．北京：中国水利水电出版社，1998．

[2] 张伟．三峡门式启闭机抓梁常见故障及原因分析 [J]．水电站机电技术，2007，30（6）：50–51．

徐州市水文测报技术的探讨

尚化庄

（江苏省水文水资源勘测局徐州分局，江苏 徐州 221006）

摘 要：本文主要对基层水文测报技术变革进行简要回顾，现在的水文测报技术较过去发生了翻天覆地的变化，遥测技术的应用提高了测验和报汛质量，提高了报汛速度，减轻了水文工作者的劳动强度，同时也为实现有人看管（或无人看管）、巡测（巡查）为主的模式奠定了基础。

关键词：水文；测报；改革

水文学是研究地球大气层、地球表面及地壳内部各种形态在水量和水质上的分布、运动和变化规律，以及水与环境相互作用的学科。通过测验、分析计算和模拟，预报自然界中水量和水质的变化和发展，为开发利用水资源、控制洪水和保护水环境等提供科学依据。属于地球物理学和自然地理学的分支学科。

具体落实到基层水文工作，就是收集大气降水、蒸发，河道（湖泊、水库）水位、流量、含沙量，地下水水位、水温，水功能区水质监测、水源地水质监测、地下水水质监测，土壤墒情，供水监测等。本文主要介绍徐州地区水文测报技术方面变革情况。

徐州地区水文测验要素主要包括降水量、蒸发量、水位、流量、含沙量、地下水水位、土壤墒情等。

1 测报方式的过去

1.1 降水量

降水量测验历经普通雨量器、自记（远传）雨量计，2000 年国家防汛指挥系统示范区建设，开始安装使用遥测雨量计，当初采用超短波通信，现改为 GPRS 和 CDMA 双讯道通信。普通雨量器人工观测时段一般是 2、4、8、12 段制，自记雨量计有雨之日每天需换纸一次，无雨日一般 5 日换纸一次，遥测雨量计仅需每月巡检一次即可。

1.2 河道（水库）水位

水位测验也是经历了人工观测、自记水位计。和雨量观测一样，2000 年国家防汛指挥系统示范区建设，开始安装使用遥测水位计。自记水位在 1980 年前后开始在徐州地区普遍使用，每日 8 时、20 时校测一次。人工观测，每日观测次数根据水位变化确定，洪水期必须观测到整个洪水变化过程，

作者简介：尚化庄，男，高级工程师，从事水文测验、水文分析计算等工作。

保证测到洪水的洪峰和最低水位，变化较小时每天 8、20 时观测 2 次，视水情变化情况，每日观测 4、6、8、12、24 次。沂河堰上水位站洪水期水位变化急剧时，每 6 分钟需观测一次。遥测水位每天仅需校测一次即可。

1.3 河道流量

流量测验经历了船测、桥测以及缆道测验等。上世纪 50 年代大都在测流断面上架设过河钢丝绳系吊测船，实现横渡和定位，在岸上安装绞关以收放吊船过河索；少数大河站还在断面上埋设钢筋混凝土排桩，供高水测洪时测船定位。1964 年后，绝大多数水文站采用水文缆道进行测流，河道较窄的一般采用手摇缆道，较宽的采用电动缆道。1975 年，徐州地区水文分站研制并在堰上水文站建成多跨电动缆道，为全国首创。设在堰闸、水库等水工建筑物的水文站，利用闸涵的工作桥、公路桥用自制或改装桥测车在桥上进行流量测验，徐州地区的堰上、林子等大河站利用 310 国道公路桥进行流量测验作为测洪方案中的一套。到目前为止，大部分测站还是以缆道测流为主，桥测为辅。近年来引进走航式 ADCP 测流仅作为备用方案，也在一些测流断面安装了 H-ADCP、二线能坡法、时差法、闸坝站采集闸门开高信息推流等，均都还在试验当中。

1.4 含沙量

含沙量测验以瓶式采样为主，2015 年引进了 1 台自动测沙仪，在比测中。

1.5 蒸发量

蒸发量测验目前还是人工观测，均采用 E601 型蒸发器观测。

1.6 土壤墒情

土壤墒情测验目前仍采用人工取土、称重、烘干等方式。省局已在重要测点安装自动遥测设备，但还没有投入使用。

1.7 地下水位

地下水位测验就更简单了，从井口固定点向下量至水面，用固定点高程减去测绳长度即为地下水位，基本利用民用井或工业取水井进行观测。国家地下水监测工程在徐州地区设立 77 眼专业地下水监测井，拟安装遥测设施。

1.8 水情拍报

从上世纪 50 年代开始，水情拍报主要是依靠邮电部门的通信系统传递水情，报汛站将水情电报送到（或利用电话报到）附近的邮电局拍报，再由收报的邮电局派人送到（或电话报到）收报单位，即各级水行政主管部门、水文部门等。随着电话和互联网的普及，现在利用电话＋互联网的办法进行报汛，也可以利用手机短信进行报汛。遥测雨量、水位更是实现了实时在线。

从以上叙述可以看出，过去的测验手段是十分落后的，测验环境是非常恶劣的，报汛方式也非常落后。自记雨量计降雨之日怕平头，有时要长时间在雨量计旁观察并人工干预虹吸；人工观测水位在水位涨率较大时，每 6 分钟就要观测一次水位，观测人员就要长时间在水尺旁观读水尺；流量测验用船测流时既辛苦又危险，测流历史也较长，60 年代中后期逐步安装了水文缆道，但开始设备不成熟，经常会出现故障，洪水期水草多时，测一次流量需要 1 个多小时，洪水涨率快的河流有时要连续施测，工作量相当大；遇狂风暴雨天气，电话线路中断，水文工作者只能顶风冒雨将水情电报送至邮局。

2　测报方式的现在

2000 年水利部水文局在徐州、连云港率先实施了国家防汛指挥系统示范区建设,主要安装遥测雨量计和遥测水位计,同时也拉开了徐州水文遥测的序幕。到目前为止,徐州分局遥测系统共接纳 336 处站点的遥测数据,其中城区 45 处,报汛站 64 处,中小河流 142 处、小水库 78 处、江水北调站 4 处、其它 3 处。现在的仪器设备性能稳定,加上巡检力度大(正常每月巡检一次),基本可以保证遥测入库率达到 99.99% 以上。但仅局限于降水量和水位观测,流量测验虽然较过去有了更多的先进仪器设备,如走航式 ADCP、电波流速仪等,缆道测流也比过去更有保障,但仍不能实现实时在线。H-ADCP、时差法、二线能坡法等仍在实验中,当流速较小时,精度较低。

为了提高流量、含沙量等测验项目的自动测报水平,江苏省水文水资源勘测局于 2014 年 8 月12 日以水文〔2014〕78 号文下发了"关于印发江苏省水文测报技术改革第一批次站点名录的通知",又于 2015 年 11 月 23 日在南京召开了水文测报方式改革第一批站点改革内容完成情况总结交流会,并要求条件成熟的水文站均列入改革站点。徐州分局根据会议要求将所属的 11 个流量测验断面中的 9 个列入了改革站点,另外还有含沙量自动测定、称重式雨量计等。

2.1　闸坝水文站

闸坝站 4 个,即复新河丰县闸、沿河沛城闸、不牢河解台闸和刘山闸,现状闸上下游水位均实现实时在线,只要采集闸门开高信息根据率定的相应关系曲线,就可以实现流量的实时在线,现状是直接利用闸坝管理单位采集的闸门开高。从 2016 年汛期开闸比测数据看,误差是比较小的,但受制于闸坝管理所的制约,最好能安装一套自己的系统。

2.2　受洪水涨落影响水文站

受洪水涨落影响的站有 3 个站,即邳苍分洪道林子站、沂河堠上站、沭河新安站,采用落差指数法进行实验,设立上下游遥测水位,根据水位差进行推流,也可以实现实时在线,但这需要积累足够的资料。这项工作原来在上述三站已经获得初步成果,由于新安站河段景观改造破坏了原有的关系,堠上站由于下游授贤橡胶坝的建设,原有关系也被破坏,现林子站的关系还可以使用,但仍需积累高水点距。林子水文站关系见图 1。

2.3　其他水文站

(1)运河水文站安装了 H-ADCP,通过实验,总体趋势还是有的,但由于受到船舶航运的影响,流量越小误差越大,见图 2。自仪器安装以来,没有大的洪水过程,有待继续积累资料。

(2)淮委在新安站还安装了二线能坡法测流设施,通过实验,大于 $50m^3/s$ 相关关系是比较好的,见图 3。

(3)淮委在堠上站安装了时差法测流设施,由于 2016 年洪水较小而没有实验数据。

(4)林子(东泓)拟建设宽顶堰,用于推求流量,项目在报批中。

2.4　其他项目实验

其他实验包括称重式雨量计,含沙量自动测定仪等,均在实验中。

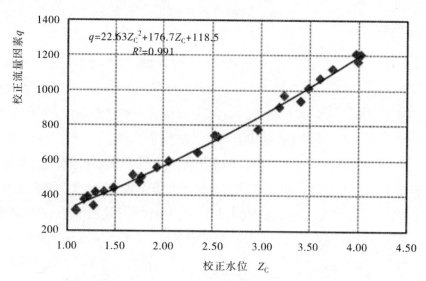

图1 林子水文站落差指数法校正流量因素与校正水位相关图

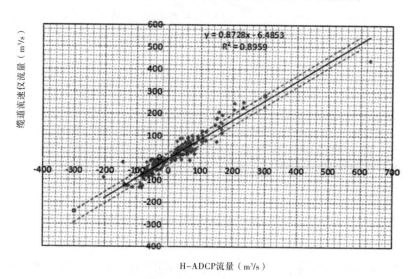

图2 运河水文站 H-ADCP 与缆道流速仪流量相关图

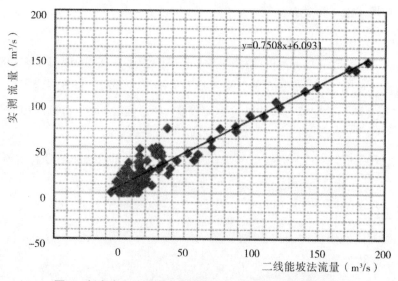

图3 新安水文站缆道实测流量与二线能坡法流量相关图

3 今后可能的发展方向

降水量、水位已经形成了比较成熟的遥测系统，从使用情况看还是比较好的，已经实现了自动测报。

流量方面，随着水文职工人员老化，退休人员越来越多，测站人员严重缺失，测报方式的改革势在必行，H-ADCP、时差法、二线能坡法等都是发展方向。

蒸发量现已有较为成熟的遥测设备。土壤墒情监测也开始安装遥测仪器。国家地下水监测工程也可以解决自动遥测。

总的思路就是实现有人看管（或无人看管）、巡测（巡查）为主的模式，全面实现水文要素的自动测报。

参考文献：

[1] 江苏省水文水资源勘测局 . 江苏省水文志 [M]. 南京：江苏古籍出版社，2002.

沂沭泗水利管理中的科技应用

李飞宇[1]，刘社文[2]

（1. 淮委沂沭泗水利管理局，江苏 徐州 221018；

2. 射阳县合德镇水利站，江苏 盐城 224300）

摘　要： 在不断推进水利现代化管理进程中，沂沭泗局在实践中不断摸索创新，健全水利科技创新体系，强化基础条件平台建设，加大技术引进和推广应用力度，持续提升沂沭泗水利管理现代化水平。

关键词： 科学技术；沂沭泗；水利管理；建议

近年来，沂沭泗局贯彻落实十八大精神，研究制定相关制度规定，着力加强技术创新与推广应用，推动科技工作再上新台阶，取得了中国水利优质工程（大禹）奖、淮委科学技术奖、发明专利等多项荣誉。同时这些科技成果的运用，一定程度上解决了工作中出现的多项实际问题，对工程建设管理和施工的自动化、信息化具有很好的推动作用。

1　沂沭泗概况

沂沭泗水系位于淮河流域东北部，北起沂蒙山，东临黄海，西至黄河右堤，南以废黄河与淮河水系为界。流域面积约 8 万 km²，涉及江苏、山东、河南、安徽四省 15 个地（市），共 79 县（市、区）。沂沭泗水利管理局是沂沭泗流域的水行政主管部门，对沂沭泗流域的主要河道、湖泊、控制性枢纽工程及水资源实行统一管理和调度运用。沂沭泗局实行三级管理体制，下设 3 个直属局，直属局下设 19 个基层局，直管的水利工程有大型湖泊 2 座（南四湖和骆马湖）、河道长度 956km，堤防长度 1692km（其中一级堤防长度 401km，二级堤防长度 890km）；控制性水闸 26 座（其中大型 13 座，中型 5 座）、中型泵站 1 座。

2　科学技术应用现状

为做到直管工程的规范化和精细化管理，沂沭泗局积极引进现代技术，研发先进平台，提升管理水平。编制了管理现代化规划和实施计划，构建了建设项目监管信息系统、护堤护岸林工程信息管理系统、水情信息网络、工程管理信息网络平台，实现了各部门之间以及与上级之间的信息共享；接入了水利信息广域网络，实现了防汛会商、视频会议和自动监视监控 4G 网络传输视频系统等等，不断提升水利管理现代化水平。

作者简介：李飞宇（1986—），男，河南商丘，工程师，主要从事水利工程管理和防汛抗旱工作。

2.1 在日常水利管理中的应用

部分基层局建立了水利工程管理信息系统（WMIS），包括工程运行状况、值班管理、组织管理、安全管理、工程管理、维修养护、防护林木管理、资料库等 8 个主要模块，实现对工程管理、组织管理、安全管理等管理内容的全面综合管理，提供了立体化的一站式管理信息平台。

利用 4G 多媒体集群技术组建水利监控专网，利用分流、桥接和信道复用技术，创建了水利信息资源整合技术体系，研发了水面漂浮物高清动态图像识别与报警、防盗报警系统，解决了沂沭泗局管理单位分散、位置偏僻、公网传输不易到达以及"信息孤岛"等问题，并且为工程运行安全提供技术保障。

2.2 在堤防工程管理中的应用

因绝大多数载重车辆车体宽度和高度均比小型车大，当限行宽度存在困难时，考虑通过限行高度来达到限制重型车辆通行的目的。为更好、更方便地保证堤防工程安全，基层局技术人员研发了一种新型可调式限高路障。该新型限高路障结构中左右立柱内设计有液压千斤顶，通过液压千斤顶可以控制路障限行高度，改善了过去需要人员值守和固定限宽路障等限行措施弊端。

在堤防隐患排查过程中，引用先进的探地雷达技术与高密度电阻率法、HGH-II 系统对堤防内部进行隐患排查与治理。在护坡养护过程中，部分基层水管单位结合工程实际分别采用了现浇混凝土护岸、混凝土预制块护岸、膜袋混凝土基础及护岸技术。

在护堤护岸林栽植及管理方面，部分基层水管单位尝试了树木无根栽植新技术、3 种草履蚧防治等新技术。

2.3 在水闸工程管理中的应用

闸门现地控制单元的电器元件、遥测设备、监控设备等精密仪器，极易受到温度、湿度和鸟虫粪便的影响，引发线路短路、设备失效和金属结构锈蚀等问题，影响启闭机的正常运行和维护。技术人员结合多年工作实践，根据卷扬启闭机的构造和实际工作环境，仔细设计和选材，通过对设计、材料和可行性进行反复试验、改进和论证，研制出卷扬启闭机提升孔多层滑动式密封装置。该装置既可以实现适应任意开度要求，又能满足可视、可控、可调，并且具有密封性好、无损伤等特点，并有适应性强、安全可靠、实用性强和性价比高等良好技术特征。该技术被国家知识产权局授予实用新型专利证书，并获得 2015 年淮委科学技术奖二等奖。

为克服固定卷扬式闸门钢丝绳悬空养护的缺点，技术人员研发了一种节省人力物力的养护机新技术，该技术节能、环保、安全、高效，且自动化程度较高，被国家知识产权局授予发明专利证书和实用新型专利证书，并获得 2014 年淮委科学技术奖二等奖。

沂沭泗直管水闸部分测压管存在堵塞现象，不利于工程安全监测工作，而采取传统疏通设备效果较差，因此，技术人员研发了水闸测压管反向高压水流旋转疏通设备，即依靠高压供水设备产生高压水流，经溢流水压调节装置调压推动钻头前进，同时带动分水器旋转，利用钻头钻力，钻、磨测压管内沉淀物，并经反向高压水流将沉淀物带出测压管。该技术被国家知识产权局授予实用新型专利证书，并获得 2016 年淮委科学技术奖二等奖。

针对检修门启闭设备有线操控不便的问题，技术人员研发了一种启闭设备无线遥控装置，实现了无线操作和单吊点微调，该装置已经在直管部分水闸中安装使用，效果良好，提高了工作效率，也能保证检修门平稳准确就位。

部分制作安装了发电机自启动控制系统，实现断电时发电机自动送电，同时外卷帘门、排气扇、照明及警示装置自动开启，实现无人操作，提高了应急处理能力。

2.4 在河道采砂管理中的应用

沂河局、沭河局等部分基层局与电子科技公司共同研制开发了河道堤防、砂场远程监控监视系统对所辖范围内砂场、堤防实行全面实时监控，该系统可将视频、音频、数据采集单元有效的整合，可实时、准确、直接地查询砂场采砂、运砂信息。在该监控系统基础上结合近年的实践经验及最新科技，研发推出新式智能分析型采砂计量监控系统，升级系统后可实现对采砂现场的全方位监控和计量收费的自动化、智能化、高效化。通过该系统的实施，极大地减轻了水利管理人员工作强度，提高了水行政管理工作效率，通过科技实现粗放式管理向精细化管理的转变。

针对河湖采砂现象屡禁不止，为加强河湖采砂管理，沂沭泗局所属骆马湖水利管理局结合水政监察工作实际，引入无人机开展巡查，并协助执法、搜集证据，通过无人机监管到一些偏僻地带或人工难以到达的盲区，有效解决了执法人员不足及取证困难等问题，实时掌握动态信息，在采砂管理工作中初步发挥重要作用。

2.5 在工程施工管理中的应用

为在韩中骆省界段工程施工中保护临河文物，所属施工公司在临河文物与设计河口线之间布设水泥土截渗墙的技术，阻挡汛期、行洪期间高水位河水渗透进文物内部，解决了工程施工中临河文物保护问题。该技术 2014 年获得国家知识产权局颁发的实用新型专利证书，并获得 2015 年淮委科学技术奖三等奖。

为解决溢流坝的经常维修工作，研发了一种软基溢流坝覆膜截渗技术。在不增加溢流坝坝顶设计高程的情况下，沿上游侧开槽铺塑膜截渗，降低坝顶一定深度范围内土基含水量，运用覆膜截渗和土工布及砂层滤水加快土基固结、提高土基强度等方法，能够很好的解决无路堤，软基溢流坝顶土基寿命，保证防洪工程的安全。该技术 2014 年获得国家知识产权局颁发的实用新型专利证书，并获得 2015 年淮委科学技术奖三等奖。

在河道堤防、病险水库堤坝除险加固工程中，垂直铺塑截渗技术已广泛运用。现有的链条式（即挖斗式）和锯齿式（即往复式）开槽铺塑机，都不适用大深度粗砂土或含粗砂量很大的土层。技术人员在施工时发明了一种大深度粗砂土堤基垂直铺塑截渗开槽机具，通过该机具大臂上的切削土锯齿往复切削、磨压砂土，使砂土沸腾，然后开动抽砂泵并排于沉砂池，随着开槽的进度，槽腔达到一定长度，即可铺塑。铺塑达到一定长度后，人工回填一定厚度的粘土，将塑膜底部压住，防止塑膜漂浮，回填粘土达到一定长度后，即可开动排砂泵，将沉砂池里的砂土排入已铺好塑膜的槽腔。该机具已于 2013 年获得由国家知识产权局颁发的实用新型专利证书。

3 推进科学技术应用的建议

科学技术在沂沭泗水利管理中的推广与应用，推动了沂沭泗水利现代化的发展。但是还存在科技成果总体水平不高，科学研究保障措施不全，科技创新平台建设不够，科技人才的培养欠缺等方面的薄弱环节。当前，"节水优先、空间均衡、系统治理、两手发力"的新时期治水思路，对沂沭泗局的科技创新与推广应用等工作提出了更高的要求，在今后的水利管理中还应继续从顶层设计与实际管理、科技人才与技能人才培养、科技应用与科技创新等多方面采取措施，不断推进科学技术在水利管理中的应用。

3.1 落实完善科研保障措施

要充分发挥科学技术在水利中的应用，就要进一步加强对科技创新的领导，提高对科技认识程度，完善支持政策，落实保障条件。一是建立健全有关制度，合理引导技术人员进行科技研究与创新。二是在管理范围内营造科技创新与应用氛围，多开展各种形式的学术研究和交流活动，鼓励科技创新，尊重知识和人才。三是完善科技工作投入机制，合理申报科学研究项目资金，寻求多元化投入渠道，为科技人员创造良好的科研条件，增加科学研究投资，充分释放创新潜力。

3.2 强化科技创新平台建设

科技创新平台建设是进一步加强科技创新的重要环节，它为技术人才交流学习提供了重要平台。要加强平台建设，充分发挥其科技创新与支撑服务作用，一是理顺科技创新与应用体制机制，建立科技引进与创新共享平台。二是探讨寻求专门经费来源，推进专门的水利科技实验室建设。三是调整优化科技创新资源配置，集聚人才和先进仪器设备。四是结合实际强化创新能力建设，解决水利管理中面临的实际问题。五是充分利用平台，加强与大学等社会科研机构部门的合作，积极参与科技活动。

3.3 加强科技人才队伍建设

人才是科技创新与应用的重要因素。近年来，沂沭泗局招录了一批理论素养相对丰富的本科、硕士毕业生，所属维修养护企业也招聘培养了一批实践操作经验强的技能人才。但是整体上对科技人才队伍的建设还不够，需要进一步加强对科技人才队伍的建设。一是分别针对性在管理以及施工方面进行培训和培养，在各自擅长的领域取得科技成果。二是进一步加强技术人才的沟通交流，相互弥补实践经验不够和理论素养缺乏等不足之处。三是建立科技人才培养交流机制，加大与专业院校的合作，建立专门人才培养基地，加强对技术人才的专门锻炼。

3.4 推进科技成果转化与共享

科技成果最终转化为实践应用才能真正发挥出科技成果的作用。科技创新与应用已经成为沂沭泗局水利管理水平提升的重要手段。在推进科技成果转化与共享上，一是继续结合水利管理工作实际，不断研究新成果，并在实际管理中推广应用。二是制定落实科技成果转化激励措施，着力调动创新积极性。三是加强与相关技术部门的信息资源共享，形成用科技推动发展的合力。四是积极引进先进技术，进一步加大对水利科技的推广应用力度，提高现代化管理水平。

4 结语

随着时代的发展，水利管理现代化对科技创新和推广应用的要求不断提升，沂沭泗局将继续结合实际，坚持新时期治水新思路，继续推进科学技术在水利管理各项工作中的应用，勇于创新，探索实践，不断加强水利管理现代化建设。

参考文献：

[1] 郑大鹏 . 沂沭泗防汛手册 [M]. 徐州：中国矿业大学出版社，2003.

[2] 胡影 . 基层水管单位科技应用与创新工作思考 [J]. 治淮，2015（10）：71–72.

沂沭泗局核心交换机双机热备的实现

李 智，李 斯

（沂沭泗水利管理局水文局（信息中心），江苏 徐州 221018）

摘 要： 信息安全等级保护是国家保护关键信息基础设施、保障信息安全的必要措施，也是我国多年来信息安全工作经验的总结。沂沭泗水利管理局为了保证局里骨干网络的安全，进行了沂沭泗局外网结点的改造，在改造过程中，一个突出的问题就是发现网络中存在冗余问题，需要对骨干网核心交换机进行改造，采用 VRRP 以实现内网核心交换机双机热备，保障网络业务系统的安全。本文主要介绍了沂沭泗局骨干网采用 VRRP 以实现内网核心交换机双机热备，保障网络业务系统的安全。

关键词： 等级保护；VRRP；冗余；核心交换机；双机热备

1 概述

随着计算机网络的发展，网络中的安全问题也日趋严重，加强网络与信息安全体系，是沂沭泗局信息化建设的重要任务之一，是提高信息系统安全性、促进信息系统效益发挥的重要措施。《中华人民共和国计算机信息系统安全防护条例》（国务院令第 147 号）明确规定我国"计算机信息系统实行安全等级保护"。依据《计算机信息系统安全保护等级划分准则》（GB 17859—1999）以及《水利网络与信息安全体系技术要求》（水利部办水〔2010〕190 号文颁布）等标准规范的要求，为了确保沂沭泗局水利信息的安全应用，必须按照三级等保标准建立一套有效、可靠且实用的信息安全防护系统。

多年来，沂沭泗局网络骨干网一直是单套设备，缺少备份，一旦出现故障，将导致网络瘫痪，要满足沂沭泗局网络三级等级保护要求，必须先解决网络的冗余问题。

沂沭泗局核心交换机双机热备改造前的网络状况如下：原有一台网络核心交换机，分别连接到水利专网防火墙、互联网防火墙、楼层汇聚交换机、数据中心汇聚交换机、直属局汇聚路由器等设备。

核心交换机与互联的设备之间均采用了三层互联方式，互联地址采用了 29 位掩码，沂沭泗局骨干网络拓扑图如图 1 所示。

2 核心交换机双机热备的实现

2.1 网络改造的组网要求

（1）将已经购置的 S9306 上线启用，和原来的网络核心 S9306 组成双机热备。

作者简介：李智（1983—），男，江苏丰县，工程师，硕士，主要从事水利信息化方面相关工作与研究。

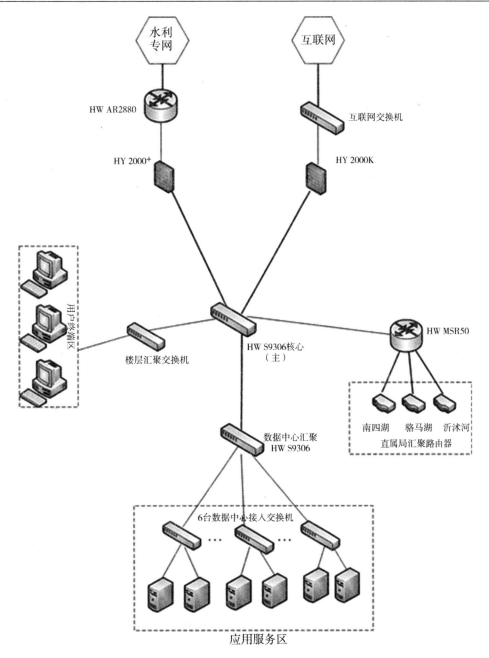

图1　改造前网络拓扑图

（2）与核心交换机互联的设备，均需增加一条线路，连接到备用核心交换机上。

（3）当核心交换机发生故障时，备用核心交换机可以自动接管业务，不影响网络的正常使用。

新增核心交换机与原核心交换机采用 VRRP 协议，实现核心交换机冗余。VRRP（Virtual Router Redundancy Protocol，虚拟路由冗余协议）是一种容错协议。

VRRP 将局域网的一组交换机（包括一个 Master 即主交换机和若干个 Backup 即备份交换机）组织成一个虚拟路由器，这组交换机被称为一个备份组。

当备份组内的 Master 交换机不能正常工作时，备份组内的优先级最高的 Backup 交换机将接替它成为新的 Master 交换机，继续向网络内的主机提供路由服务，从而实现网络内的主机不间断地与外部网络进行通信。

2.2 IP 地址规划

需要对核心交换机采用双机热备的部署方式，需要对互联地址进行规划，具体的规划如下：

原设备互联地址采用的是 29 位掩码，每个互联的地址段，有空闲的地址。

双机互联地址规划：核心上每个 VLAN 的 VRRP 虚拟地址，采用原来核心交换机的 VLAN 接口地址，两台核心交换机 VLAN 的实际接口地址，分别采用互联地址段里的空闲地址。

双机热备实施后，两台核心交换机采用 VRRP 技术，对于各个业务 VLAN 来说，网络拓扑结构未发生基本变化，无须改变原有地址规划，只是增加从第二台核心交换机到其他设备的链路。

2.3 设备配置变更

（1）原核心交换机

根据地址规划表，在互联 VLAN 上配置 VRRP 相应设置。

（2）备用核心交换机

根据地址规划表，在互联 VLAN 上配置 VRRP 相应设置，其他配置以及互联接口和主核心交换机保持一致。

（3）互联设备

VRRP 的虚拟地址采用原来核心交换机的实际地址，所以互联设备地址保持不变，路由表无需改变。互联设备需新增加一个连接备用核心交换机的接口，该接口需和原接口做成二层模式或桥接模式。

2.4 核心交换机双机热备实现的拓扑图

核心交换机双机热备实现的拓扑图如图 2 所示，即改造后的网络拓扑图，通过图 1 和图 2 的对比，可以看出：

（1）未改造前原有一台网络核心交换机，HW S9306 向上分别连接到水利专网防火墙 HY 2000+、互联网防火墙 HY 2000K；向下分别连接了楼层汇聚交换机、数据中心汇聚交换机 HW S9306、直属局汇聚路由器 HW MSR50 等设备。

（2）改造后将备用的 HW S9306 上线启用，和原来的网络核心 HW S9306 连接一条线路，此时与核心交换机互联的设备，均需增加一条线路，连接到备用核心交换机上。

（3）在相应的设备上进行网络配置，当核心交换机发生故障时，备用核心交换机起到与原来交换机相同的作用，不会影响网络的正常使用。

3 结果与建议

通过本次改造，当核心交换机发生故障时，备用核心交换机可以自动接管业务，不影响网络的正常使用，本次核心交换机双机热备的实现给沂沭泗局重要信息系统安全等级保护项目的实施打下了坚实的基础。

沂沭泗局在经过沂沭泗重要信息系统安全等级保护项目之后，增加了很多网络设备，这些设备的出现导致网络传输速度变慢；另外网络出现故障后，由于新增设备较多，排除故障将会消耗更多时间，建议有条件的情况下配置网络设备运行监控软件，从而达到出现问题及时发现，及时解决的目的。

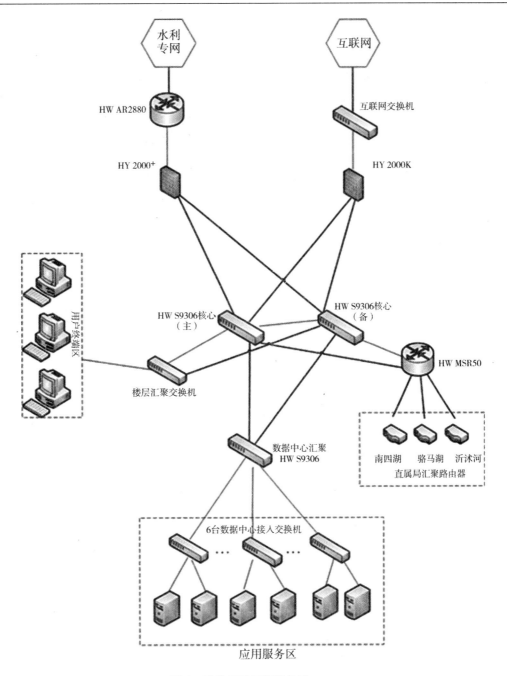

图 2 改造后的网络拓扑图

参考文献：

[1] 谢希仁 . 计算机网络 [M]. 北京：电子工业出版社，2009.

[2] 孔祥光，杨殿亮，王从明 . 信息化技术在沂沭泗局水利管理中的应用 [J]. 水利学报，2005（12）：700–703.

[3] 杨殿亮，洪为 . 信息化技术在沂沭泗水利信息系统中的应用 [J]. 治淮，2006（12）：35–37.

[4] 王磊 . 数据仓库技术在水利信息化中的应用 [J]. 治淮，2006（4）：44–45.

液压启闭系统液压油污染的成因分析及解决对策

董 超

（刘家道口水利枢纽管理局，山东 临沂 276000）

摘 要： 刘家道口节制闸是沂沭泗河东调南下工程中关键工程之一，现有闸门 36 孔，采用液压启闭方式。本文分析液压启闭系统液压油污染成因，并找到了解决对策。

关键词： 液压启闭系统；液压油污染；成因分析及解决对策

刘家道口节制闸于 2005 年 12 月开工，2010 年 4 月通过竣工验收，设计流量 12000m³/s，校核流量 14000m³/s。刘家道口节制闸 36 扇露顶式弧形工作闸门，由 QHLY2×1000‑6.2m‑Ⅱ液压启闭机操作运行，设置有 18 套液压泵站总成和电气控制系统，采用一控二的控制方式，即一套液压泵站和电气控制系统控制两扇闸门，液压泵站设在闸墩上的泵房内。

在 6 年多的运行过程中，每年均对液压油进行过滤，并于 2016 年 5 月对液压油进行了全部更换，通过对更换后的液压油全面检查分析，找出液压启闭系统液压油的污染源并加以防范，对于液压系统的安全运用具有十分重要的意义。

1 固体颗粒对液压油的污染及对策

1.1 污染分析

固体颗粒主要包括沙粒、锈片、焊渣、切削、灰尘、纤维等杂质。这部分污染与初始设备安装、日常维修养护等有着直接的关系，危害性也最大。它可以使油缸、油泵及阀件的金属部分加剧磨损，使密封元件漏油、造成各种阀芯移动困难或卡阻而出现故障，同时能够造成元件的磨损和漏油后进一步加剧油液的污染，形成恶性循环。

1.2 解决对策

要控制好这方面的污染，除了系统中要有良好的过滤装置外，重要的是在设备的使用过程中采取防污措施。

1.2.1 加（补）油前后

液压油注入油箱前必须经过彻底的过滤，其精度不低于 10 微米，杜绝新油"不干净"；加油的器具（如加油管、软管、油抽等）必须经过彻底的清理，干净后再使用，防止杂质由此被带入；启闭机油箱内的颗粒物在注油前或者在更新油前应彻底清理干净，清理的方法是用和好的面团进行粘贴，绝对不允许用带有纤维的抹布进行擦拭，防止二次污染；加油时要清理、擦干净油箱及加油

作者简介：董超（1978—），男，江苏省东海县，高级工程师，主要从事工程建设管理工作。

口附件的污物，防止加油时由此进入油箱内。

1.2.2 工作及维护环境

液压启闭机的工作环境要保持清洁卫生，防止灰尘和风砂的污染；油缸和活塞杆处必须加装防护罩；更换"O"型圈时，必须选择无风沙、无尘土、干净的环境进行，在拆除旧密封圈的部位以及新换的密封圈都要用干净的液压油进行彻底的清洗，再进行安装，防止尘土及旧密封圈的残物进入油路；定期清理液压启闭机的过滤网，及时清理启闭机在工作时油泵、油缸及各种阀件磨损所留下的各种粉末杂质物，并定期对液压油进行过滤和抽样化验，把杂质控制在规定的范围内。

2 胶质粘物对液压油的污染及对策

2.1 污染分析

胶质粘物的污染源来自溶解于油液的密封物、油漆、油液本身变质或者工作时高温高压而形成的不溶解性氧化物、沥青沉积物等。

胶质粘物形成后，会作用于各种阀件及节流油口，不仅影响阀件的动作而且还可能堵塞节流油口，使之不能正常工作。而且，溶解于油液中的胶质粘物在管路高压的作用下，会粘附于整个管路的内壁或死角处，当部分油路中有气蚀现象的发生并冲击于管路内壁时，会使一部分沉积物直接脱落，并随油液一起流动，在管路的狭窄处或阀件节流口处直接堵塞，直接影响液压启闭机的正常工作。

2.2 解决对策

要控制好这方面的污染主要注意以下几个方面：

（1）选择质量较好并且氧化稳定性强的液压油。

首先要根据液压启闭机工作性能、系统的效率、功率的损耗、温度和磨损等情况选择合适粘度的液压油，使用时才不容易发生变质。

（2）选择质量较好的密封圈及橡胶软管。

密封圈及软管应具备以下质量要求：在工作压力和温度范围内具有较好的密封性；密封圈的摩擦系数小，摩擦力稳定，运动时不会引起爬行或卡死现象；耐磨性好，使用寿命长，在一定程度上能自动补偿磨损和几何精度误差；耐磨性和抗腐蚀性好，不易老化；耐高温，温度升高不会使一些橡胶密封元件及软管软化而形成胶状物。

（3）尽量减少液压油和各种油漆的接触。例如被油漆漆过的各种盛油的油桶、油箱等。

3 空气对液压油的污染

3.1 污染分析

液压油本身就具有溶解空气的性质，当溶解一定量的空气后，只要它不从油液中分离出来，对液压系统不会造成危害。然而整个液压系统分为高压区和低压区，当压力降低到空气分离压力以下时，溶解于油液中的空气会从油液中分离出来产生气泡，形成空穴现象，特别是空穴引起的气蚀现象对液压系统的危害更大。当它作用于液体内部时，会产生振动和噪音，并使液压油颜色变深，酸度变大，油液迅速氧化变质。空气的污染主要由如下几个方面引起：吸、回油管的各个接头处密封不严,出现渗漏油或者异常声音;液压油泵的转动部位密封不严;油活塞杆密封处不严;在补、加油时或者回油口处空气的误入;油液的质量问题。

3.2 解决对策

防止空气对油液的污染要做到:经常性检查,特别在运行前要全面细致检查一遍,发现有渗、漏油要及时进行紧固或更换密封圈;在启闭机运行时,特别是油泵等转动部位,如有渗、漏油或者异常声音要及时停车检查;在向油箱内加油或者补油时,油管口和回油管的管口要始终处于油液面以下的位置;更换液压油时,要求选用质量高且消泡好的油液。

4 水对液压油的污染

4.1 污染分析

当油液中混入一定量的水分后,会使液压油乳化,降低油的润滑性能,增加油的酸性,缩短油的使用寿命,并引起油液变质,严重时会散发出恶臭的气味,受水分污染后的油液在工作时不仅会引起整个液压系统的不稳定,而且水油乳化液温度高时会分解而失去正常的工作能力。水分的污染主要由以下方面引起:空气湿度较大,由空气过滤器进入;由于使用维护不当,由油箱加油口进入;由水管式冷却器的损坏部位进入。

4.2 解决对策

加强责任心,对可能引起水污染的部位进行细心检查,发现问题及时处理;定期更换油箱顶部的吸潮剂;由于水的比重较油大,在必要的情况下,打开油箱底部的放油口排放部分水分。

液压启闭系统液压油污染主要是由以上四个方面的原因引起的,因此在液压启闭机的使用、维护和检修的过程中要引起高度的重视,防止引起对液压油的污染。即使在正常使用的情况下,也要保持至少每两年对液压油进行过滤一次,每一年对液压油进行抽样化验一次,使液压启闭机始终保持良好的工作状态。

可视化远程管理技术在水文测报中的应用探讨

胡文才，刘远征

（1. 沂沭泗水利管理局水文局（信息中心），江苏 徐州 221018；

2. 江苏省水文水资源勘测局徐州分局，江苏 徐州 221006）

摘　要： 近年来，在水文测报管理压力越来越大的情况下，水文事业的出路在于科技进步，水文自动测报系统及巡测手段的使用，确实取得了很好的效果。随着视频监控技术的发展及使用越来越普遍，本文就运用可视化远程管理技术实现水文测报的远程管理应用进行探讨。

关键词： 可视化；远程管理；水文测报

1　水文测报管理现状

目前水文测报最主要的方式是人工测报方式，工作人员在水文站采用人工方式采集水位、雨量、流量、泥沙和蒸发等信息，再通过人工报汛方式将信息传输出去。随着技术发展，在上世纪 90 年代开始出现了水文自动测报技术，水位、雨量采用自动测报方式将信息传输出去，近年来部分水位站和雨量站已经开始采用自动测报方式替代人工报汛，资料也直接整编入水文年鉴。

随着社会经济的发展，国家对水文基本建设的投入越来越大，近两年新建设的水文站点越来越多，但是各级水文管理机构在历次机构调整中人员编制一再压缩，运行费用普遍不足。面对大量增加的水文测站及越来越高的报讯需求，显得力不从心，水文测站及各类报讯站管理面临巨大的压力。

在水文测报管理压力越来越大的情况下，水文事业的出路在于科技进步，水文自动测报系统及巡测手段的使用，确实取得了很好的效果。随着视频监控技术的发展及使用越来越普遍，运用可视化远程管理技术实现水文测报的远程管理，必将为水文事业的发展添加动力。

2　水文测报可视化技术简介

2.1　常见的视频技术实现水文站的图像传输

2.1.1　视频采集前端到水文站的传输方式

视频采集前端传输方式主要有以下几种：

（1）室外型以太网线：适用于视频采集前端至监控中心机房布线路由小于 100 米的情况，网络摄像机 IP 口至机房以太网交换机用室外型以太网线连接。比较适用位于水库、水利工程枢纽的

作者简介：胡文才（1975—），男，四川，高级工程师，主要从事水文水资源、水利信息化方面相关工作与研究。

水文站。

（2）光纤收发器＋光缆：适用于视频采集前端至监控中心机房布线路由大于 100m、而小于 2000m，且光（电）缆架空或直埋敷设路由比较方便、施工容易的情况。个别光缆段落自建困难的、可以租用运营商的光缆纤芯或带宽，有的原来已经租用 2M 光纤的，本次需升级为 10M 宽带。网络摄像机 IP 口至机房以太网交换机之间使用一对光纤收发器，用光缆连接传输。比较适用于离水库、水利工程枢纽及城镇不远的水文站。

（3）无线网桥：适用于视频采集前端至监控中心机房布线路由大于 500m，光（电）缆架空或直埋敷设困难，且监控点比较分散、单一的情况。网络摄像机 IP 口至机房以太网交换机之间使用一对无线网桥传输，机房侧无线网桥与机房以太网交换机之间使用室外型以太网线连接（极个别距离超过 100m 的，中间再加一对光纤收发器，用光缆转接）。无线网桥在通信专业设备中实现数据传输相对便宜的设备，相对于水文站点的图像传输建设还是投入比较高的，但它是一种可选的技术方案。

（4）4G 多媒体集群水利专网：适用于视频采集前端至监控中心机房布线路由大于 100m、光（电）缆架空或直埋敷设困难、且在相对比较集中的区域（距监控中心 1km 范围）内分布有多个监控点的情况。各监控点直接配置 4G 摄像机，由 4G 无线信号传输至 4G 多媒体集群系统基站，再到监控中心机房。水文站有靠近重要水利枢纽的优势，可利用水利集群专网的优势，得到优质的水文站视频图像。

（5）利用公网 3G、4G 服务：现在公众通信服务网络 3G 以及覆盖率很高，4G 只能覆盖部分城市及部分农村地区。租用公网 3G 实现水文站图像传输，因数据量大会产生较高的信息传输费用，还需要专门的网络系统、建设专门的数据接收中心，投入较大，并不可取。

（6）租用电信运营商的数字电路：现在电信运营商提供的数字电信服务到达乡村，租用固定 IP 地址的双向 10M/4M 数字电路，由运营商的光端机提供 RJ45 网络接口；连接摄像机。测站设备仅有摄像机 1 个，UPS 1 台，电源、视频及控制信号 3 合 1 避雷器 1 个，交流电源避雷器 1 个。

2.1.2 水文站到监控分中心的传输方式

采用水文自动测报传输系统传输。水文自动测报站点一般位置比较偏远，在防洪减灾及水资源配置的主要控制地点，能利用水文自动测报系统测站的资源进行图像采集传输是很好的信息服务手段。

采用已有网络系统传输。也有许多水文站在重要水工程枢纽、重要城镇及工农业发达地区，利用当地已有资源，花费很少的投入实现水文站点的图像传输，也是水文测报实现可视化的很好途径。

2.1.3 基层监控中心至中心站的传输

图像前端传输主要指各监控点视频采集前端（摄像机）至各自归属的基层监控中心机房所采用的传输方式。一般基层局监控中心至中心站采用已有的计算机网络传输方式。

3 可视化远程监控管理在水文测报中的作用和意义

3.1 可视化远程监控管理的作用

随着水文测报站点的大幅度增加，报汛信息量同时也大幅度增长，对报汛的时间性要求也越来越高，水文人员编制不可能随着需求同步增长。解决问题的出路在于水文测报技术的进步，以现代技术促进水文测报现代化建设。

现在水文要素测报中，水位、雨量、闸门启闭、水质、气温及风向、风速等信息测报自动化已经非常稳定可靠，流量、泥沙、蒸发的自动测报技术还没有完备的成熟设备设施。自动流量测验中的自动缆道、ADCP、时差法、雷达波、二线能坡法等自动测验手段，虽是各有特色，但还不能完全解决流量自动测报中面临的山区季节性河流、平原水网河道、通航河流及泥沙含量差异大的河流等不同的问题，在测验时还离不开工作人员的现场设置、避险观察等人工干预。人工巡测因为站点数太多，工作人员虽疲于奔命，但很难解决洪水爆发时同一区域内同时出现的大量测验需求。现代视频监控技术应用到水文测报远程管理中，为解决水文测报工作面临的难题提供了技术手段。

现在水利枢纽闸门启闭及电站运行的远程监视及控制系统普遍使用，使得相隔几公里、几十公里，甚至几百上千公里的水利工程及电站的运行实现远程控制，其控制效果就像是在工程现场的控制室里操作的一样。水文测报的远程管理完全可以应用成熟的视频监视及远程控制技术，在遥远的管理机关的监控中心，面对巨大的屏幕，操作人员坐在键盘前，根据需要发出指令，操作远处水文测流自动缆道、自动泥沙监测仪、ADCP、自动蒸发监测仪等设备，完成水文要素的测报。可以根据拥有的测站规模，确立在省水文局、市水文（分）局或具有规模的中心站建立监控中心，远程监控所属水文测站的测报工作，重点是监控那些无人值守的水文测站，特别是中小河流、山洪灾害项目新增设的水文监测站。

3.2 可视化远程视频监控管理的意义

（1）水文测报事业爆发式发展的需要

水文测报从传统的人工观测、电报及电话报汛，发展到自动化测报，再到巡测，每一步都是依赖技术进步减轻人工观测的工作量和工作强度，缓解了水文测报业务量的发展和人员编制减少的矛盾，推动了水文事业的发展。

现在随着社会经济的发展，对水文要素时效性要求越来越高，报汛站点大幅度增加。特别是经过国家防汛抗旱指挥系统、全国中小河流治理项目及全国山洪灾害防治项目的建设，使得水文测站数量大量增加。以江苏省为例：全省原有布设水文站150个、水位站137个、雨量站237个，仅中小河流水文监测系统总体建设规模如下：98个水文站（改建24个，新建74个）、156个水位站（改建19个，新建137个）、125个雨量站（改建65个，新建60个）。新增水文站74个，水文站137个，雨量站60个，比原有测站规模分别增加了49.3%、100%、25.3%。测站规模如此扩大，测报任务同样暴增，而人员编制并没有明显增加，运行经费远不能满足所需增加管理人员的要求。采用视频监控技术对无人值守的水文测站进行远程管理，可以缓解压力。

（2）保障水文设施安全生产的需要

根据水文规范设置的水文测报断面一般都处于野外偏僻地点，水文设施的地理位置较为分散，民情、社情十分复杂，而现代设施设备经济价值较高，往往成为犯罪分子偷盗、破坏的对象。另外，水文设施的布置点，与水文测站、中心站及水文分局有人管理的单位距离远，人工巡查周期长，安全监管任务重、难度大，为保障水文测报设施设备的安全运行，建设水文设施安全监视系统势在必行。

（3）实现信息共享，提高水文服务效能的需要

水文测报设施设备布置分散，一般多在江河湖泊水库堤岸边，位于重要防汛及水资源管理重要控制断面，这些地段的视频监控信息，正是管区内现有的水情信息服务系统、防汛信息服务系统、防汛指挥系统、水利枢纽监控系统、视频会商系统等多个应用系统所急需的，水文监视监控系统在现有资源的基础上扩展功能，花费少，见效快，为防汛及水资源管理提供增值服务，扩大了水文服务的功能与效率，同时也为水文监控建设及运行管理开拓了潜在的经费渠道。

（4）实现水文测报现代化的需要

实现水利现代化是国家也是社会的要求，水利部要求以信息化推动水利现代化。水文系统是水利事业信息化的尖兵、现代化的窗口。水文信息作为国家基础信息之一，更是水利管理、防汛减灾及水资源配置的依据信息。水文信息管理服务的现代化水平是水利管理现代化的基本要求。水文测站远程管理的视频监控是水文发展的一个预期方向，和水文自动测报技术一起构成现在水文管理现代化的基础。并以现有现代化建设为先导，加强辅助性系统建设，广泛地应用现代信息技术，充分开发水文测报管理辅助性系统，是实现测报现代化的必然选择。

4 可视化远程管理在淮河重要省界水资源监测项目中的应用

实时视频监控系统目前已广泛应用于水利、交通、公安、银行、环保等各行各业，其技术、设备已十分成熟。淮河水系重要省界断面水资源监测水文站改造项目中选用部分图像传输条件成熟的重要站点，现行建设水文测站图像监测。实时视频监控高清化、网络化，实现水文测站远程管理可视化。淮河水系重要省界断面水资源监测水文站已经建成的水文自动测报系统的端机不带图像传输功能，选择各种不同的传输条件的 8 个站进行视频传输建设。

4.1 站点布置

根据淮河流域水资源监控系统管理需要，建设淮河干流王家坝、班台、界首、黄庄、小柳巷 5 个视频监控站，建设淮河流域沂沭泗水系新安、港上、大官庄 3 个视频监控站。为淮委相关管理部门提供实时动态监视监控数据信息及高效可靠的管理手段，提供丰富精准的决策依据；实现各部门之间应急联动，针对实时情况及时决策，尽早应对；提高水资源管理的信息化、现代化水平，增强应急指挥能力。

8 个水文站视频监控建设，租用 6 条电信 4M 光纤数字电路，建设 1 条光纤（190 米）连接到微波站，建设 1 个 4G 集群的前端测站，为 8 个视频监视点用作视频数据传输。8 个视频监视点所属单位、测站名称、摄像机类型及摄像机位置列表见表 1。

表 1　淮河省界水资源视频监视点设备选型及位置表

水　系	省　份	站点名称	信　道	摄像机	摄像机位置
淮河干流	河　南	班台水文站	租光纤	球　机	缆道房楼顶
	安　徽	黄庄水文站	3G	球　机	水位井房
		界首水文站	租光纤	球　机	缆道房房檐
		王家坝水文站	微波+建光纤	球　机	栈桥顶端
		小柳巷水文站	租光纤	球　机	办公楼

续表1

水 系	省 份	站点名称	信 道	摄像机	摄像机位置
沂沭泗	江 苏	港上水文站	租光纤	球 机	办公楼
		新安水文站	租光纤	球 机	办公楼
	山 东	大官庄站	4G	球 机	站房楼顶

4.2 系统框架结构

监视监控系统由信息采集前端高清红外网络智能球形摄像机、传输信道、淮委视频监控中心等组成。

前端视频采集系统由摄像机、电源系统等组成。摄像机采集视频图像并经过编码后通过传输信道上传到淮委监控中心，实现视频的远程监视。同时可以根据监控中心的操作发出的命令来控制视频切换、镜头变焦、近景/远景、光圈调节等以及控制云台上下、左右和自动巡视等动作。

根据各视频监控点的具体情况，本着节约费用的原则，8个监控站中王家坝水文站采用已建的淮委微波专线，大官庄水文站采用已建的沂沭泗4G水利专网，班台、界首、小柳巷、港上及新安5站采用4M电信光纤网络（4M/10M上行、下行），黄庄水文站目前采用电信3G网络，待电信4G网络开通后，更换4G卡即可传输高清视频图像。

淮委视频监控中心利用通信总站已建平台，设计中充分考虑系统设备与其的兼容性。

5 结语

水文测报工作面对的是水文监测要素增加信息及时效性要求越来越高、服务面越来越宽的情况。防汛指挥系统、山洪灾害及中小河流的国家项目的实施导致各类测站数量爆发式增加。水文单位在人员编制缩减、经费增加有限的情况下，测报管理面临压力，日益成熟的可视化远程监视及控制技术的发展，为水文的技术革命带来机会，使用可视化监控技术实现水文测报远程管理的必要性显而易见，可行性也已经呈现。紧接着要做的是开展试点，做好规划，研究相关设备标准及水文测报管理制度规范，推动水文测报可视化远程管理工作，促进水文测报事业良性发展。

液压启闭机液压油检测分析与养护对策

王 君[1]，陈 虎[2]，高钟勇[3]

（1.嶂山闸管理局，江苏 宿迁 223809；

2.骆马湖水利管理局，江苏 宿迁 223800；

3.沭阳河道管理局，江苏 沭阳 223600）

摘 要： 液压油是液压系统的"血液"，起能量转换、压力传递、部件润滑、防腐防锈和冷却降温等作用。液压油的质量与品质直接决定设备的正常运行。根据工作经验和嶂山闸液压启闭设备油质的化验结果及维护保养，对液压油油质进行分析，得出相应养护对策。

关键词： 液压油；检测数据分析；成因分析；养护对策

1 工程基本情况和液压油检测数据分析

嶂山闸是沂沭泗洪水经骆马湖入海的主要泄洪口门，建于1959年10月，1961年4月竣工。嶂山闸为国家大（Ⅰ）型水闸，设计流量8000m³/s，校核流量10000m³/s。嶂山闸设9套液压泵站及其相应的管路及附件，液压油用L-HM46抗磨液压油。

笔者查阅各种国家规范，未找出水利行业对液压油检测项目的规定；目前广泛采用电力部门的GB/T 265—1988《石油产品运动粘度测定法和动力粘度计算法》，GB/T 267—1988《石油产品闪点与燃点测定法（开口杯法）》，GB/T 264—1983《石油产品酸值测定法》，GB/T 7605—2008《运行中汽轮机油破乳化度测定法》等国家推荐的规范进行专业项目的检测。

自2010年以来（除2011年）嶂山局每年均委托徐州电力试验中心对9个液压泵站的液压油均进行检测，以嶂山闸第4号液压泵站液压油检测数据作为分析样本，详情见表1。

表1 嶂山闸4号液压泵站液压油检测汇总表

序号	检测项目	单 位	检测时间				质量指标	检测标准
			2010年	2012年	2013年	2014年		
1	外 状	—	黄微蓝色、透明、无杂质	黄微蓝色、透明、无杂质	黄微蓝色、透明、无杂质	黄微蓝色、透明、微量杂质	透明	外观目测
2	运动粘度（40℃）	mm²/s	47.72	47.98	48.19	48.69	41.4~50.6	GB/T 265
3	闪点（开口杯）	℃	214.5	204.7	215.4	221.0	≥185	GB/T 267
4	酸值	mgKOH/g	0.04	0.114	0.179	0.176	≤0.2	GB/T 264

作者简介：王君（1984—），男，工程师，主要从事水利工程管理工作。

由表 1 中分析数据可得出一是外状情况基本稳定，但自 2014 年以来开始出现微量杂质；二是运动粘度逐年增大，说明液压油流动性降低，系统阻力增加，压力损失增大，噪声增大，易出现液压动作不稳定、低温启动困难情况；三是闪点基本保持稳定；四是酸值逐年升高，说明油质氧化加速，化学腐蚀性增加，存在一定的隐患。

根据检测数据、S L381—2007《水利水电工程启闭机制造安装及验收规范》及参照国家能源局发布的 NB/SH/T 0636—2013《L-TSA 汽轮机油换油指标》，嶂山闸液压系统液压油基本能正常使用，但根据检测结果来看，随着使用年限的增长，各项指标逐渐不能符合国家规范要求，对液压设备和嶂山闸工程的安全运行产生安全隐患。

2 原因分析

液压油的品质直接影响液压系统可靠性和稳定性，据不完全统计，75% 的液压系统故障是由于液压油被污染造成的，主要原因为以下几点：

2.1 水分

嶂山闸紧邻骆马湖，周围环境湿度大，昼夜温差大，液压系统水的来源主要是空气中的冷凝水。水的进入直接影响液压系统内润滑油膜的形成，使运动表面磨损增大，运动产生的金属颗粒增加。同时液压油里的水分会在较高温度的工作环境下与油产生氧化反应，直接导致液压油黏度上升，液压油压缩性增加，加速金属锈蚀，油中的杂质增加，甚至在低温时凝结成冰，降低液压油流动性，淤塞运动部件。

2.2 液压系统运行过程中由于磨损产生的金属颗粒

设备正常运转产生的颗粒与水和油品的反应物继续反应，产生的酸性腐蚀物，腐蚀金属设备，增加金属杂质，卡死阀件芯阻碍正常运行，拉伤泵的定子与转子相对运动面；产生的不溶性污染物堵塞原件阻尼孔、节流口等。这是对液压系统危害最大的污染，影响液压油品质，严重影响系统正常工作和使用寿命。

2.3 液压油自身氧化生成物

液压油由于高温高压，与空气中氧气、环境有害物质作用，而逐渐氧化生成胶黏性物质，堵塞元件阻尼孔，使系统压力增大，设备磨损加重。

2.4 空气

空气的进入可使液压系统产生噪声，引起汽蚀、爬行及振动，空气还会加速液压油氧化，使油品变差。

3 对策

综上，在液压油的维护和保养上，必须重点监测液压油油品，保证液压油的清洁度和润滑性，从而提高液压系统的稳定性。根据这一结论，在日常养护和管理过程中，应重点加强以下几方面工作：采用高精度滤油设备，定期进行滤油工作，提高液压油清洁度，降低含水量。定期检查滤油器工作状态，必要时更换清洗液压油过滤器，减少过滤系统内磨损颗粒。定期对液压油进行专业检测，及时掌握液压油品质，发现油质不符合要求及时进行滤油或者更换。定期更换干燥剂、空气滤清器，一旦发现干燥剂、空气滤清器老化失效，及时更换处理。增加泵房的除湿设备，降低泵房湿度，减少空气中水分进入液压系统。

参考文献：

[1] GB/T 265—1988　石油产品运动粘度测定法和动力粘度计算法．

[2] GB/T 267—1988　石油产品闪点与燃点测定法（开口杯法）．

[3] GB/T 264—1983　石油产品酸值测定法．

[4] GB/T 7605—2008　运行中汽轮机油破乳化度测定法．

[5] 陆望龙．看图学液压维修技能 [M]．北京：化学工业出版社，2014．

[6] 吴博．液压系统使用与维修手册 [M]．北京：机械工业出版社，2012．

新 技 术 应 用

云计算及其在水文中的应用前景

丁韶辉，徐志国

（淮河水利委员会水文局（信息中心），安徽 蚌埠 233000）

摘 要：本文介绍了云计算的概念、特点、优势、核心技术，重点阐述了阿里云的各项功能与服务，最后分析了云计算在水文行业的应用前景。

关键词：云计算；大数据；水文；信息化

1 云计算提出

2006 年，云计算（Cloud Computing）的概念首次由 Google 公司提出。随着技术发展和研究实践的不断深入，云计算已经不再停留在概念层面，云计算已经得到了广泛的应用。

对云计算的定义有多种说法。现阶段广为接受的是美国国家标准与技术研究院（NIST）定义：云计算是一种按使用量付费的模式，这种模式提供可用的、便捷的、按需的网络访问，进入可配置的计算资源共享池（资源包括网络，服务器，存储，应用软件，服务），这些资源能够被快速提供，只需投入很少的管理工作，或与服务供应商进行很少的交互。

随着计算机技术的飞速发展，CPU、信息存储技术得到极大提升，互联网技术突飞猛进，加之服务器集群技术的成熟，可以将一台台性能强劲的服务器集成成一台超级服务器，这是云计算得以发展的硬件基础。同时，随着人类社会活动加剧与信息技术生产的提升，数据呈现出爆发式增长，大数据时代已经到来。大数据的存储、共享、分析、采集、应用等，客观上也对云计算提出了需求，促进了云计算的发展。

2 云计算的优势与特点

云计算是基于互联网的相关服务的增加、使用和交付模式，通常涉及通过互联网来提供动态易扩展且经常是虚拟化的资源。用户通过电脑、笔记本、手机等方式接入数据中心，可以让你体验每秒 10 万亿次的运算能力，拥有这么强大的计算能力甚至可以模拟核爆炸。相较于常规的自己购买服务器搭建平台的方式，云计算有着无可比拟的优势，主要体现在以下几方面：

（1）即开即用，弹性扩展。

云计算不需要购置服务器、部署服务器一系列的流程，此举将大幅减少服务器购置与环境配置时间，并在很大程度上解决用户配置复杂环境的困扰，省时方便。用户只需在线购买相应服务，即

作者简介：丁韶辉（1975—），男，安徽蚌埠，高级工程师，主要从事计算机应用与水文资料整编分析工作。

可在几分钟之内开通，方便快捷。此外，云计算支持系统弹性扩展，扩展包括垂直扩展与水平扩展两种。垂直扩展主要指动态调整实例参数，例如8CPU调整至16CPU，16G内在调整至64G等；水平扩展主要指增加实例个数，多个实例共同完成一个任务。

（2）专业托管服务，稳定安全。

云计算由专业高水平的团队进行维护，用户不需要关心设备的安装、部署、维护，也不需要考虑设备的电源、温度、存放空间等一系统的硬件环境。此外，云计算提供充分的安全保护，可以抵御各类网络攻击，有专业的安全托管服务。为了达到系统的稳定可靠，云计算一般提供两个以上的物理实例与三份以上的存储，以保护用户的数据安全。基于云计算提供的专业服务，用户可以更加专心于自己的业务核心。

（3）节约资金，按需服务。

云计算的一个主要特点是：按需服务。云是一个庞大的资源池，用户按需购买，可以像水、电一样计费。云计算的自动化集中式管理使大量企业无需负担日益高昂的数据中心管理成本，云计算的通用性使资源的利用率较之传统系统大幅提升，因此用户可以充分享受云计算的低成本优势。与此同时，云计算的强大功能，基本可以替代本地服务器的全部需求。

3 云计算核心技术

云计算的"横空出世"让很多人将其视为一项全新的技术，但事实上它的雏形已出现多年，最近几年才开始取得相对较快的发展。云计算是一种以数据和处理能力为中心的密集型计算模式，以集群技术、虚拟化技术、分布式数据管理技术、信息安全等最为关键。

3.1 集群技术

集群（cluster）是一组相互独立的、通过高速网络互联的计算机，它们构成了一个组，并以单一系统的模式加以管理。一个客户与集群相互作用时，集群像是一个独立的服务器。通过集群技术，可在较低成本的情况下获得在性能、可靠性、灵活性方面相对较高的收益，其任务调度则是集群系统中的核心技术。

云计算系统的平台管理技术，需要高效调配大量服务器资源，使其更好的协同工作。其中，通过自动化、智能化手段，方便地部署和开通新业务、快速发现并且恢复系统故障，实现大规模系统可靠的运营是云计算平台管理技术的关键。

3.2 虚拟化技术

虚拟化是云计算最重要的核心技术之一，它为云计算服务提供基础架构层面的支撑。随着云计算应用的持续升温，业内对虚拟化技术的重视也提到了一个新的高度。

从技术上讲，虚拟化是一种在软件中仿真计算机硬件，以虚拟资源为用户提供服务的计算形式。它把应用系统各硬件间的物理划分打破，从而实现架构的动态化，实现物理资源的集中管理和使用。虚拟化的最大好处是增强系统的弹性和灵活性，降低成本、改进服务、提高资源利用效率。

从表现形式上看，虚拟化又分两种应用模式。一是将一台性能强大的服务器虚拟成多个独立的小服务器，服务不同的用户。二是将多个服务器虚拟成一个强大的服务器，完成特定的功能。这两种模式的核心都是统一管理，动态分配资源，提高资源利用率。

3.3 分布式数据管理技术

云计算的另一大优势是能够快速、高效地处理海量数据。为了保证数据的高可靠性，云计算通常会采用分布式存储技术，将数据存储在不同的物理设备中。这种模式不仅摆脱了硬件设备的限制，同时扩展性更好，能够快速响应用户需求的变化。

云计算不仅要保证数据的存储和访问，还要能够对海量数据进行特定的检索和分析。由于云计算需要对海量的分布式数据进行处理、分析，因此，数据管理技术必需能够高效的管理大量的数据。

3.4 信息安全技术

要保证云计算能够长期稳定、快速发展，安全是首先需要解决的问题。云计算出现以后，安全问题变得更加突出。在云计算体系中，安全涉及到很多层面，包括网络安全、服务器安全、软件安全、系统安全等等。因此，有分析师认为，云安全产业的发展，将把传统安全技术提到一个新的阶段。云安全领域涉及包括传统杀毒软件厂商、软硬防火墙厂商在内的各个层面的安全服务。

4 阿里云体系架构

阿里云是中国第一大云计算公共服务平台，运行着几十万家客户的电商网站，在天猫双 11 全球狂欢节、12306 春运购票等极富挑战的应用场景中，阿里云保持着良好的运行纪录。目前阿里云对外提供开放式的云计算服务。

阿里云的底层技术平台是独立研发的飞天开放平台（Apsara），负责管理数据中心 Linux 集群的物理资源，控制分布式程序运行，隐藏下层故障恢复和数据冗余等细节，从而将数以千计甚至万计的服务器联成一台"超级计算机"，并且将这台超级计算机的存储资源和计算资源，以公共服务的方式提供给互联网上的用户。

飞天开放服务为用户应用程序提供了计算和存储两方面的接口和服务，包括弹性计算服务、开放存储服务、开放结构化数据服务、关系型数据库服务、开放数据处理服务和云服务引擎。阿里云目前主要提供以下主要服务内容：

（1）弹性计算。

弹性计算是一种简单高效，处理能力可弹性伸缩的计算服务。可以帮助用户快速构建更稳定、安全的应用，提升运行维护效率，降低 IT 成本，帮助开发者快速开发和部署服务端应用程序，并简化系统维护工作。系统搭载了丰富的分布式扩展服务，使用户更专注于核心业务创新。系统能够在业务增长时自动增加 ECS 实例，并在业务下降时自动减少 ECS 实例。

（2）数据库。

数据库服务包括：云数据库 RDS、开放结构化数据服务 OTS、开放缓存服务 OCS、键值存储、数据传输等服务模块。

云数据库 RDS 是一种基于飞天分布式系统和高性能存储，即开即用、稳定可靠、可弹性伸缩的在线数据库服务。它支持 MySQL、SQL Server、PostgreSQL 和 PPAS（高度兼容 Oracle）引擎，并且提供了容灾、备份、恢复、监控、迁移等方面的全套解决方案。开放结构化数据服务 OTS 提供海量结构化数据的存储和实时访问。开放缓存服务 OCS 提供在线缓存服务，为热点数据的访问提供高速响应。键值存储 KVStore for Redis 兼容开源 Redis 协议的 Key-Value 类型在线存储服务。数据传输服务支持以数据库为核心的结构化存储产品之间的数据传输。

（3）存储与 CDN。

阿里云对外提供海量、安全和高可靠的云存储服务。平台无关性，容量和处理能力的弹性扩展，按实际容量付费真正使您专注于核心业务。同时也提供适合于海量数据的长期归档、备份的低成本、高可靠的数据归档服务。CDN 将源站内容分发至全国所有的节点，提高用户访问网站的响应速度与网站的可用性。

（4）网络。

对多台云服务器进行流量分发的负载均衡服务。负载均衡可以通过流量分发扩展应用系统对外的服务能力，通过消除单点故障提升应用系统的可用性。还可以基于阿里云构建出一个隔离的网络环境。可以完全掌控自己的虚拟网络，包括选择自有 IP 地址范围、划分网段、配置路由表和网关等。

（5）大规模计算。

大规模计算主要包含：开放数据处理服务 ODPS、采云间 DPC、批量计算等。开放数据处理服务 ODPS 提供针对 TB/PB 级数据、实时性要求不高的分布式处理能力，应用于数据分析、挖掘、商业智能等领域。采云间 DPC 提供数据处理工具，包括 ODPS IDE、任务调度、数据分析、报表制作和元数据管理等，完成大数据处理需求。批量计算一种适用于大规模并行批处理作业的分布式云服务。可支持海量作业并发规模。

（6）云盾。

集阿里巴巴集团多年来安全技术研究积累的成果，同时结合阿里云计算平台强大的数据分析能力，为客户提供一整套安全产品和服务。

针对系统的不同层级，提供 DDoS 防护服务、安骑士、基础防护、加密服务等，进行 DDoS 攻击防护、木马查杀、异常告警、数据资源保护等。此外，还提供安全专家托管服务：包括：网络安全专家服务、服务器安全托管、渗透测试服务、态势感知等。

（7）管理与监控。

监控平台可实时监控站点和服务器，并提供多种告警方式（短信，旺旺，邮件），以保证及时预警，为站点和服务器的正常运行保驾护航。提供集中式访问控制服务。可以通过访问控制将阿里云资源的访问及管理权限分配给不同成员。

（8）应用服务。

应用服务主要包括：日志的收集、存储、查询和分析，简单、低成本、稳定、高效的搜索解决方案，经济、弹性和高可扩展的多媒体数据转码，可模拟海量真实的业务场景、全球领先的 SaaS 性能测试平台等。

（9）万网服务。

万网服务，包括域名服务、云服务器、云虚拟主机、企业邮箱、建站市场、云解析等服务。

5　云计算应用

云计算的本质是给客户提供计算服务，云计算的表现形式多种多样，简单的云计算在网络应用中随处可见，比如腾讯 QQ 空间提供的在线制作 Flash 图片，Google 的搜索服务等。目前，云计算的主要服务形式有：软件即服务（SaaS）、平台即服务（PaaS）、基础设施服务（IaaS）。SaaS 服务提供商将应用软件统一部署在自己的服务器上，用户根据需求通过互联网向厂商订购应用软件服务。PaaS 把开发环境作为一种服务来提供，厂商提供开发环境、服务器平台、硬件资源等服务给客户。IaaS 将内存、I/O 设备、存储和计算能力整合成一个虚拟的资源池为整个业界提供服务，这是一种托管型硬件方式，用户付费使用厂商的硬件设施。

由于云计算技术范围很广，目前各大 IT 企业提供的云计算服务主要根据自身的特点和优势实现。国际上最大的是 Amazon 的弹性计算云，是第一家将基础设施作为服务出售的公司。阿里云是中国第一大云计算公共服务平台，运行着几十万家客户的电商网站，ERP，游戏，移动 App 等各类应用和数据。阿里云的服务群体中，活跃着微博、知乎、魅族、锤子科技、小咖秀等一大批明星互联网公司。此外，阿里云广泛在金融、交通、基因、医疗、气象等领域输出一站式的大数据解决方案。

水文行业有着宝贵的水文数据积累，据不完全统计，目前水文行业已积累了超过 100TB 的数据，内容涵盖水文气象数据、河道地形、水利工程、水环境数据、水生态数据等等。同时，水文行业应用系统丰富，既有服务类型的信息查询类系统，也有专业应用的各类分析系统，还有管理类系统。这些系统分布在一个个服务器上，服务器利用率极低，造成大量的冗余与资源浪费，大量的服务器需要配套硬件环境与人员维护，是一笔巨大的开支。此外，当服务器需要扩充时，要耗费很长的购置与部署周期，灵活性差且会造成新的浪费。

云计算技术的成熟与极高的性价比是水文行业信息技术可采取的一个选项。专业的人员托管维护、灵活的系统配置调整，采用云计算提供的服务，可以减少机房等的硬件配套设施、减少设备的维护工作而且维护水平提高、灵活快捷地进行系统的部署与扩展。享用云计算提供的服务，可以使专业人员更加专注水文行业本身的业务，提升水文行业的发展与水平。

水文行业大量的信息系统移植到云计算平台，特别是新的系统运行在云计算平台，可以充分利用云计算平台的开放性、免维护性、可调节性。除了信息系统，涉及大运算的水文计算系统移植到云计算平台更可以发挥云计算的威力。以基于水力学模型的洪水预报系统为例，这类计算工作量大，一般在服务器上计算需要几小时甚至几天，年利用次数偏少。这样的使用模式，系统运行时速度慢、运行时间长，系统不用的时候，服务器资源又会搁置，导致资源浪费。如果采用云计算平台，运用时可在几分钟内开通一个超级服务器，快速完成计算；搁置时，可以关闭相关服务，节省经费。

海量的水文数据在满足安全与保密要求的情况下也可以存放在云计算平台。一方面用来保存与共享，另一方面可以利用云计算平台进行分析计算。数据的价值不在于数据本身，而在于对社会经济发展的巨大推动作用。传统的水文数据管理将主要精力放在对水文数据生产过程的控制，将数据置于仓库等待需求上门，导致海量的水文数据闲置而未能释放其应有的价值。进入大数据时代，对水文信息服务需求更加旺盛更加多样化，充分开发挖掘水文大数据的各类有用信息，满足多样化和个性化的水文信息服务需求。

6 小结

云计算是一种新型的服务形式，它的特点是按时按需按量提供计算、存储等服务。随着云计算技术的应用与推广，它的应用范围会向更深更广的方向发展，有着广阔的市场空间与实用价值。由于云计算平台的搭建需要高端人才与相当的硬件设备，所以笔者认为，云计算更多的应该采用购买服务的方式，而不是自己搭建平台。水文行业合理的利用云计算服务，一方面可以节省人力财力，另一方面可以体验到云计算服务带来的超级性能，进而推动水文行业的发展。

机器视觉技术在水利管理中的应用前景分析

王 瑶

（淮委沂沭泗水利管理局，江苏 徐州 221018）

摘 要： 信息化是当今世界经济和社会发展的大趋势，也是我国产业升级和实现工业化、现代化的关键环节。水利信息化在水利现代化建设过程中的重要性日益显现。本文通过对机器视觉技术知识理论架构和发展、应用现状的阐述，重点分析其在水质监测和水源地安防等方面的应用前景，以期在现代化的水利工程建设及管理中广泛地应用机器视觉技术。

关键词： 机器视觉技术；水利行业；信息化；水质监测；水源地安防

将现代信息技术与水利管理相融合，利用信息采集、处理、融合技术实现对水利信息的采集、监视、整合等是新时期水利管理工作的一项重要内容。新时期的水利工作者要将现代信息技术不断应用到水利工程管理中，为实现水利事业的现代化建设目标而努力。近年来，由于人力成本的不断上升和技术积累的不断成熟，机器视觉技术在制造业发展迅速，正逐步取代传统人工实现的简单重复劳动，然而该技术尚未在水利工程管理中得到应用。很多水利管理单位（特别是中小型水利工程的管理单位）偏于一隅而远离都市的繁华，管理工作年复一年，周而复始，劳动枯燥[1]。通过机器视觉技术取代人工，从事相关的检查、监测工作是水利信息化领域的一个重要研究方向。本文通过对机器视觉技术知识理论架构和发展、应用现状的阐述，分析其在水质监测、水源地安防、水闸测控以及水利工程质量检测等方面的实用性，并展望了推广机器视觉技术在水利工程管理信息化过程中的重要意义。

1 机器视觉技术

1.1 理论架构

机器视觉技术集合了机械工程技术、模拟与数字视频技术、控制技术、计算机软硬件技术、人机接口技术、数字图像处理技术、光源照明技术、传感器技术、光学成像技术等，是一门多领域交叉的新兴学科。

1.2 机器视觉技术的发展及当前应用现状

机器视觉技术首先在遥感图片和生物医学图片分析应用技术中取得进展，其理论基础是 20 世纪 70 年代中后期逐渐形成的 Marr 视觉计算理论；到了 80 年代，Marr 理论成为机器视觉研究领域中一个十分重要的理论框架。随着机器视觉技术的发展，其应用领域也日益广泛，当前应用热点主

作者简介：王瑶（1989—），男，助理工程师，从事水闸工程管理和防汛抗旱工作。

要是：资源分析与监控、生物医学、视频监控、国防、国土安全、工业生产、机器人技术领域和航空航天及军事等领域。其应用目的是解放人力劳动力,利用机器代替人类从事危险、有害和恶劣环境、超净环境下的工作,提高劳动生产率。图1为机器视觉技术典型应用,工件1在生产线上传输,视觉系统中的摄像机2、光源3、信号开关4和计算机5组成检测系统,将拍摄得到的数字图像7经过计算分析得到各尺寸参数并显示在屏幕9中,计算机将不合格工件信息传输给机械装置13剔除不合格的工件,完成检测过程[2]。

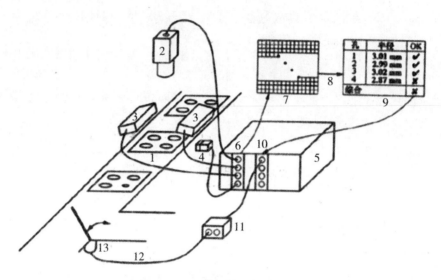

图1 机器视觉技术典型应用

2 机器视觉在水质监测系统中的应用

我国的水资源形势非常严峻,总量紧缺、人均占有量低、地区分布不均、水土资源不相匹配、水体污染日益加重、城市缺水情况凸显等问题严重制约我国城镇化步伐的加快和区域经济的发展。其中,水污染问题已成为我国经济社会发展的最重要制约因素之一,应引起国家和各级政府的高度重视[3]。

2.1 常规水质监测分类

常规的对水资源质量进行监测的方法可以分为理化监测法和生物监测法。

理化监测法是应用水采样设备抽取监测水样至水质采样分析仪,然后借助相应的硬件传感器直接对水样进行水质常规参数以及 COD、BOD、重金属的监测。此种监测方式的监测实时性高,但监测所代表的水域面积小,不能代表整个水源地（或水库水源）水质,如发生大面积的污染,无法实时监测到污染源头。

生物监测法的原理是利用水生生物个体、种群和群落的数量、性质、健康状况、生理特征的变换来表征水体环境质量的变化,阐明环境污染状况。其特点较理化监测法覆盖面较大,但相对大面积的地表水源地的水域水质情况,也无法满足要求。而基于机器视觉技术的水质监测方法,克服了以上的不足,具有较好的应用前景。

2.2 基于机器视觉技术的水质监测系统概述

基于机器视觉技术的水质监测方法是指以机器视觉技术为依托,对水生生物个体、种群和群落的数量、性质、健康状况、生理特征变换的监测，掌握水体环境质量变化，阐明环境污染状况。浙江工业大学陈久军教授团队在实验室环境下，对鱼类进行监测，再通过鱼类与生存环境的关系特征推导出水体环境质量，已达到水质监测的目的。该方法自动提取生物运动特征，为水质监测预警提供数据基础。陈久军教授团队研究实现一个鱼类运动特征监测系统平台，该平台实现是使用图像处理和机器视觉技术，对通过CCD摄像头获取到的实时鱼类运动视频数据进行处理，检测和跟踪目标，分析和计算目标的运动速度和加速度等运动模型，为进行生物水质监测提供数据基础（图2）。

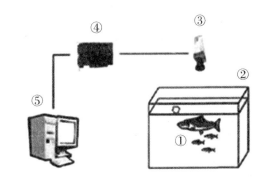

图2 基于机器视觉技术的水质监测系统

注：①实验鱼；②鱼缸；③摄像机；④视频采集卡；⑤PC

实际上，水环境中生存的物种很多。随着机器视觉技术的发展和推广，可对水环境中多类物种进行更加复杂的监测，以便更精确、实时、不间断地给出水体环境质量判断，进行预报预警，为水资源的保护提供可持续决策保障。

3 机器视觉技术在水源地安防中的应用

水源地的安全关系到人民群众生命安全，确保水源地安全是保证人民饮水安全的必要的前提。水源地安全防范措施主要有人工监视巡查防范和采用普通的视频监控系统。但第一种方法需要投入的人力成本太高，第二种方法只能进行简单地录像和定性监视，难以确保水源地安全。

国内很多研究机构已开展对人的步态识别、行人检测、人脸检测、人体运动目标检测、人运动目标获取和全方位的机器视觉的盗窃事件检测等课题进行研究。这些研究对机器视觉技术在水源地安防方面的应用提供了强有力的技术支撑。基于机器视觉技术的水源地安防系统如图3所示，首先对拍摄到的图像进行预处理；运动区域检测主要检测2帧图像的灰度、纹理、边缘等特征分量的变

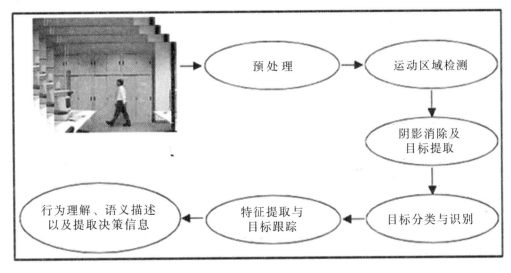

图3 基于机器视觉技术的水源地安防系统

化，以检测出各个可能的目标；为准确地对运动目标进行分类和识别，须消除阴影，即防止投射在背景上的运动阴影所造成的目标形状扭曲、目标连接和目标数估计错误等影响；为在后续图像序列中对运动目标进行匹配跟踪检测，在运动目标提取完成后需要对其进行特征提取；提取决策所需的视觉信息，可以通过分析运动目标的轨迹、姿势、步态等行为再进行理解和描述；最后，发现可疑人员迅速作出警报。

4 机器视觉技术在闸门测控中的应用

闸门测控技术一直是水利信息化领域的一个研究热点 [4]，在极端自然天气和上游塌坝等恶劣工况下，往往很难及时做到人工启闭闸门调蓄洪水，而闸门视觉识别控制方法及系统能够很好地解决这类情况。测控的基本思路是首先采集闸门运行图像并提取背景图像的特征数据，收集上下游水位信息和闸门工况信息，将所提取的实时图像的信息与系统内预存信息进行对比，计算出所需调节洪水的流量等，通过计算机集中控制闸门开度。中国核电工程有限公司张鹏等研究了一种基于 FPGA 的人员闸门视觉识别控制方法及系统，主要用于核电站人员闸门控制领域，其基本研究思路具有典型性，值得研究者借鉴。

5 机器视觉技术在水利工程质量检测中的应用

生物洞穴等是目前影响水利工程质量的重要因素，利用远程监测系统，通过雷达图像像素灰度值差值算法，能够检测出这些潜在的质量问题 [5]。其检测原理如下所述：首先，需要利用机载图像采集设备，获取待测区域相关图像。获取的远程图像质量比较低，清晰度比较差，然后利用小波变换对图像进行初始化处理，去除图像中的噪声，使图像更加清晰。建立误差补偿神经网络算法模型，判断待测区域是否存在误差问题。利用方差计算检测过程中的误差是否小于衡量标准，利用误差补偿对误差进行补偿。该算法能够避免传统算法进行检测时，关键细节特点缺失造成的准确率较低的问题，提高了检测准确率。

6 机器视觉技术在水利管理中的应用前景展望

机器视觉技术利用摄像机代替人的眼睛作为输入，利用计算机来代替人的大脑完成处理和解释，利用受控的机械装置来代替人的手脚。其最终研究目标是使计算机能像人那样通过视觉观察来理解世界，并根据相应情景做出合适的反应 [6]。

进入信息时代后，计算机越来越广泛地被应用到人类的生产生活中。机器视觉是计算机科学和人工智能科学发展结合的必然产物，主要是依靠计算机技术来帮助人类理解视觉的机理，再进一步用计算机实现部分人类视觉的功能 [7]。随着计算机技术的发展，机器视觉技术也会有质的飞跃，会被更多的人、更多领域所认知和应用，进而促进自动化技术朝更智能、更快速的方向发展。机器视觉技术在水利行业的应用尚处于起步阶段，但其发展非常迅速，尤其是遥感技术在灾害评估和水毁跟踪分析等水利领域已逐渐成熟。在不久的将来，机器视觉技术在水利行业肯定会有较好的应用前景。

参考文献：

[1] 张凤翔 . 水利管理单位水文化建设初探 [J]. 水利建设与管理，2012（8）：60–61.

[2] STEGER C, ULRICH M, WIEDEMANN C. 机器视觉算法与应用 [M]. 杨少荣，吴迪靖，段德山，译 . 北京：清华大学出版社，2008.

[3] 马传波，马涛，于梅艳 . 计算机视觉技术在水利行业中的应用 [J]. 现代农业科技，2012（10）：49–50.

[4] 董淑娟，张志纲，丁爱萍 . 基于视觉图像的水利工程质量检测研究与仿真 [J]. 计算机仿真，2012（6）：274–277.

[5] 王文丽 . 谈水利工程质量问题及管理措施 [J]. 四川建材，2010，36（5）：123–123.

[6] 王瑶，尤丽华，吴静静，等 . 基于机器视觉的汽车门锁自动检测系统研究 [J]. 现代制造工程，2015（6）：66–69.

[7] 朱虹 . 数字图像处理基础 [M]. 北京：科学出版社，2005.

视频监视系统在防汛仓库管理中的应用

邢 坦[1]，李 智[2]

（1. 沂沭泗水利管理局防汛机动抢险队，江苏 徐州 221018；

2. 沂沭泗水利管理局水文局（信息中心），江苏 徐州 221018）

摘 要： 沂沭泗局"淮委沂沭泗防汛抢险队伍抢险能力建设"项目新建防汛设备仓库3座，存放各类防汛物资总计 1000 余万元。但是受现场条件的限制，仓库无法安排管理人员 24 小时看护。仓库的运行管理及资产管理存在安全隐患，本项目采用高清视频远程监视的方式解决了这一问题。

关键词： 高清视频；远程监视；防汛设备仓库管理

1 问题的提出

在沂沭泗局"淮委沂沭泗防汛抢险队伍抢险能力建设"项目中，批复新建了南四湖局抢险中队、沂沭河局抢险中队和骆马湖局抢险中队三个防汛设备仓库。每座仓库面积 600m^2（设备物资存储库房面积 500m^2，维修车间用房面积 100m^2），仓库里面存放南四湖局、沂沭河局、骆马湖局 3 个防汛抢险中队配备的急需设备 289 台（套），共计价值 1000 余万元。

由于防汛设备仓库位置较为偏僻，加之仓库内部不能住人，且没有设计室外看管设施，故仓库看管十分困难，仅靠人工巡查看护既不现实也难以起到较好的防盗效果。因此，如何加强仓储设备物资防护就显得尤为重要。

2 系统方案

2.1 系统结构

沂沭泗水利管理局防汛机动抢险队采用了高清视频远程监视的方法来解决防汛设备物资的存储安全问题。视频监控系统采用三级结构：监控点 – 基层局 – 直属局（或沂沭泗局）。

视频监控点的信息通过室外网线连接到交换机上，然后经过光端机通过光纤进入韩庄水利枢纽管理局、江风口分洪闸管理局和嶂山闸管理局的视频矩阵。历史信息存储在视频矩阵和流媒体服务器上。三个基层局管理人员直接通过内网访问视频矩阵，即可查询仓库各个摄像头的实时信息和历史信息。各直属局抢险中队通过直属局与基层局连接的水利专网，访问基层局的视频矩阵，即可查询仓库各个摄像头的实时信息和历史信息。沂沭泗局抢险队通过连接三个直属局的水利专网和直属局至基层局的水利专网，访问各个基层局的视频矩阵和流媒体服务器，即可查询各个仓库的摄像机信息（图 1）。

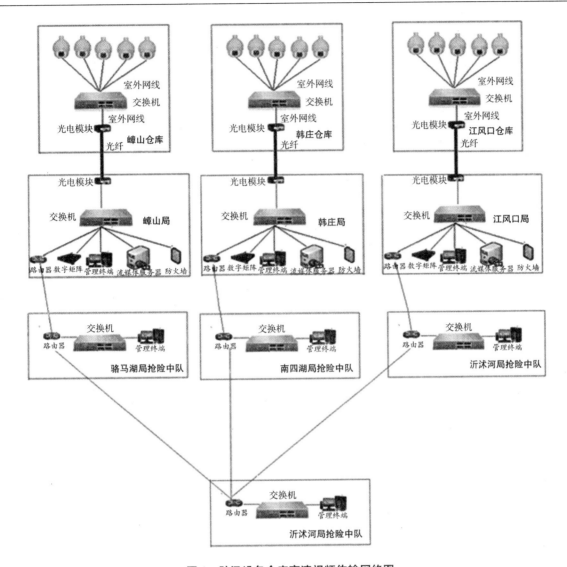

图1　防汛设备仓库高清视频传输网络图

2.2　站点布设

本项目所建3座防汛设备仓库布局完全一样，因此摄像头布设位置基本一致。

每座设备仓库面积有500m²，经现场勘查，可在设备仓库主入口对面的墙壁顶部拐角处安装1个高清网络红外摄像机，对角方向再安装1个高清网络红外摄像机，能够实现设备仓库无死角监控。

因机修车间较小，只有100m²，因此在机修车间大门对面的墙壁顶部拐角处安装1个高清网络红外摄像机，能够实现机修车间无死角一监控。

另外，在设备仓库正门前的道路旁安装1个高清网络红外摄像机并立监控杆1根，在设备仓库后面再安装1个高清网络红外摄像机并立监控杆1根，可实现设备仓库室外大范围监控。合计每座设备仓库共需安装5个摄像头、2根监控杆。

2.3　设备及软件选型

本项目的建设为了节省投资，避免重复建设，设备及软件尽可能利用沂沭泗水利管理局已建设完成的"沂沭泗局直管重点工程监控及自动控制系统"项目中已有的设备和软件。因此本项目中选用的设备及软件需考虑到与"沂沭泗局直管重点工程监控及自动控制系统"的兼容问题。

（1）摄像机

在"沂沭泗局直管重点工程监控及自动控制系统"项目中，采用的摄像机为大华摄像机，平台也采用了大华的平台。因此，考虑到系统的兼容性，本项目使用的摄像机选用大华 DH-IPC-HFW1225M-12。采用该型号摄像机有以下几点原因：①该型号摄像机是成熟机型，运行稳定；②该摄像机单台价格低，建设成本低，运行维护费用也低；③该摄像机成像效果好，清晰度高，50m 范围内的物体能清晰分辨；④该摄像机有红外夜市功能，能满足防汛仓库昼夜监视的功能。

（2）交换机

选用可靠性和稳定性能比较可靠的华为 S1700-16R-AC 型交换机。该型号交换机在实际应用中故障率低，运行维护成本不高。

（3）光端机

光端机选用性能稳定可靠的 TP-LINK TR-962D 型光端机。TP-LINK 光端机性价比较高，是一款用户比较认可的光端机。

（4）视频矩阵

"沂沭泗局直管重点工程监控及自动控制系统"项目中配置的是大华 DH-NVR6000D 数字矩阵。本项目中直接利用已有矩阵，没有另外再配置。

（5）流媒体服务器

"沂沭泗局直管重点工程监控及自动控制系统"项目中配置的是 IBM System x3750M4 服务器。

（6）视频软件

"沂沭泗局直管重点工程监控及自动控制系统"项目中配置的是大华视频监控系统应用平台。该平台具有查看实时信息、历史信息、轮巡等功能。

3 采用该方案的优点及解决的问题

项目建设从沂沭泗局实际出发，按照"统筹规划，平台共用，资源共享"的思路，因地制宜的建设沂沭泗局防汛设备仓库高清视频远程监视系统，最终实现对 3 座设备仓库的远程管理，提高了设备仓库的安全管理系数。

3.1 项目建设的优点

本项目的建设主要有以下几个优点：

（1）节省投资和运行维护费用。本项目最大限度的利用沂沭泗水利管理局已有资源，视频矩阵、流媒体服务器和监控平台全部采用已有设备设施，从基层局至直属局和沂沭泗局所需要的信息传输线路均利用沂沭泗水利管理局已建成的水利专网，大大节省投资和运行维护费用。

（2）建设内容少。本项目 3 座设备仓库高清视频远程监视系统只建设了前端信息采集设施，信息存储、信息传输和信息应用均采用已有成果。相比较一个新的系统而言，建设内容大大减少。

（3）应用范围广。本项目建设完成后，基层局、直属局和沂沭泗局相关运行管理单位均能通过沂沭泗水利管理局视频监控平台，实时查看设备仓库各个摄像头采集的视频信息，也能查看历史视频信息。

（4）避免新的信息孤岛产生。本系统的建设是在"沂沭泗局直管重点工程监控及自动控制系统"的基础上增加视频监控点，所有的信息都通过该系统传输到了直属局和基层局，避免了新的信息孤岛的产生。

（5）防止出现信息被盗丢失的问题。本系统中视频信息均存储在基层局的视频矩阵和服务器里面，在设备仓库里面没有存储设备。如果仓库出现被盗情况，从基层局的视频服务器查询相关的历史信息，就能找到有用的破案信息，避免了因为存储设备一起被盗，无法查找破案信息的问题出现。

3.2　解决的问题

本项目建设完成后，基层局、直属局和沂沭泗局相关运行管理单位均能通过沂沭泗水利管理局视频监控平台，实时查看设备仓库各个摄像头采集的视频信息，监控设备仓库的运行情况，解决了日常看护人员不足和运行经费不足的问题。

本监控系统中各个仓库的视频信息均存储在相应的基层局，任何人员进入设备仓库调用设备，均能从历史信息中找到证据，对仓库存放的设备、物资的安全起到了保障作用，大大提高了设备仓库的安全管理系数。

4　结语

高清视频远程监视系统在防汛设备仓库管理中的应用，利用了沂沭泗水利管理局已建成的系统设备和软件平台，起到了资源整合、减少重复建设、节省建设投资的作用，解决了防汛设备仓库看管困难的问题，保障了防汛设备、物资的安全。

基于超分辨率重构的水面漂浮物动态图像
识别报警系统

胡文才，刘远征

（1. 沂沭泗水利管理局水文局（信息中心），江苏 徐州 221018；

2. 江苏省水文水资源勘测局徐州分局，江苏 徐州 221006）

摘 要： 近年来，水利工程遭受水面漂浮物撞击，造成损失的事件频繁发生。一直以来，水面漂浮检测预警均是采用传统的人工监测报警方式，没有更好有效的预测预警办法。沂沭泗水利管理局结合高清视频监控系统，采用基于超分辨率重构技术，开发了水面漂浮物识别报警系统，解决了这一难题。

关键词： 超分辨率；重构；后向迭代；粒子滤波

1 系统的产生

近年来，随着沂沭泗流域东调南下工程的实施，沂沭泗流域新建了大量的水闸、码头、橡胶坝和桥梁等水利工程。由于一直以来都没有有效的方法对水面漂浮物进行预测预警，传统的水面漂浮物预测预警均是在汛期，采用人工观测报警的方式，采用该方法耗费大量的人力物力，保障率还低。为了解决水面漂浮物自动识别报警的问题，沂沭泗水利管理局在《沂沭泗局直管重点工程监控及自动控制系统》项目实施后，结合新建的高清视频监控系统，采用基于超分辨率重建技术，开发了水面漂浮物识别报警系统。

2 系统结构

水面漂浮物高清动态图像识别及报警系统是一个以信息流监控为核心的综合环境监控平台，采用组态方式、中间构件和模块化结构，实现对各类信息的实时监控和管理；通过 Internet/Intranet 技术集成监控信息，提供对设备及子系统的管理职能，监视其实时信息，控制其工作状态，报告各种异常状况，确保所有设备及子系统的安全、可靠、高效运行。

水面漂浮物高清动态图像识别及报警系统主要由现场采集中心、集中监控中心、远程管理中心等组成，其结构如图1所示。

（1）现场采集中心

现场采集中心主要由各监控探头、智能摄像机和硬盘录像机等组成。智能摄像机用于采集现场

作者简介：胡文才（1975—），男，四川，高级工程师，主要从事水文水资源、水利信息化方面相关工作与研究。

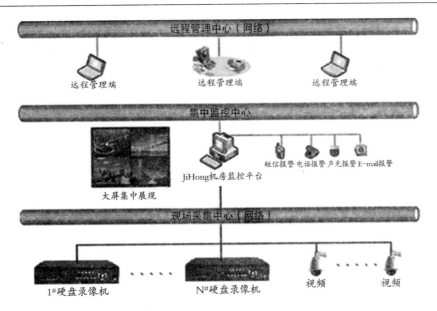

图1 水面漂浮物高清动态图像识别及报警系统结构

视频图像信号，将视频图像信号传输给硬盘录像机，并实时上传给监控主机。

（2）集中监控中心

集中监控中心主要由监控主机、报警模块、监控软件、智能化监控平台等一起构成的，负责对现场采集中心的各个设备进行集中监控管理，接收前端摄像机传来的各种实时数据（设备信息和报警信息等），显示监控画面内容，实现对监控数据的实时处理分析、存储、显示和输出等功能，处理所有的报警信息，记录报警事件，输出报警内容，发送管理人员的控制命令给现场设备。

（3）远程管理中心

为便于管理人员随时随地了解系统的实际工作状况，实现管控一体化，系统提供内嵌于WEB浏览器的远程监控模块，方便用户的远程管理。系统可采用浏览站实时查看监视场景中所出现的可疑目标，可方便地查看实时视频及历史视频中的可疑目标，还可进行远程数据的存储功能。

3 系统采用的技术

3.1 超分辨率重构技术

采用基于子粒子群优化的加权平均序列图像超分辨率重建方法的视频图像预处理，一方面能够在传感器分辨率受限和噪声较强的条件下，提高场景图像的分辨率，使得水面目标检测算法对较为弱小的水面目标敏感。另一方面，用于实现河面观测目标增强及成像背景抑制，为用户提供更加清晰的客观图景，同时通过峰值信噪比的增强有助于提高后端水面目标检测的正确率。

水面图像超分辨率模型如图2所示。

在图像获取的过程中，由于成像条件的限制，得到的图像并不是场景中所有的信息，受到几何变形、模糊、下采样和噪声等因素影响，使得输出的图像分辨率低。

由图2超分辨率重建观测模型可以得知：对于第 N 帧低分辨率图像 y^k，$k=0, 1, \cdots, K$ 假设图像大小为 $M_1 \times M_2$ 的低分辨率图像是由 $N_1 \times N_2$ 的高分辨率图像经过图像降质得到的，其成像过程可以表示为：

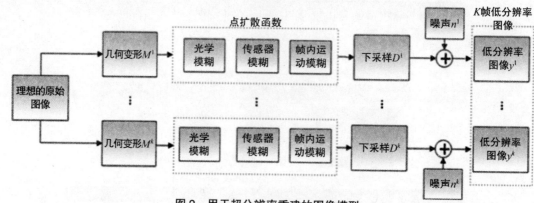

图2　用于超分辨率重建的图像模型

$$y^k=D^kB^kM^kx+n^k, \quad k=0, 1, \cdots, K$$

其中 k 表示低分辨率图像序列中的第 k 帧，y^k、M^k 是运动变换矩阵，B^k 是模糊矩阵，D^k 为降采样矩阵，n^k 是加性噪声。

3.2　基于三帧差分法的漂浮杂物检测及识别

三帧差分法是在两帧差分法基础上发展起来的，首先将相邻近的连续三帧图像进行两两差分计算，再将差分的结果相与，能够较好的提取出实际运动目标的轮廓。算法具体的实现流程如图3所示。

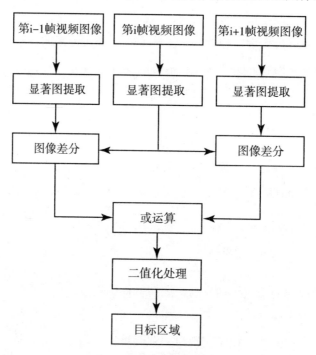

图3　三帧差分法的计算流程

具体计算过程如下：

从连续的视频图像序列中取三帧图像对其进行显著图提取，分别表示为 $S_{i-1}(x, y)$，$S_i(x, y)$，$S_{i+1}(x, y)$ 对连续的两帧进行差分运算：

$$d_{(i, i-1)}(x, y)=|S_i(x, y)-S_{i-1}(x, y)|$$

$$d_{(i+1, i)}(x, y)=|S_{i+1}(x, y)-S_i(x, y)|$$

设定适当的阈值对差分结果 $d_{(i, i-1)}(x, y)$、$d_{(i+1, i)}(x, y)$ 进行二值化处理：

$$b_{(i,i-1)}(x+y)= \begin{cases} 1, & b_{(i,i-1)}(x+y) \geqslant T \\ 0, & b_{(i,i-1)}(x+y) \leqslant T \end{cases}$$

$$b_{(i+1,i)}(x+y)= \begin{cases} 1, & b_{(i+1,i)}(x+y) \geqslant T \\ 0, & b_{(i+1,i)}(x+y) \leqslant T \end{cases}$$

在此，考虑到显著图 $S(x, y)$ 为灰度图像，选择 $T=0.5$。

对得到的二值图像 $b(x, y)$ 做逻辑相"与"运算，得到 $b_{(i, i-1)}(x, y)$ 和 $b_{(i+1, i)}(x, y)$ 的交集，作为运动目标区域 $B_i(x, y)$：

$$B_i(x, y)= \begin{cases} 1, & b_{(i+1,i)}(x, y) \cap b_{(i,i-1)}(x, y)=1 \\ 0, & b_{(i+1,i)}(x, y) \cap b_{(i,i-1)}(x, y) \neq 1 \end{cases}$$

在形态学处理中，首先使用腐蚀运算来消除所得二值图中的边界点，同时，也将目标周围孤立的小区域去除，使边界向内部方向收缩。随后采用膨胀运算填充小间隙部分，主要的算法过程是将与物体接触的所有背景点合并到该物体中，使边界向外扩张。

3.3 后向迭代投影技术

采用后向迭代投影的运动累积方法，充分考虑了相邻帧间宏块的偏移影响。该方法利用 t 时刻的运动场 MF_t 和 $t+1$ 时刻的运动场来重建预测运动场 $PMF_{t+1, t}$，利用 t 时刻的运动场 MF_t 和 $t+2$ 时刻的运动场来重建预测运动场 $PMF_{t+2, t}$，然后将 t 时刻的运动场和 $t+1$ 时刻的预测运动场、$t+2$ 时刻的预测运动场，以及 $t+n$ 时刻预测运动场累积起来获得累积运动场，如图 4 所示。

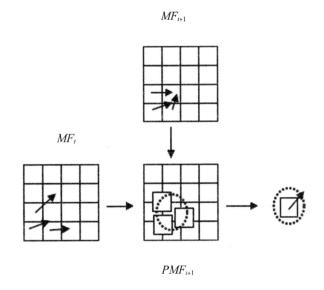

图 4 后向迭代投影

3.4 粒子滤波算法

在运动矢量估计的基础上，采用粒子滤波算法对目标的运动状态进行估计并实现预测的功能。其基本原理是：首先根据布朗运动模型在输入图像中采样粒子，得到新的目标矩形框状态向量。当目标满足更新条件时，对目标参考量进行在线更新当前时刻采样得到 N_P 个粒子 $s_t^{(j)}$（$j=1, 2, \cdots, N_P$），区域分割处理后得到各粒子对应的子区域 $R_{t,i}^{(j)}$。

对于第 j 个粒子 $s_t^{(j)}$（$j=1, 2, \cdots, N_P$），提取其子区域 $R_{t,i}^{(j)}$ 的运动矢量特征：

$$p_{t,i}^{(j)} = \frac{c}{|\Sigma|^{\frac{1}{2}}} \sum_{i=1}^{n} k(\tilde{y}_l^T \Sigma^{-1} \tilde{y}_l) \delta [b_u(I(y_l)) - u]$$

式中，n 为子区域像素点总数，$\tilde{y}_l = (y_l - y)$ 为区域内各像素点与区域中心点的距离，y_l 为像素点坐标，y 为区域中心点坐标，Σ 为核带宽矩阵，$k(\cdot)$ 为核函数，c 为归一化常数，$b_u(I(y_l))$ 为运动矢量索引函数。

4 系统效果

本项目中水面漂浮物高清动态图像识别及报警系统在韩庄水利枢纽管理局进行部署，采用"集中监控"的监控模式，将各个 IP 摄像机和每台硬盘录像机集中监控到本系统，基于信息光学与机器视觉理论，提出了超分辨率重构和视觉注意机制模型联合的水面目标检测、后向迭代投影运动累积矢量估计等方法，实时分析硬盘录像机的实时录像数据，进行水面漂浮物智能识别和预警，在水面漂浮物进入到划分的Ⅲ级监视区域后，能够根据不同的报警级别，发出不同的声、光、色的报警，如图5所示。

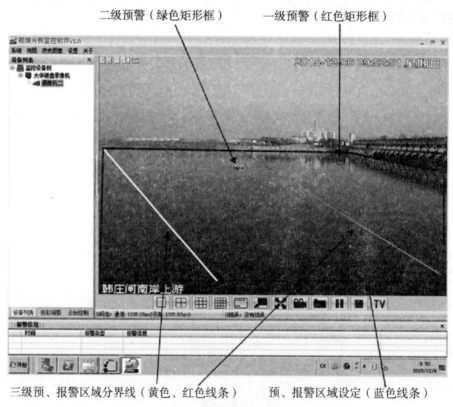

图5 系统应用效果图

5 结语

通过超分辨率重构和视觉注意机制模型联合、后向迭代投影运动累积矢量估计方法来检测水面漂浮物，建立了一套应用于复杂水面光学环境中基于信息光学与机器视觉的水面漂浮物目标检测新方法，开发出新型水面高清视频动态图像识别软件系统。

本系统在实际应用中，捕获目标准确，预警及时，对于保障闸门安全运行起到较好的预防报警作用，产生了很好的社会效益。可在其他水利工程中进一步推广应用。

淄博市水文局云计算平台建设及应用

张 斌

（淄博市水文局，山东 淄博 255000）

摘 要：水文各类业务的应用配备了大量高性能的基础硬件，但分散的建设造成了水文信息化过程中的资源浪费，形成很多"信息孤岛"。由于这些"信息孤岛"的存在，致使水文信息资源利用率低、信息安全风险高、系统运行无保障及运维成本高，不利于水文大数据的建设和后期的综合利用。云计算平台利用服务器集群和虚拟化技术很好的解决了上述问题，将水文所有业务系统统一管理，为建设水文大数据平台奠定了基础。

关键词：信息化；服务器集群；虚拟化；云计算；水文大数据；资源整合

淄博市水文局信息化基础设施和应用系统建设在最近两年取得了非常大的成绩，山东省中小河流水文监测系统建设项目配备了大量信息化基础设备，加上领导重视水文信息化建设，资金投入力度大，一个以云计算平台为应用基础的水文信息数据中心初具规模。

1 引言

淄博市水文局信息中心于2006年随办公楼一起建设，经过几年的发展，信息中心现已建成互联网、水利网、遥测网、视频监控网和市级电子政务网等多套网络，拥有中高端路由器（防火墙）4台，核心交换机系统1套，中高端交换机5台，低端交换机12台，高端满配服务器6台，中低端服务器12台，全局实现光纤网络和无线WIFI覆盖。配备有1台10kVA和1台40kVAUPS，可满足无市电情况下6～8h待机，现代化程度较高。但是由于软件平台的匮乏，系统之间并没有进行纵向和横向的线路互联和资源的共享，做不到跨科室的业务应用、信息共享和业务协同，不能满足日益增长的经济社会对水文信息的需求，信息资源开发、利用及公共服务等方面出现短板。

2 建设过程

信息中心承载着水文局各类关键业务、核心应用，信息数据的完整性、业务运行的可靠性、网络系统的连续性越来越重要。但由于建设过程中缺乏统一规划，重复配备严重，造成许多很现实的问题。主要归纳如下：

信息化资源处于分散建设、分散管理状态，"小信息中心"形成很多"信息孤岛"。各业务科室分散建设多个应用系统，没有统一考虑数据标准或者信息共享问题，形成一个个的"信息孤岛"；

作者简介：张斌（1979—），男，山东淄博，工程师，从事水文情报预报、水文自动化、信息化建设等工作。

每个业务系统都有自己独立的服务器，承载不同的业务应用系统，就是本科室的多个业务系统都存在难以互通、资源难以安全共享、各自管理维护等问题。

信息化资源利用率低。各个科室的信息化基础设施在前期部署时都是按照峰值业务量进行资源的配置，这导致在大部分时间许多硬件设备都处于闲置状态，再考虑资源又是分布在多个项目的多个设备内，资源闲置水平可能更高，这对资源的共享、数据的共享造成了天然的障碍。再者，各项目的需求一般遵循"根据最坏情况下的工作负载来确定所有服务器的配置"这一策略，导致服务器的配置普遍过高，出现大量"只安装一个应用程序"而未得到充分利用的 x86 服务器。

分散建设造成信息安全风险高。首先，从政策法规的角度看，建设方对每个数据中心、每个系统应用的安全性与合规性都有着明确的要求。为了满足这些要求，每个小信息中心都需要进行大量的工作以保证其符合安全要求。但如果数量众多且分散，这一目标就很难实现。其次，每个系统的运维人员在技术水平、工作效率上都存在差异，系统硬件条件也有很大区别，因此很容易出现保密资料外泄、网络瘫痪、热备保护措施失效等情况。最坏的情况就是数据永久性丢失或是被篡改，系统无法短时间恢复。

业务部署速度缓慢，效率低下。新的服务器、存储设备和网络设备的部署周期较长，整个过程包括硬件安装、操作系统安装、应用软件安装、网络配置等。一般情况下，这个过程需要的工作量在 20 ~ 40h，如考虑设备采购的话，周期则更长。

运维成本高。由于每个项目都配置有自己的服务器系统，设备重复购买，对于每套设备都需要一定的场地投入、制冷设备投入、硬件投入、运营人员投入。分散的配套不利于进行规模化的运维，无法通过提高运维效率降低成本。一般情况，服务器在容量和计算能力上是随着时间呈增长趋势的，随着服务器变得越来越强大，最大化的利用这些超强资源也变得愈加困难。有统计显示，部署这些功能强大的服务器将会使服务器过剩50% ~ 500%。另外，管理成本是服务器成本中最大的一个部分，分析专家估计管理成本占服务器总拥有成本的50% ~ 70%，内容包括对软硬件进行升级、打补丁、备份以及修复，部署新的应用等。随着服务器数量的增长，这将是一个不小的挑战。

针对以上问题，淄博市水文局云计算平台建设之初，充分考虑并规划了建设目标和步骤，从自身信息化发展方向以及发展现状出发，加强了综合协调和统筹规划，借助现代、前沿的信息化技术，打造了集成能力强、运作效率高和具有可持续发展能力的信息化平台。平台利用已配备的网络、存储、服务器等 IT 基础设施资源，整合了各科室业务应用，并重点服务于地方防汛决策支持及水文信息资源开发利用等重点业务。

3 建设内容

为保证平台的实用性、高可靠性、高效率性、高扩展性及高安全性，根据我们的需求和建设目标，经过多方考察，最终选用了 H3Cloud 云计算技术，采用 H3Cloud 云计算操作系统软件，将 8 台浪潮机架式服务器组建 HA 集群，在虚拟机上部署所有业务应用，并配合 HA 和动态负载均衡等高级功能，实现业务的连续性，减少计划内宕机时间，提高资源利用率。同时采用 2 台 H3C FlexStorage P4500iSCSI 存储阵列，容量 24TB，统一存放和热备虚拟机镜像文件和业务系统数据。整个平台由四个部分组成，即网络资源池、计算资源池、存储资源池、管理中心，最后通过核心交换机接入办公网。

4 云计算平台建成后的应用

4.1 系统管理应用

淄博市水文局云计算平台是一个实用的，高可靠、高效率、高扩展性、高安全性的云计算系统（图1）。全系统根据我局实际情况采用了分层分区设计，区域间 VLAN 隔离。全系统均采用双交换机虚拟化技术，有效的避免因链路出现故障造成应用中断的可能性，实现自动快速切换，避免网络震荡，保证高可靠及横向互访高带宽。

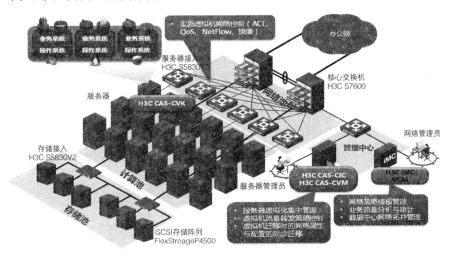

图 1　淄博市水文局云计算平台结构组成示意图

（1）直观的配置与管理

平台具有完全基于 B/S 架构的管理控制台，不仅能轻松组织和快速部署整个 IT 环境，而且还能对包括 CPU、内存、磁盘 I/O、网络 I/O 等重要资源在内的关键元件进行全面的性能监测，为管理员实施合理的资源规划提供详尽的数据资料（图2）。

（2）智能化的资源自动优化配置

全系统采用服务器集群虚拟机运行操作系统和业务应用程序，完全避免了硬件故障或单体虚拟机宕机导致的灾难性的后果。面对硬件故障和虚拟机宕机，系统提供的资源智能调度能力会为这些服务器或虚拟机自动选择最佳的重新运行位置。

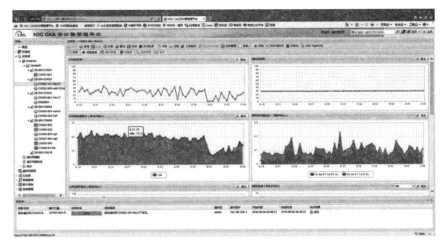

图 2　单机资源配置示意图

（3）快速业务部署能力

系统支持虚拟机的快速克隆，所有链接到主镜像文件的虚拟桌面都可以通过更新主镜像文件来修补或更新，而不会影响用户的设置、数据或应用程序。此外，我们还为系统配备了双磁盘存储系统，支持同时应用，互为备份。即使出现其中一个存储系统宕掉，另一个存储系统也会及时接管，不影响任何系统运行。

（4）全面的设备监控能力

系统具备全面监控功能，监控信息包括系统集群服务器的异常告警，包括 CPU 利用率、内存使用率、服务程序运行状态等以及具体个体服务器、网络等设备 CPU 利用率、内存使用率等，以及 RMON 告警的故障管理。同时做出分析，提示潜在的个体异常及解决办法。

4.2 水文业务系统应用

云计算平台建成后，水情科全部业务系统应用、水文网站系统应用、微信公众号服务系统应用（图3）、墒情监测系统应用、山洪数据交换系统应用及财务科财务器材管理系统应用已全部迁移到平台运行至今，运行效率高效，业务系统稳定。

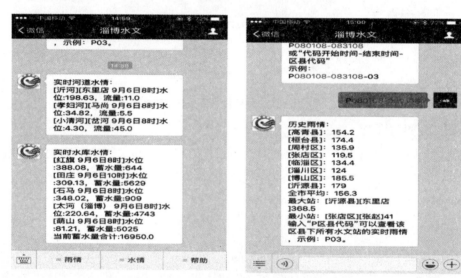

图3　淄博市水文局微信公众号服务系统

5　云计算平台建成后的效益

淄博市水文局云计算平台建成后，通过近一年时间的实际使用，取得了切实的实际经济效益，实现了资源整合、集中部署与统一管理这一目标。

云计算平台的使用，首先使分散的资源实现了集约共享，促进了各科室业务的统筹协调、降低了各业务系统的复杂性和异构性，消除了信息孤岛；实现了信息的集中，便于信息资源的统一开发利用和各种信息的大数据挖掘，继而推动创新，使水文服务的灵活性得到进一步扩展，提升了服务效率和水平。

其次，集中部署降低了使用和运维成本，提高了服务器、存储、网络等 IT 硬件资源的使用效率，尤其提高了全业务系统的抗风险能力。统一管理提高了业务应用的安全性及设备资源利用率，减轻了维护人员工作量，提高了工作效率。

6　结束语

目前，云计算平台仍在不断完善中，但由于资金、场地环境等多方面原因，云计算平台的许多功能及关键硬件配置尚缺，水文大数据的应用挖掘也在不断尝试探索中。由于本文篇幅有限，云计算平台的具体建设过程、内容以及更详细的应用无法细致表述。"十三五"期间，将根据统一规划，逐步将水资源地下水监测系统、水环境水质监测系统、水文数据库系统及办公 OA 系统整合迁移至云计算平台，建成真正的地市级"水文大数据中心"。

参考文献：

[1] 王鹏 . 云计算与大数据技术 [M]. 北京：人民邮电出版社，2014.